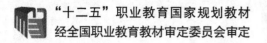 "十二五"职业教育国家规划教材
经全国职业教育教材审定委员会审定

 全国高职高专药品类专业
国家卫生和计划生育委员会"十二五"规划教材

供生物制药技术专业用

生物制药设备

第 2 版

U0284953

主　编　罗合春

副主编　贺　峰

编　者（以姓氏笔画为序）

关　力（黑龙江农业职业技术学院）

罗合春（重庆工贸职业技术学院）

贺　峰（徐州生物工程职业技术学院）

费建军（黑龙江乌苏里江佳大制药有限公司）

董丽辉（浙江医药高等专科学校）

人民卫生出版社

图书在版编目（CIP）数据

生物制药设备/罗合春主编.—2 版.—北京：人民卫生出版社,2013

ISBN 978-7-117-17509-8

Ⅰ.①生…　Ⅱ.①罗…　Ⅲ.①生物制品-化工设备-高等职业教育-教材　Ⅳ.①TQ460.5

中国版本图书馆 CIP 数据核字（2013）第 142924 号

| 人卫社官网　www.pmph.com | 出版物查询，在线购书 |
| 人卫医学网　www.ipmph.com | 医学考试辅导，医学数据库服务，医学教育资源，大众健康资讯 |

生物制药设备
第 2 版

主　　编：罗合春

出版发行：人民卫生出版社（中继线 010-59780011）

地　　址：北京市朝阳区潘家园南里 19 号

邮　　编：100021

E - mail：pmph @ pmph. com

购书热线：010-59787592　010-59787584　010-65264830

印　　刷：北京虎彩文化传播有限公司

经　　销：新华书店

开　　本：787×1092　1/16　印张：20

字　　数：474 千字

版　　次：2009 年 1 月第 1 版　2013 年 8 月第 2 版
　　　　　2022 年 6 月第 2 版第 9 次印刷（总第 11 次印刷）

标准书号：ISBN 978-7-117-17509-8/R·17510

定价（含光盘）：39.00 元

打击盗版举报电话:010-59787491　E-mail:WQ @ pmph. com

（凡属印装质量问题请与本社市场营销中心联系退换）

全国高职高专药品类专业
国家卫生和计划生育委员会"十二五"规划教材

出 版 说 明

　　随着我国高等职业教育教学改革不断深入,办学规模不断扩大,高职教育的办学理念、教学模式正在发生深刻的变化。同时,随着《中国药典》、《国家基本药物目录》、《药品经营质量管理规范》等一系列重要法典法规的修订和相关政策、标准的颁布,对药学业教育也提出了新的要求与任务。为使教材建设紧跟教学改革和行业发展的步伐,更好地实现"五个对接",在全国高等医药教材建设研究会、人民卫生出版社的组织规划下,全面启动了全国高职高专药品类专业第二轮规划教材的修订编写工作,经过充分的调研和准备,从2012年6月份开始,在全国范围内进行了主编、副主编和编者的遴选工作,共收到来自百余所包括高职高专院校、行业企业在内的900余位一线教师及工程技术与管理人员的申报资料,通过公开、公平、公正的遴选,并经征求多方面的意见,近600位优秀申报者被聘为主编、副主编、编者。在前期工作的基础上,分别于2012年7月份和10月份在北京召开了论证会议和主编人会议,成立了第二届全国高职高专药品类专业教材建设指导委员会,明确了第二轮规划教材的修订编写原则,讨论确定了该轮规划教材的具体品种,例如增加了可供药品类多个专业使用的《药学服务实务》、《药品生物检定》,以及专供生物制药技术专业用的《生物化学及技术》、《微生物学》,并对个别书名进行了调整,以更好地适应教学改革和满足教学需求。同时,根据高职高专药品类各专业的培养目标,进一步修订完善了各门课程的教学大纲,在此基础上编写了具有鲜明高职高专教育特色的教材,将于2013年8月由人民卫生出版社全面出版发行,以更好地满足新时期高职教学需求。

　　为适应现代高职高专人才培养的需要,本套教材在保持第一版教材特色的基础上,突出以下特点:

　　1. 准确定位,彰显特色　本套教材定位于高等职业教育药品类专业,既强调体现其职业性,增强各专业的针对性,又充分体现其高等教育性,区别于本科及中职教材,同时满足学生考取职业证书的需要。教材编写采取栏目设计,增加新颖性和可读性。

　　2. 科学整合,有机衔接　近年来,职业教育快速发展,在结合职业岗位的任职要求、整合课程、构建课程体系的基础上,本套教材的编写特别注重体现高职教育改革成果,教材内容的设置对接岗位,各教材之间有机衔接,避免重要知识点的遗漏和不必要的交叉重复。

　　3. 淡化理论,理实一体　目前,高等职业教育愈加注重对学生技能的培养,本套教材一方面既要给学生学习和掌握技能奠定必要、足够的理论基础,使学生具备一定的可持续发展的能力;同时,注意理论知识的把握程度,不一味强调理论知识的重要性、系统性和完整性。在淡化理论的同时根据实际工作岗位需求培养学生的实践技能,将实验实训类内容与主干教材贯穿在一起进行编写。

4. **针对岗位,课证融合** 本套教材中的专业课程,充分考虑学生考取相关职业资格证书的需要,与职业岗位证书相关的教材,其内容和实训项目的选取涵盖了相关的考试内容,力争做到课证融合,体现职业教育的特点,实现"双证书"培养。

5. **联系实际,突出案例** 本套教材加强了实际案例的内容,通过从药品生产到药品流通、使用等各环节引入的实际案例,使教材内容更加贴近实际岗位,让学生了解实际工作岗位的知识和技能需求,做到学有所用。

6. **优化模块,易教易学** 设计生动、活泼的教材栏目,在保持教材主体框架的基础上,通过栏目增加教材的信息量,也使教材更具可读性。其中既有利于教师教学使用的"课堂活动",也有便于学生了解相关知识背景和应用的"知识链接",还有便于学生自学的"难点释疑",而大量来自实际的"案例分析"更充分体现了教材的职业教育属性。同时,在每节后加设"点滴积累",帮助学生逐渐积累重要的知识内容。部分教材还结合本门课程的特点,增设了一些特色栏目。

7. **校企合作,优化团队** 现代职业教育倡导职业性、实际性和开放性,办好职业教育必须走校企合作、工学结合之路。此次第二轮教材的编写,我们不但从全国多所高职高专院校遴选了具有丰富教学经验的骨干教师充实了编者队伍,同时我们还从医院、制药企业遴选了一批具有丰富实践经验的能工巧匠作为编者甚至是副主编参加此套教材的编写,保障了一线工作岗位上先进技术、技能和实际案例融入教材的内容,体现职业教育特点。

8. **书盘互动,丰富资源** 随着现代技术手段的发展,教学手段也在不断更新。多种形式的教学资源有利于不同地区学校教学水平的提高,有利于学生的自学,国家也在投入资金建设各种形式的教学资源和资源共享课程。本套多种教材配有光盘,内容涉及操作录像、演示文稿、拓展练习、图片等多种形式的教学资源,丰富形象,供教师和学生使用。

本套教材的编写,得到了第二届全国高职高专药品类专业教材建设指导委员会的专家和来自全国近百所院校、二十余家企业行业的骨干教师和一线专家的支持和参与,在此对有关单位和个人表示衷心的感谢!并希望在教材出版后,通过各校的教学使用能获得更多的宝贵意见,以便不断修订完善,更好地满足教学的需要。

在本套教材修订编写之际,正值教育部开展"十二五"职业教育国家规划教材选题立项工作,本套教材符合教育部"十二五"国家规划教材立项条件,全部进行了申报。

全国高等医药教材建设研究会

人民卫生出版社

2013 年 7 月

附:全国高职高专药品类专业
国家卫生和计划生育委员会"十二五"规划教材

教 材 目 录

序号	教材名称	主编	适用专业
1	医药数理统计(第2版)	刘宝山	药学、药品经营与管理、药物制剂技术、生物制药技术、化学制药技术、中药制药技术
2	基础化学(第2版)*	傅春华 黄月君	药学、药品经营与管理、药物制剂技术、生物制药技术、化学制药技术、中药制药技术
3	无机化学(第2版)*	牛秀明 林 珍	药学、药品经营与管理、药物制剂技术、生物制药技术、化学制药技术、中药制药技术
4	分析化学(第2版)*	谢庆娟 李维斌	药学、药品经营与管理、药物制剂技术、生物制药技术、化学制药技术、中药制药技术、药品质量检测技术
5	有机化学(第2版)	刘 斌 陈任宏	药学、药品经营与管理、药物制剂技术、生物制药技术、化学制药技术、中药制药技术
6	生物化学(第2版)*	王易振 何旭辉	药学、药品经营与管理、药物制剂技术、化学制药技术、中药制药技术
7	生物化学及技术*	李清秀	生物制药技术
8	药事管理与法规(第2版)*	杨世民	药学、中药、药品经营与管理、药物制剂技术、化学制药技术、生物制药技术、中药制药技术、医药营销、药品质量检测技术

序号	教材名称	主编	适用专业
9	公共关系基础(第2版)	秦东华	药学、药品经营与管理、药物制剂技术、生物制药技术、化学制药技术、中药制药技术、食品药品监督管理
10	医药应用文写作(第2版)	王劲松 刘 静	药学、药品经营与管理、药物制剂技术、生物制药技术、化学制药技术、中药制药技术
11	医药信息检索(第2版)★	陈 燕 李现红	药学、药品经营与管理、药物制剂技术、生物制药技术、化学制药技术、中药制药技术
12	人体解剖生理学(第2版)	贺 伟 吴金英	药学、药品经营与管理、药物制剂技术、生物制药技术、化学制药技术
13	病原生物与免疫学(第2版)	黄建林 段巧玲	药学、药品经营与管理、药物制剂技术、化学制药技术、中药制药技术
14	微生物学★	凌庆枝	生物制药技术
15	天然药物学(第2版)★	艾继周	药学
16	药理学(第2版)★	罗跃娥	药学、药品经营与管理
17	药剂学(第2版)	张琦岩	药学、药品经营与管理
18	药物分析(第2版)★	孙 莹 吕 洁	药学、药品经营与管理
19	药物化学(第2版)★	葛淑兰 惠 春	药学、药品经营与管理、药物制剂技术、化学制药技术
20	天然药物化学(第2版)★	吴剑峰 王 宁	药学、药物制剂技术
21	医院药学概要(第2版)★	张明淑 蔡晓虹	药学
22	中医药学概论(第2版)★	许兆亮 王明军	药品经营与管理、药物制剂技术、生物制药技术、药学
23	药品营销心理学(第2版)	丛 媛	药学、药品经营与管理
24	基础会计(第2版)	周凤莲	药品经营与管理、医疗保险实务、卫生财会统计、医药营销

序号	教材名称	主编	适用专业
25	临床医学概要(第2版)★	唐省三 郭 毅	药学、药品经营与管理
26	药品市场营销学(第2版)★	董国俊	药品经营与管理、药学、中药、药物制剂技术、中药制药技术、生物制药技术、药物分析技术、化学制药技术
27	临床药物治疗学★★	曹 红	药品经营与管理、药学
28	临床药物治疗学实训★★	曹 红	药品经营与管理、药学
29	药品经营企业管理学基础★★	王树春	药品经营与管理、药学
30	药品经营质量管理★★	杨万波	药品经营与管理
31	药品储存与养护(第2版)★	徐世义	药品经营与管理、药学、中药、中药制药技术
32	药品经营管理法律实务(第2版)	李朝霞	药学、药品经营与管理、医药营销
33	实用物理化学★★;★	沈雪松	药物制剂技术、生物制药技术、化学制药技术
34	医学基础(第2版)	孙志军 刘 伟	药物制剂技术、生物制药技术、化学制药技术、中药制药技术
35	药品生产质量管理(第2版)	李 洪	药物制剂技术、化学制药技术、生物制药技术、中药制药技术
36	安全生产知识(第2版)	张之东	药物制剂技术、生物制药技术、化学制药技术、中药制药技术、药学
37	实用药物学基础(第2版)	丁 丰 李宏伟	药学、药品经营与管理、化学制药技术、药物制剂技术、生物制药技术
38	药物制剂技术(第2版)★	张健泓	药物制剂技术、生物制药技术、化学制药技术
39	药物检测技术(第2版)	王金香	药物制剂技术、化学制药技术、药品质量检测技术、药物分析技术
40	药物制剂设备(第2版)★	邓才彬 王 泽	药学、药物制剂技术、药剂设备制造与维护、制药设备管理与维护

序号	教材名称	主编	适用专业
41	药物制剂辅料与包装材料(第2版)	刘 葵	药学、药物制剂技术、中药制药技术
42	化工制图(第2版)*	孙安荣 朱国民	药物制剂技术、化学制药技术、生物制药技术、中药制药技术、制药设备管理与维护
43	化工制图绘图与识图训练(第2版)	孙安荣 朱国民	药物制剂技术、化学制药技术、生物制药技术、中药制药技术、制药设备管理与维护
44	药物合成反应(第2版)*	照那斯图	化学制药技术
45	制药过程原理及设备 **	印建和	化学制药技术
46	药物分离与纯化技术(第2版)	陈优生	化学制药技术、药学、生物制药技术
47	生物制药工艺学(第2版)	陈电容 朱照静	生物制药技术
48	生物药物检测技术 **	俞松林	生物制药技术
49	生物制药设备(第2版)*	罗合春	生物制药技术
50	生物药品 **;*	须 建	生物制药技术
51	生物工程概论 **	程 龙	生物制药技术
52	中医基本理论(第2版)	叶玉枝	中药制药技术、中药、现代中药技术
53	实用中药(第2版)	姚丽梅 黄丽萍	中药制药技术、中药、现代中药技术
54	方剂与中成药(第2版)	吴俊荣 马 波	中药制药技术、中药
55	中药鉴定技术(第2版)*	李炳生 张昌文	中药制药技术
56	中药药理学(第2版)*	宋光熠	药学、药品经营与管理、药物制剂技术、化学制药技术、生物制药技术、中药制药技术
57	中药化学实用技术(第2版)*	杨 红	中药制药技术
58	中药炮制技术(第2版)*	张中社	中药制药技术、中药

序号	教材名称	主编	适用专业
59	中药制药设备(第2版)	刘精婵	中药制药技术
60	中药制剂技术(第2版)★	汪小根 刘德军	中药制药技术、中药、中药鉴定与质量检测技术、现代中药技术
61	中药制剂检测技术(第2版)★	张钦德	中药制药技术、中药、药学
62	药学服务实务*	秦红兵	药学、中药、药品经营与管理
63	药品生物检定技术*;★	杨元娟	生物制药技术、药品质量检测技术、药学、药物制剂技术、中药制药技术
64	中药鉴定技能综合训练**	刘 颖	中药制药技术
65	中药前处理技能综合训练**	庄义修	中药制药技术
66	中药制剂生产技能综合训练**	李 洪 易生富	中药制药技术
67	中药制剂检测技能训练**	张钦德	中药制药技术

说明:本轮教材共61门主干教材,2门配套教材,4门综合实训教材。第一轮教材中涉及的部分实验实训教材的内容已编入主干教材。* 为第二轮新编教材;** 为第二轮未修订,仍然沿用第一轮规划教材;★为教材有配套光盘。

第二届全国高职高专药品类专业教育教材建设指导委员会

成 员 名 单

顾 问

张耀华　国家食品药品监督管理总局

名誉主任委员

姚文兵　中国药科大学

主任委员

严　振　广东食品药品职业学院

副主任委员

刘　斌　天津医学高等专科学校

邬瑞斌　中国药科大学高等职业技术学院

李爱玲　山东食品药品职业学院

李华荣　山西药科职业学院

艾继周　重庆医药高等专科学校

许莉勇　浙江医药高等专科学校

王　宁　山东医学高等专科学校

岳苓水　河北化工医药职业技术学院

昝学峰　楚雄医药高等专科学校

冯维希　连云港中医药高等职业技术学校

刘　伟　长春医学高等专科学校

佘建华　安徽中医药高等专科学校

委 员

张 庆　济南护理职业学院

罗跃娥　天津医学高等专科学校

张健泓　广东食品药品职业学院

孙 莹　长春医学高等专科学校

于文国　河北化工医药职业技术学院

葛淑兰　山东医学高等专科学校

李群力　金华职业技术学院

杨元娟　重庆医药高等专科学校

于沙蔚　福建生物工程职业技术学院

陈海洋　湖南环境生物职业技术学院

毛小明　安庆医药高等专科学校

黄丽萍　安徽中医药高等专科学校

王玮瑛　黑龙江护理高等专科学校

邹浩军　无锡卫生高等职业技术学校

秦红兵　江苏盐城卫生职业技术学院

凌庆枝　浙江医药高等专科学校

王明军　厦门医学高等专科学校

倪 峰　福建卫生职业技术学院

郝晶晶　北京卫生职业学院

陈元元　西安天远医药有限公司

吴廼峰　天津天士力医药营销集团有限公司

罗兴洪　先声药业集团

前　言

　　本教材是全国高职高专药品类专业卫生部"十一五"规划教材《生物制药设备》的修订版,第 1 版已于 2009 年出版发行,被全国高职院校生物制药技术专业作为核心课程教材使用,部分院校还用作高职生化制药技术专业、中药制药技术专业的核心课程教材。本次修订广泛吸取了使用院校师生的意见和建议,并充分体现了近几年高职高专教育教学改革的成果,以更好地满足培养高素质技能型人才的需要。

　　为适应任务驱动和项目引导教学法,本教材按照课程与岗位融合、课堂与车间融合、学生与工艺员融合的原则选取教学内容,以操控基础知识、辅助工程设备、生产线设备三大板块按照生产流程为主线进行编排,介绍生物反应、生物分离纯化和生物药物制剂等生产过程设备的结构、工作原理、操作和维护,体现了技能型课程体系的特点,全面培养学生自学能力、专业工作能力和协作配合能力。

　　由于生物药物制剂绝大多数为无菌制剂,因此"第十五章　固体制剂设备"为选修内容,各校可根据实际情况做适当调整。教材中所使用的各种计量单位均采用国际单位制。

　　本教材由各参编学校共同完成,其中绪论、第一章、第二章、第三章、第六章、第十二章、第十三章、第十四章由罗合春老师编写;第七章、第十一章和第十五章由贺峰老师编写;第五章、第八章和第十章由费建军工程师编写;第四章由关力老师负责编写;第九章由董丽辉老师编写,全书由主编罗合春老师统稿。本教材所配光盘视频由重庆工贸职业技术学院生物制药技术教研室摄制完成。

　　本教材的编写参考了其他同类教材及有关书刊,并得到了人民卫生出版社及各参编学校的大力支持,在此表示诚挚的感谢!

　　因编者水平所限,缺点错误在所难免,敬请批评指正,以利再版时改正和提高。

罗合春

2013 年 4 月

目　录

绪　　论

一、本课程的学习内容

药物是具有预防、诊断和治疗人类疾病功能的物品，可分为化学药、中药和生物药三大类。生物药物是采用现代生物技术制造的药品，主要有基因药物、血液制品、生物制品以及海洋生物药物等。生物制药过程由生物反应、分离提取和剂型加工三大工段组成，是一个对生物组织、体液或发酵液深度加工的过程，生物制药的生产车间包括工艺车间和辅助车间。工艺车间可分为菌种选育、种子培养、细胞培养、微生物发酵、分离纯化、制剂成型加工等车间，辅助车间包含空调车间、制水车间、动力车间等。生物制药过程采用的设备有生物反应设备、生物分离纯化设备、药品干燥和结晶设备、制剂加工设备、制药工艺用水生产设备等。本课程以生物反应设备、生物分离纯化设备和药物制剂设备为主要学习内容，深入学习生物制药生产过程各设备的结构、工作原理、操作规程和维护方法。

二、生物制药设备基本知识

生物制药设备所使用的材料有金属和非金属两大类。各种金属和非金属材料有较大的性能差异，应根据使用目的不同合理选用。用作制药设备的材料必须符合 GMP 的要求，避免产生对药品的污染。

（一）材料

1. 金属材料

（1）生铁：习惯上所说的钢铁是钢和铁的总称。钢与铁主要由铁和碳元素组成，含碳量多少是区别钢和铁的主要标准，含碳量大于 2.0% 的称为生铁，含碳量小于 2.0% 且含有其他合金元素的称为钢材，含碳量低于 0.05% 且无其他合金元素的叫纯铁，又称为熟铁。

按用途分类，生铁可分为炼钢生铁、铸造生铁和特殊生铁三种类型。无论何种生铁，由于其含碳量高，其质硬而脆，几乎没有塑性，机械加工性能单一，容易生锈，理化性能不能满足工业上的需求，因而需要加工改良。

（2）碳素钢：如果金属材料中除铁碳之外还含有炉料带入的少量合金元素锰、硅、铝和杂质元素磷、硫及气体氮、氢、氧等，且碳含量 <2%，这种金属材料称为碳素钢。碳素钢不仅有良好的塑性，而且具有强度高、韧性好、耐高温、易加工、抗冲击、易提炼等优良理化性能，因此被广泛利用。

（3）合金钢：在普通碳素钢基础上添加适量的一种或多种合金元素形成的金属材料叫铁碳合金，又叫合金钢。常见的合金元素有硅、锰、铬、镍、钼、钨、钒、钛、铌、锆、钴、铝、铜、硼、稀土等。

　　各国的合金钢分类系统随各自的资源情况、生产和使用条件不同而不同,国外以往曾发展镍、铬钢系统,我国则发展以硅、锰、钒、钛、铌、硼、铅、稀土为主的合金钢系统。合金钢种类很多,通常按合金元素含量多少分为低合金钢(含量<5%)、中合金钢(含量5%~10%)、高合金钢(含量>10%);按质量分为优质合金钢、特殊合金钢;按特性和用途又分为合金结构钢、不锈钢、耐酸钢、耐磨钢、耐热钢、合金工具钢、滚动轴承钢、合金弹簧钢和特殊性能钢(如软磁钢、永磁钢、无磁钢)等。

　　在生产合金钢时,添加不同的合金元素就会得到不同性能的产品,可以按要求制造特殊性能的金属材料。因而合金钢除了具有普通碳素钢的基本性能外,还具有硬度和强度、耐腐蚀性强等多种优异的性能。特别是添加金属铬、镍、钛等稀土元素后形成的不锈钢是制造制药机械设备的主要材料。

　　2. 非金属材料　非金属材料可分为无机材料和有机材料两大类。无机材料包括陶瓷、玻璃、石墨、岩石等,有机材料可分为植物纤维、塑料、橡胶等。在结构上,部分非金属材料是晶体结构,另外一部分是非晶体结构。一般地,非金属材料是热和电的不良导体,无金属光泽,其机械加工性能较差。但也有例外,少数非金属材料如石墨等是热和电的良导体,某些非金属材料可代替金属,在制药工业中起重要的作用。

　　(1)无机非金属材料:在制药工业中广泛应用的无机非金属材料有陶瓷和玻璃等,这些材料的化学性质为惰性,不与药品发生反应,同时不溶出污染成分,因而常用于制造管道、精密过滤器、反应器、层析柱、包装瓶等。

　　玻璃器皿一般采用3.3高硼硅玻璃材料制成,该种玻璃的基本组分是氧化钠、氧化硼、二氧化硅,硼含量为12.5%~13.5%,硅含量为78%~80%,该种玻璃膨胀系数为3.3×10^{-6},故称为3.3高硼硅玻璃。高硼硅玻璃的特点是热膨胀系数小,在0~200℃温度突变下不炸裂,并具有优越的耐酸、耐碱、耐水和抗腐蚀性能,拥有良好的热稳定性、化学稳定性和电学性能,故具有抗化学侵蚀性、抗热冲击性、机械性能好、使用温度高、硬度高等特性,因此在制药工业中广泛使用。

　　(2)有机非金属材料:塑料是有机非金属材料,其主要成分是合成树脂,其次有填充剂、稳定剂、增塑剂、着色剂和润滑剂,它们共同构成性能各异的各种塑料材料。

　　按受热后性能改变情况,塑料可分为热塑性塑料和热固性塑料。其中,聚四氟乙烯塑料属于热塑性塑料,在制药机械设备中使用广泛。

　　1)物理性能:聚四氟乙烯具有优良的热性能,耐高温和低温的性能优于其他塑料,可在260~280℃下长期连续工作。在无载荷的条件下,即使到250℃,尺寸仍可保持稳定;如果有载荷,则发生蠕变。在300℃时,空气的氧化使其轻微变脆。在-80~-70℃范围时,可保持柔软,在-250℃也不变脆。在-200~260℃范围内其热稳定性极好,熔点为327℃,而只有到400℃以上才有明显的分解。

　　2)化学性能:聚四氟乙烯具有优良的化学稳定性,可以抗拒发烟硫酸、浓硝酸、浓盐酸、氢氟酸、沸腾氢氧化钠、过氧化氢、氯气甚至王水的腐蚀,也可耐醇、醛、酮等有机溶剂的侵蚀。其耐候性极好,有抗氧和紫外线的作用。

　　3)自润滑性能:由于聚四氟乙烯分子无极性,分子间作用力小,表面能低,所以其表面有不黏结和自润滑等特性,因而其摩擦系数很低,在制药工业中广泛用于密封件和摩擦零部件。

其他如木材、植物纤维、各种橡胶等有机非金属材料都是制造制药机械设备的重要材料。

（二）GMP 对制药机械设备的要求

《药品生产质量管理规范》简称 GMP，是我国从事药品生产、营销和使用的个人与企业都必须遵守的药事管理条例。GMP 要求药剂机械的设计等符合生产过程和质量控制的具体要求。

1. 符合工艺要求，能防止差错和交叉污染。安全、稳定、可靠，便于生产操作和维修保养。

2. 结构简单，易清洁、灭菌，拆装方便，能就地清洗和就地灭菌，强调对凸凹形体的简化，形体的简化可使常规设计中的凸凹、坑、台变得平整简洁，减少死角，可最大限度地减少藏尘积污，其最主要的是易于清洗。

3. 传动部件密封良好、隔离保护、润滑、冷却防污染，当驱动摩擦而产生的微量异物及润滑无法避免时，应隔离保护；对于必须进入工作室的机件也必须采取措施。

4. 与药品直接接触部分应平整、光洁、避免死角、易清洁。尽可能不设计有台、沟及外露的螺栓连接。

5. 设备的材质选择应严格控制，不得对药品性质、纯度、质量产生影响，需具有安全性、辨别性及使用强度。

（1）与药品直接接触的零部件均应选用无毒、耐腐蚀、不与药物反应、不释出微粒及不吸附物料的材料。

（2）生产无菌药品的设备及容器等宜选用低碳不锈钢。

（3）与药物及腐蚀性介质接触的及潮湿环境下工作的设备均应选用低碳不锈钢、钛及钛复合材料或铁基涂敷耐腐蚀、耐热、耐磨等涂层的材料；非上述部位可使用其他材料，但原则上均应作表面处理。

（4）同一部位（部件）所用材料一般需一致，不应出现不锈钢件配用普通螺栓的情况。

（5）广泛使用的非金属材料，如保温、密封、过滤材料、工程塑料及垫圈等橡胶制品，原则是无毒性、不污染、不松散掉渣或掉毛，还应考虑耐热、耐油、不吸附、不吸湿、卫生等性质。

6. 装有物料的设备尽量密闭，应采取防双向污染、防尘、防漏、隔热、防噪声等措施。

7. 合理设置有关参数测试点以满足验证的要求，仪表、计量计数准确，调节控制稳定可靠等。

8. 在易燃易爆环境中的设备应采用防爆电机，并设有消除静电及安全保险装置。

9. 注射剂灌装设备应采用 100 级层流保护完成工作。

10. 药液、注射用水及净化压缩空气管道的设计应严格要求，材料应无毒、耐腐蚀，内表面应经电化抛光、易清洗，避免死角、盲管，连接应采用快装式、终端设过滤器，结构应防止微生物的滋生和污染。

11. 产品设计实现标准化、通用化、系列化和机电一体化，生产过程连续密闭、自动检测。

按照 GMP 的规定，制药机械选材严格，设计规范，制药设备管理也必须规范。在生产过程中，操作人员要懂得该设备的工作原理和操作规程，要能进行日常维护工作，保持设备处于良好的工作状态。如果制药设备有损坏,则应请专业技术人员维修并经验证符合 GMP 要求后才能投入生产使用。

三、国际单位制

1. 法定单位制　在制药生产过程中,常常涉及不同单位制之间的单位换算。1985年 9 月 6 日第六届全国人民代表大会常务委员会第 12 次会议通过了《中华人民共和国计量法》,规定“国家采用国际单位制。国际单位制计量单位和国家选定的其他计量单位,为国家法定计量单位”。

按照国家标准 GB3100—93 的规定,我国的法定计量单位包括:

(1)SI 基本单位。

(2)包括 SI 辅助单位在内的具有专门名称的导出单位。

(3)国家选定的非法定单位制的单位。

(4)由以上单位构成的组合形式的单位。

(5)由 SI 词头和上述单位构成的十进倍数和分数单位。

2. 国际单位制　为便于科学文化技术的交流和经济贸易,世界各国计量单位应具有一致性。1948 年召开的第九届国际计量大会作出了决定,要求国际计量委员会创立一种简单而科学的、供所有米制公约组织成员国均能使用的实用单位制。1954 年第十届国际计量大会决定采用米(m)、千克(kg)、秒(s)、安培(A)、开尔文(K)和坎德拉(cd)作为基本单位。1960 年第十一届国际计量大会决定将以这六个单位为基本单位的实用计量单位制命名为“国际单位制”,并规定其符号为“SI”。以后 1974 年的第十四届国际计量大会又决定将物质的量的单位摩尔(mol)作为基本单位。

国际单位制基本单位、辅助单位和我国法定其他单位如表 1 ~ 表 3 所示。

表 1　国际单位制基本单位

量	单位名称	单位符号
长度	米	m
质量	千克(公斤)	kg
时间	秒	s
电流	安[培]	A
热力学温度	开[尔文]	k
物质的量	摩[尔]	mol
发光强度	坎[德拉]	cd

表 2　国际单位制的辅助单位

量	单位名称	单位符号
平面角	弧度	rad
立体角	球面度	sr

表3　可与国际单位制单位并用的中国法定计量单位（GB3100—93）

量	单位名称	单位符号	单位表示式
时间	分	min	$1\min = 60s$
	［小时］	h	$1h = 60\min = 3600s$
	天（日）	d	$1d = 24h = 86\ 400s$
平面角	［角］秒	（″）	$1'' = (\pi/648\ 000)\,rad$（π为圆周率）
	［角］分	（′）	$1' = 60'' = (\pi/10\ 800)\,rad$
	度	（°）	$1° = 60' = (\pi/180)\,rad$
旋转速度	转每分	r/min	$1r/\min = (1/60)\,S^{-1}$
质量	吨	t	$1t = 10^3\,kg$
体积	升	L，（1）	$1L = 1dm^3 = 10^{-3}\,m^3$
参	电子伏	eV	$1eV \approx 1.602\ 189\ 2 \times 10^{-19}\,J$
级差	分贝	dB	$1L = 1dm^3 = 10^{-3}\,m^3$

本教材所有计算执行国家法定计量单位,其他需要经换算后再代入公式计算。

点 滴 积 累

生物制药生产过程由生物反应、分离提取、剂型加工等三大工段构成,本课程主要学习三大工段岗位设备的结构、工作原理和操作技术。

（罗合春）

第一章 流体测量技术

生物制药生产过程中所使用的原辅材料往往是液体、气体或半固体,液体、气体或半固体统称为流体。流体形状随容器形状自动改变的过程称为流体流动。组成流体的基本微粒是大量不规则运动的分子,各分子之间以及分子内部的原子之间存在一定的空隙,所以流体是不连续的。根据统计学原理,将若干个流体分子看作一个质点,则流体就可以被看成是由若干个质点组成的连续性流体,这就是流体连续性假设。流体连续性假设所得的结论可以应用于实际流体。

第一节 流体压强的测量

在制药车间管路系统中,测量流体压强的仪表主要有压强表、真空计、U 形管压差计、U 形管液位计等。

一、表压强和真空度的测量

(一)流体的密度

1. 密度的定义　单位体积内流体的质量称为流体的密度。即:

$$\rho = \frac{m}{V} \qquad\qquad 式(1\text{-}1)$$

式(1-1)中,ρ 为流体的密度(kg/m^3);m 为单位流体的质量(kg);V 为单位流体的体积(m^3)。

气体的体积和密度随压力改变而发生显著改变,称之为可压缩性流体;液体受压力作用后体积缩小和密度增大的现象不显著,称为不可压缩性流体。

2. 相对密度　某物质的密度和参比物质密度的比值称为相对密度,符号为 d,是无量纲量。

计算气体相对密度时,参比密度是标准状态下干燥空气的密度,其数值为 1.2930kg/m^3。对于液体和固体,大部分情况下,参比密度是 4℃时水的密度,其数值为 1000kg/m^3。液体和固体相对密度表达式为:

$$d_4^{20} = \frac{\rho}{\rho_水} \qquad\qquad 式(1\text{-}2)$$

式(1-2)中,符号 d_4^{20} 中数字 4 表示水的温度为 4℃,数字 20 表示样本物质的温度为 20℃。

（二）流体的静压强

1. 压强　流体单位面积上所受的垂直作用力称为压强,其单位是 N/m^2。

$$p = \frac{F}{A} \qquad \text{式(1-3)}$$

式(1-3)中,p 为流体的静压强(N/m^2);A 为流体受力面积(m^2);F 为作用在面积 A 上的压力(N)。

我们常将 N/m^2 称为 Pa。

2. 标准大气压　大气压是地球大气层本身质量和流动性产生的压强,其大小与大气层厚度、温度和湿度等因素有关。在温度是 0℃,纬度是 45° 的海平面上,单位面积所承受的大气压力称为 1 个标准大气压,用 atm 表示。其他压强单位与标准大气压的换算关系是:

$$1atm = 1.033kgf/cm^2 = 10.33mH_2O = 1.0133bar = 1.0133 \times 10^5 Pa$$

$$1atm = 760mmHg = 1.0133 \times 10^5 N/m^2 = 1.0133 \times 10^5 Pa$$

$$1at = 1kgf/cm^2 = 735.6mmHg = 10mH_2O = 0.9807 \times 10^5 Pa$$

3. 绝对压强、表压强和真空度

(1)绝对压强:容器内压强的真实值称为绝对压强,用 $p_{绝}$ 表示。

(2)表压强:用压力计测出容器内的压强值称为表压强,用 $p_{表}$ 表示。是容器内的绝对压强值扣除当地大气压强值后的读数。

用 p_0 表示当地大气压强,与绝对压强关系式为:

$$p_{绝} = p_0 + p_{表} \qquad \text{式(1-4)}$$

(3)真空度:如果当地大气压强大于容器内绝对压强,则两者之间的压强差称为容器内的真空度,用 $p_{真}$ 表示。真空度的计算方法是:

$$p_{真} = p_0 - p_{绝} \qquad \text{式(1-5)}$$

测定真空度的压力表称为真空计。

表压、绝压、大气压、真空度相互之间的关系如图 1-1 所示。

例1-1:用蒸发器蒸发中药提取液,规定末效的绝对压强为 $0.15 \times 10^5 Pa$,在天津地区和西安地区操作时,真空表上读数各为多少(天津地区大气压强为 $1.0133 \times 10^5 Pa$,西安地区大气压强为 $0.95859 \times 10^5 Pa$)?

解:在天津地区操作时,真空表上读数即真空度为:

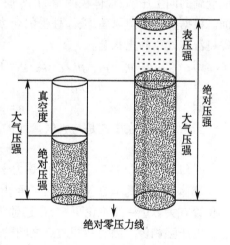

图1-1　表压、绝压、真空度

∵
$$p_{真} = p_0 - p_{绝}$$

∴
$$p_{真} = 1.0133 \times 10^5 - 0.15 \times 10^5 = 0.8633 \times 10^5 Pa$$

在西安地区操作时,真空表上的读数即真空度为:

∴
$$p_{真} = 0.95859 \times 10^5 - 0.15 \times 10^5 = 0.80859 \times 10^5 Pa$$

知 识 链 接

帕 斯 卡

　　帕斯卡(BlaisePascal,1623—1662),法国数学家、物理学家、哲学家。帕斯卡将12m长玻璃管固定在船的桅杆上,用水和葡萄酒做托里拆利实验。人们原以为葡萄酒中含有"气"元素,因此酒柱会比水柱短。但因为酒的密度比水小,结果酒柱比水柱还要高。1647年他发表了《关于真空的新实验》一书。1646—1651年他还在巴黎、多姆山等地的多次实验中证实了大气压强随高度的增加而减小。在他的《论液体平衡和空气的重量》文中提出了帕斯卡定律,详细证明了器壁上由于液重产生的压强仅与深度有关的理论。

二、流体压差和液位的测量

(一)流体静力学基本方程式

　　流体内部质点受到地心吸引力和各向压力的作用,当流体所受合力为零时达到力学平衡,处于相对静止状态。静止流体受力情况如图1-2所示。设容器中有一单位底面积的圆柱形液柱,A为上、下两底面,p_0是大气压强,p_1是上底面承受的液体柱压强,p为下底面受到的向上压强,液体柱的重力W垂直作用于下底面。根据力学平衡原理,液体柱受的合力为零时,才能保持流体处于静止状态。

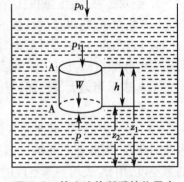

图1-2　静止流体所受的作用力

　　即：　　　　$p - p_0 - p_1 - \rho(z_1 - z_2)g = 0$

　　令　　　　　$h = z_1 - z_2$

　　则　　　　　　　　　　$p = p_0 + p_1 + \rho g h$　　　　　　式(1-6)

当考察的上底面就是与大气接触的液面时,$p_1 = 0$,则

　　　　　　　　　　　　$p = p_0 + \rho g h$　　　　　　　　式(1-7)

式(1-6)和式(1-7)称为流体静力学基本方程式。

　　流体静力学基本方程式表明了静止流体中,某空间质点附近的压强与其在流体中的位置有关。进一步推论可知,在连通器中,同种流体处于静止状态时,同一水平面上各点的压强相等。因而不同质点之间的压强差可以用一定高度的流体液柱来计算。

　　例1-2:求相当于绝对压强2.4×10^5Pa的水柱、汞柱的高度。设给定条件下水的密度为1000kg/m³,汞的密度为$13\,600$kg/m³。

　　解:据题意,待考察液柱上底面应无压力负荷,即$p_0 = 0$,$p_1 = 0$。根据流体静力学基本方程式$p = p_0 + \rho g h$可得:

$$h = \frac{p}{\rho g}$$

故水柱高度为:

$$h = \frac{2.4 \times 10^5}{1000 \times 9.81} = 24.46 \text{mH}_2\text{O}$$

汞柱高度为：

$$h = \frac{2.4 \times 10^5}{13\,600 \times 9.81} = 1.799\,\text{mmHg}$$

（二）流体压强差和液位测量仪表

根据流体静力学基本方程式基本原理，可以制成 U 形管压差计和玻璃管液位计，用来测量两截面间的压强差或任意截面上的压强，以及用于测量容器内的液面位置等。

1. U 形管压差计　U 形管压差计是一根如图 1-3 所示的 U 形玻璃管，内装密度为 ρ_A 的 A 指示液，它与被测流体 B 不能互溶，其密度 ρ_A 大于被测流体密度 ρ_B。将 U 形管两端开口与管道上待测截面 1-1′ 与 2-2′ 的测压口用软管相连后，指示液在 U 形管两侧高度差的读数为 R，R 值反映了 1-1′ 与 2-2′ 两截面压强差的大小。根据流体静力学基本方程式可得：

$$\Delta p = p_1 - p_2 = (\rho_A - \rho_B)Rg \qquad\qquad 式(1\text{-}8)$$

对于气体：
$$\Delta p = \rho_A Rg \qquad\qquad 式(1\text{-}9)$$

由式(1-8)和式(1-9)可计算出压强差和液位高度。

2. 液位计　容器内液面位置的高低可以用液位指示计来显示和测定。图 1-4 所示的是常用的液位指示计。

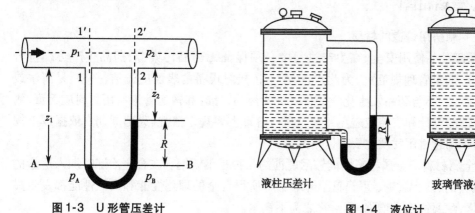

图 1-3　U 形管压差计　　　　　　　　　　图 1-4　液位计

玻璃管液位计是用带刻度的玻璃管连接在容器的上、下两接口而构成的，玻璃管中液面位置就是容器中的液面位置，通过刻度直接显示液位高度。

液柱压差计的结构与玻璃管液位计相似，但管底部是 U 形弯管，U 形管中装有密度大于容器内液体密度的指示液。由流体静力学基本方程式可知，容器底部承受的压强与容器中所装液体的高度成正比，因此，根据连通玻璃管中的读数 R 便可推算出容器内的液面高度。

3. 液封高度　在进行蒸发浓缩操作时需要将真空系统中的液体排出，为了避免空气进入真空系统，常采用液封装置进行密封。液封气管插入水中的深度可通过流体静力学基本方程式求算得到。

例 1-3：图 1-4 所示的容器中装有密度为 860kg/m³ 的油，U 形管压差计中的指示液水银的读数为 270mm，求容器内油面高度。

解：设容器上方气体压强为 p_0，油面高度为 h，根据流体静力学基本方程式得：

$$p_0 + \rho_{油}gh = p_0 + \rho_{指}gR$$

所以
$$h = \frac{\rho_{指}}{\rho_{油}}R$$

故 $$h = \frac{13600}{860} \times 0.27 = 4.27m$$

答:容器内油面高度为4.27m。

点 滴 积 累

1. 描述流体静压强的物理量有绝对压强、表压强、真空度。
2. 以大气压为依据进行表压强、绝对压强和真空度的换算。

第二节 流体的流动状态

流体的流动状态随所流经管道的改变而改变。不同流动状态下流体的力学性质和物理指标不同。选择合适的管道才能为制药工作质量提供良好的条件。

一、管道和管件

(一)制药用管道的材质

为保障药品使用安全,在生产过程中必须保证无药品污染源,药品生产必须符合《药品生产质量管理规范》。为此,与药品直接接触设备的表面应光洁、平整、易清洗或消毒、耐腐蚀,不与药品发生化学变化或吸附药品;储罐和输送管道所用材料应无毒、耐腐蚀;管道的设计和安装应避免死角、盲管,管理上要规定清洗、灭菌周期。依据以上规定,制药车间管道用材质主要有以下几类:

1. 金属材料 金属材料中能够耐腐蚀的品种是不锈钢。在合金冶炼时加入适量的铬、钼、钛、铜、钴、镍、铌、锰等稀土金属元素,所得合金的理化性能和机械性能都发生显著的变化,耐腐蚀能力增强,通常称之为不锈钢。

目前不锈钢类型牌号已达100多种,不锈钢可以按用途、化学成分及金相组织进行分类。按加入稀土金属元素的比例,不锈钢可分为铬不锈钢和镍铬不锈钢。以不锈钢金相组织特点可分为奥氏体不锈钢、铁素不锈钢、马氏体不锈钢、双相不锈钢、沉淀硬化不锈钢等。

奥氏体不锈钢中含 Cr 约18%、Ni 约8%～10%、C 约0.1%,属于铬镍型不锈钢。在此基础上将碳含量控制在0～0.3%,提高 Cr、Ni 含量,并加入 Mo、Ti、Cu、Si 和 Nb 等元素,则会形成另一类奥氏体不锈钢,这类不锈钢在机械性能上无磁性而且具有高韧性和塑性,在化学性能上既可耐氧化性介质腐蚀又可耐硫酸、磷酸以及甲酸、醋酸、尿素等酸性介质的腐蚀,高硅的奥氏体不锈钢还能耐浓硝酸的腐蚀。在制定不锈钢标准时,美国称之为"3"系列不锈钢,该系列不锈钢牌号很多,如304、310、316 和316L 等。我国常用不锈钢牌号与美国标准牌号对照情况如表1-1所示。

表1-1 中,316Ti 又称为钛不锈钢,英国标准号为320S17,德国和法国都有相应的标准。在我国不锈钢标准中,316Ti 的标准代号为0Cr18Ni12Mo2Ti。由于加入了容易钝化的稀土金属钛,而钛形成的钝化膜在受到破坏后还能自行愈合,因此,钛不锈钢只能被氢氟酸和中等浓度的强碱溶液所侵蚀,在其他条件下非常稳定,具有优异的耐腐蚀性,因而常用于制造食品和药品的生产设备。

表 1-1　不锈钢牌号对照表

美国标准	中国标准	UNS 编码
304	0Cr18Ni9	S30400
304L	00Cr19Ni10	S30403
316	0Cr17Ni12Mo2	S31600
316L	00Cr17Ni14Mo2	S31603
316Ti	0Cr18Ni12Mo2Ti	

2. 非金属材料　用于制造制药设备的非金属材料可分为有机合成高分子材料和陶瓷材料。有机合成高分子材料中用得比较广泛的有硅橡胶、聚乙烯、聚丙烯酸、聚四氟乙烯、尼龙等,陶瓷材料主要是由人工配方在高温下成型的陶瓷制品。上述非金属材料不与药品发生反应,不污染药品,因而也被广泛地使用。

(二) 管道和管件

1. 常用管道　制药车间所安装的管道用来输送蒸汽、冷却水、纯水、有机溶剂、药液等,根据《药品生产质量管理规范》要求,一般都采用 316L 或 316Ti 不锈钢管道,规格型号都统一按照国家标准生产,以便于具有标准接口,可在不同设备不同口径上连接使用。

不锈钢管型号的表示方法举例:

ϕ108mm × 4mm 表示钢管外径是 108mm,壁厚是 4mm,内径是 100mm。

任何管道内壁都凹凸不平,管道内壁凸出部分的平均高度称为绝对粗糙度,用 ε 表示,单位是 mm,绝对粗糙度与管道内径的比值称为相对粗糙度。新管道的相对粗糙度小,用了一段时间的管道相对粗糙度大。管道的相对粗糙度越高,流体在流动时受到的阻力越大。常用相对粗糙度来确定流体流动时的阻力系数。

2. 管件　制药车间的管路系统中所使用的管件有活接头、大小头、三通、弯头、法兰、阀门、卡箍等,其中阀门有蝶阀、球阀、止回阀、隔膜阀、换向阀、取样阀、呼吸式调节阀等,如图 1-5 所示。

气动隔膜阀用得较多,其结构如图 1-6 所示。

隔膜为弹性膜,当将气缸中气体放出时,隔膜向回收缩,工作室空间增大,液体经进口活门向出口活门流出;当向气缸中充气时,气室内压力增大,隔膜向工作室凸出,工作室空间减小直至全封闭,流体被截止。

由于流体不与阀门其他部件直接接触,减少了药液被污染的机会,因而隔膜阀在生物制药流体输送中被广泛地使用。

二、流量和流速

1. 流量　对于管道任意横截面,单位时间内流过的流体的量称为流量。如以体积计量,称为体积流量,用 V_S 表示,单位是 m^3/s;若以质量计量,则称为质量流量,用 W_S 表示,其单位是 kg/s。体积流量与质量流量之间的关系是:

$$W_S = V_S \rho$$

2. 流速　单位时间内流体在流动方向上流过的距离称为流速,以 u 表示,单位为 m/s。流体在管道中流动时各空间点的流速不尽相同,位于管道中心处流速最大,管壁附近的流速最小。通常把 u 看成平均流速。流速与流量的关系为:

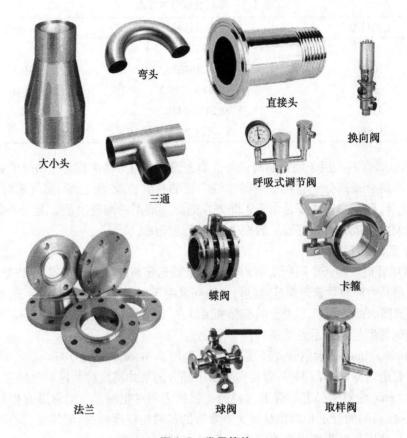

图1-5　常用管件

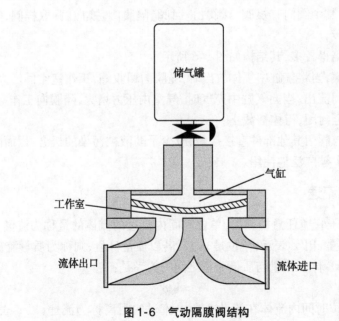

图1-6　气动隔膜阀结构

$$u = \frac{V_S}{A} = \frac{W_S}{\rho A}$$

上式中, A 为管道横截面积(m^2); u 为流体平均速度(m/s)。

如果管道为圆管,设 A 为其横截面积, $A = \frac{1}{4}\pi d^2$

则:

$$u = \frac{4V_S}{\pi d^2} \qquad\qquad 式(1-10)$$

式(1-10)常用于管道选型计算。

例1-4:某药厂需要架设一条输送自来水的管道,输水量为45 600kg/h,试计算所需管道的直径。

解:根据流量公式得:

$$d = \sqrt{\frac{4V_S}{\pi u}}$$

水的密度按 $1000kg/m^3$ 进行计算,其体积流量是:

$$V_S = \frac{45\ 600}{3600 \times 1000} = 0.0127m^3/s$$

取自来水的流速 $u = 1.5m/s$,则

$$d = \sqrt{\frac{4 \times 0.0127}{\pi \times 1.5}} = 0.1039m$$

求出的管径往往与厂家生产的管径不吻合,可在有关手册中选用直径相接近的标准管子。本题选用 $\phi114mm \times 4mm$ 的热扎无缝钢管合适,即选用外径是114mm,管壁厚是4mm的热扎无缝钢管。

管径确定后,应根据式(1-10)重新核定流速。

$$u = \frac{4 \times 0.0127}{\pi(0.114 - 0.004 \times 2)^2} = 1.34m/s$$

流速太小,说明管道直径太大,得另外选择管径小点的管子。可以选择 $\phi108mm \times 4mm$,经计算 $u = 1.62m/s$,所选管子完全符合自来水实际流速范围,选择的管子型号正确。常见流体的流动速度见表1-2。

表1-2　常见流体在管道中的流速范围

流体的类别	使用条件	流速范围,m/s
自来水	管路 3×10^5 Pa 左右	1~1.5
工业供水	管路 8×10^5 Pa 以下	1.5~3.0
锅炉供水	管路 8×10^5 Pa 以下	>3.0
饱和蒸汽	管路	20~40

三、定态流动和黏度

(一)定态流动和非定态流动

1. **定态流动和非定态流动**　流体在管路系统中流动时,如果管路系统中任何空间位置处流体的流速、流量、压强等参数都不随时间改变而变化,这种流动称之为定态流动;反之,如果各空间位置处流体流动的参数随时间改变而改变,则称之为非定态流动。

制药工业的流体流动一般都是定态流动。

2. 定态流动的连续性方程 图1-7为常见的管路系统。假设流体在这个系统中作定态流动。首先在本系统中选取 1-1′和 2-2′截面,截面之间区域作物料衡算范围。因流体为连续性介质,故充满了管道和设备的所有空间,并且流体源源不断地从 1-1′截面流向 2-2′截面。

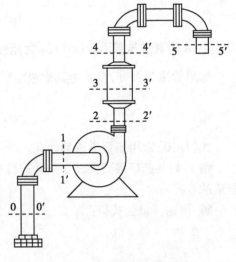

图1-7 流体流动的管路系统

为便于计算,设定整个输送系统没有其他物料的增加和物料的损失,始终保持稳定的流动,即每处的流量是恒定的。因此,单位时间内进入 1-1′截面的流体质量必等于由 2-2′截面输出的质量。则有:

$$W_1 = W_2$$

因

$$W_S = u\rho A$$

所以

$$u_1\rho_1 A_1 = u_2\rho_2 A_2$$

如果考察 n 个截面,也具有同样的结论。即:

$$u_1\rho_1 A_1 = u_2\rho_2 A_2 = \cdots = u_n\rho_n A_n \qquad \text{式(1-11)}$$

式(1-11)称为流体连续性方程式,此式说明在等径管路中输送不可压缩性流体时,流体的流速为常数。

若输送的是不可压缩性流体,密度 ρ 为常数,则:

$$u_1 A_1 = u_2 A_2 = \cdots = u_n A_n \qquad \text{式(1-12)}$$

式(1-12)是流体流动连续性方程式的特殊表达式。

(二)流体的黏度

1. 流体的内摩擦力 经研究发现,流体在管道内流动时,离管道中心轴线不同距离的空间点,其附近流体的流速不相同。如果在管道上任取一横截面,则会发现,管道中心轴线附近流速最大,越接近管壁流体流速越小,在贴近管壁处,流速几乎为零。实际上,流体在管中流动时,是被分割成无数极薄的一层套着一层的"流筒",各层以不同的速度向前流动。流体流动模型如图1-8所示。

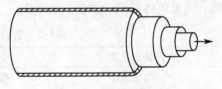

图1-8 流体流动模型

由于分子的不规则运动,高速分子穿过低速流筒,其结果是速度快的流筒对速度慢的流筒起带动的作用;低速分子跃迁到高速流筒,其结果是速度慢的流筒对速度快的流筒起拖拽的作用,于是流筒之间产生了相互作用力,形成了流动阻力,这种作用力称为流体的内摩擦力。流体的内摩擦力是流体产生黏性的根源,又称为流体的黏滞力。

流体流动过程要克服内摩擦力,因而要消耗机械能,这些机械能将转化成热能而损失。

2. 流体的黏度 不同性质的流体都具有内摩擦力,因而流体都具有黏性,常用"黏度"衡量流体黏性的大小,其符号为 μ。黏度的物理意义是促使流体流动产生单位速度梯度的剪应力,可利用牛顿黏性定律通过实验测试确定其数值大小。牛顿黏性定律表达式为：

$$\tau = \frac{F}{S} = \mu \frac{\Delta u}{\Delta y}$$

上式中，$\Delta u / \Delta y$ 为速度梯度；τ 为是单位面积上流体的剪应力。

在 SI 制中，黏度的单位是 $N \cdot s/m^2$，又称为 $Pa \cdot s$，它与物理单位制的换算关系是：

$$1Pa \cdot s = 10P = 1000cP = 1000mPa \cdot s$$

P 即泊，cP 即厘泊。

流体的黏度可通过实验或有关手册查得。

凡是服从牛顿黏性定律的流体都称为牛顿型流体，如常用的水针注射剂、口服液等；凡是不服从牛顿黏性定律的流体都称为非牛顿型流体，如发酵液、细胞培养液等。气体的黏度随温度的升高而升高，液体的黏度随温度升高而降低。

四、流体的流动类型

1. 雷诺实验　为了认识流体的流动形态，1884 年英国科学家雷诺作了一个著名的实验，即雷诺实验，其实验装置如图 1-9 所示。

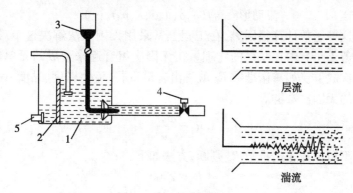

图 1-9　雷诺实验装置
1. 清水；2. 溢流堰；3. 红墨水；4. 阀门；5. 溢流装置

在水箱 3 的底部接一段直径不变的水平玻璃管 4，管出口处装有阀门，从玻璃管的另一端的中心处伸入细管 2，细管上端与盛有红墨水的小瓶 1 相连，用溢流装置 5 控制箱内液面维持不变。当水在水平玻璃管中形成稳定流动后，将红墨水注入玻璃管的中轴线。结果发现，当水在玻璃管内流速不大时，红墨水呈直线在整个管子中轴线位置上流动，与水不相混合。这种现象表明，玻璃管内水的质点彼此作平行于管中心线的直线运动，这种流动称为层流。若将水的流速逐渐提高，红墨水由直线流动慢慢地变成波浪形流动，当水的流速提高到一定数值后，红墨水的细线完全消失，与水混为一体。这种现象说明水的质点彼此之间不再呈平行的直线运动，而是向前流动的同时作不规则的杂乱流动，且彼此之间相互碰撞互相混合，质点的流速大小与方向随时都在发生变化，我们把流体的这种流动称为湍流。

实验研究发现，流体在管道中的流动情况比较复杂。在圆管内壁附近有一薄层流体流动速度为零，处于层流状态，我们把这一薄层称为层流内层。沿管内壁向管中轴线方向，流体的速度由零逐渐增大到最大速度，流体的流动状态由层流转化为湍流。在转化过程中存在一个中间过渡层，称为过渡流。层流、湍流是流体的两种基本流动形态。

流体在管中的速度分布都是不均匀的,我们把流体在管内流动时某截面上任意点的速度随该点与管中心的距离而变化的关系,称为速度分布,如图1-10所示。经研究发现,层流平均速度 u 与管中心最大速度 u_{max} 之比值为0.5;湍流的平均速度与管中心最大速度 u_{max} 之比值可用经验公式来求算,一般视为0.82左右。

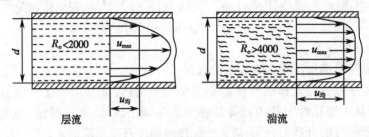

图1-10 流体流动速度分布

2. 雷诺准数 流体在圆管中的流动形态受多方面因素的影响,如管道直径、流体密度、黏度、速度、温度、压强、摩擦力等都是影响因素。这些影响因素与流动形态之间的关系可以认为是函数关系,即可表示为:

$$流动形态 = f(d, \rho, u, \mu, \lambda, p, t, \cdots)$$

由于进行这种函数计算很困难,在工程上常采用无因次法解决这个难题。所谓无因次数群是指若干个有内在联系的物理量按无因次组合起来形成的无单位的数,又称为准数或无因次数群。如雷诺准数 R_e 就是由管道直径、流体密度、黏度、速度等四种物理量组合起来的无因次数群。

$$R_e = \frac{du\rho}{\mu} \qquad\qquad 式(1-13)$$

流体的流型可以用雷诺准数 R_e 判断,方法如下:

层流 $\qquad\qquad R_e \leqslant 2000$

过渡流 $\qquad\qquad 2000 \leqslant R_e \leqslant 4000$

湍流 $\qquad\qquad 4000 \leqslant R_e$

需要指出的是,在药品生产过程中,流体的流动往往是湍流流型。

例1-5:密度为820kg/m³,黏度为 5.3×10^{-3} Pa·s 的液体,以12m³/h流量通过内径为50mm的圆管。试判断管中流体的流动类型。

解:已知

$$V_S = \frac{12}{3600} = 0.0033 \text{m}^3/\text{s}$$

$$u = \frac{4 \times 0.0033}{\pi \times 0.05^2} = 1.682 \text{m/s}$$

$$R_e = \frac{0.05 \times 1.682 \times 820}{5.3 \times 10^{-3}} = 130\ 112 > 4000$$

故该流体为湍流。

点 滴 积 累

1. 流体流量有体积流量和质量流量,流体流速也有体积流速和质量流速。

2. 流体的流动状态可用雷诺准数判断,雷诺准数是无因次数。

第三节 流量测量仪表

在流体的输送过程中要进行流速和流量的测定。工程上常用孔板流量计、转子流量计等仪表测定流量。

一、转子流量计

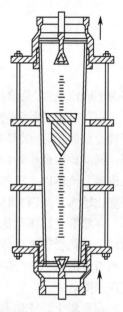

转子流量计由锥形玻璃管和转子组成。锥形玻璃管是一根上大下小、带有刻度的玻璃管道,转子是由金属材料加工成类似于陀螺的锥体或圆球形,它可以沿锥形管中心线上下自由移动。图1-11是锥形转子流量计结构示意图。

被测流体从锥形管下端流入,流经转子与锥形管壁间的环形断面,从上端流出。被测流体的流动对转子产生了向上的推动力,推动力将转子托起并使之升高,推动力的大小随流量变化而变化。当推动力正好等于转子在流体中的显示重量时,转子处于受力平衡状态而停留在锥形管的某一高度。研究发现,转子在锥形管中的位置高度与所通过的流量有着函数关系。因此,读取转子在锥形管中的位置高度,就可以求得相应的流量值。

为了使转子在锥形管中上下移动时不碰到管壁,常在转子中心装一根导向芯棒,以保持转子在锥形管的中心线上作上下运动;另一种办法是在转子圆盘边缘开斜槽,当流体自下而上流过转子时,一面绕过转子,同时又穿过斜槽产生一反推力,使转子绕中心线不停地旋转,就可保持转子在工作时不碰到管壁。

图1-11 转子流量计

转子流量计的转子可用不锈钢、铝、青铜等材料制成。

转子流量计是工业上和实验室最常用的一种流量计。它具有结构简单、直观、压力损失小、维修方便等特点。转子流量计适用于测量小流量,也可以测量腐蚀性流体介质的流量。使用时流量计必须安装在垂直走向的管段上,流体介质自下而上地通过转子流量计,并且在实际测量之前,转子流量计的转子位置与流量的关系需要进行校正。

 课 堂 活 动

启动二级反渗透制水装置,分别调节一级反渗透、二级反渗透流量旋钮,观察转子的运动状态。转子运动状态与流量有什么关系?

二、孔板流量计

图1-12为孔板流量计结构图。

在金属板上钻一圆孔,将U形压差计的两支管分别固定在金属板的两个面上即构成一支孔板流量计。使用时将孔板流量计垂直插入管道中,U形管上的指示液即发生

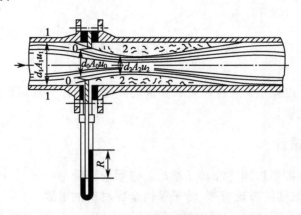

图 1-12 孔板流量计

移动形成液柱差,差值读数 R,将读数 R 代入有关公式即可计算出流体的流速和流量。

在管道中,当流体流过孔板以后,由于流体的惯性作用,流动截面不能立即扩大到与管子截面相等,而是在一定距离内不断收缩至最小截面,然后再扩大到整个管截面积。流动截面最小处(截面 2-2′)称为缩脉,流体在缩脉处的流速是它经过小孔后的最大流速。流体以一定的流量流经孔板时,在孔板的两侧产生了压强变化,流量越大,压强变化越大。所以,可以用压强差的大小来量度流体的流量。

在缩脉处流体动能增大,静压强减小,主要是静压能转换成动能。在流体经过缩脉后部分动能会逐渐还原成静压能,其余部分消耗于克服孔板前后的突然缩小和突然扩大而引起的阻力,这部分损失在下游不能恢复,变为热能使流体温度升高,故称为永久性压强降。

在孔板上游流体截面尚未收缩处设为 1-1′面,刚好过圆孔而垂直于管轴的截面定为 0-0′面,缩脉处的截面定为 2-2′面,以管中心线为基准水平面,忽略这段流程的摩擦阻力,由此可推导出孔板流量计测量流速和流量的计算公式。

点 滴 积 累

在生物制药生产过程中常采用转子流量计测定气体或液体的流量,其次可用孔板流量计可测定流体流量。

第四节　简单管路计算

一、柏努利方程式

(一) 流体具有的能量形式

1. 内能　内能是储存于流体内部的能量,它是由原子和分子的运动以及彼此相互作用而产生的能量总和。它与流体的温度有关,用 U 表示,单位是 J/kg。

2. 位能　流体因受重力的作用,在离地心不同高度的位置上所具有的能量称为位能,用 $E_{位}$ 表示,单位是 J/kg。其计算式为:

$$E_{位} = mgh$$

3. 动能　流体因流动所具有的能量,用 $E_{动}$ 表示,单位是 J/kg。根据牛顿第二运动定律得:

$$E_{动} = \frac{1}{2}mu^2$$

4. 静压能　流体因具有静压强而产生的能量,称为静压能,用 E_p 表示,单位是 J/kg。其计算式为:

$$E_p = m\frac{p}{\rho}$$

5. 系统与外界交换的能量　在管路系统中,一般都安装了流体输送机械,有些管路还安装了加热器或者冷却器,它们给系统提供能量或者移走能量。

（二）流体流动能量守恒

流体在流动过程中,各种形式的机械能互相转化,且遵守能量守恒定律。当流体从第一位置沿管道流动到第二位置后,根据能量守恒定律,可建立下面方程式:

$$gz_1 + \frac{p_1}{\rho_1} + \frac{1}{2}u_1^2 = gz_2 + \frac{p_2}{\rho_2} + \frac{1}{2}u_2^2 \qquad 式(1\text{-}14)$$

式(1-14)称为理想流体柏努利方程式。

如果管路中安装了做功 W_e 的设备如离心泵等,考虑管路系统的阻力损失 H_f,则理想流体柏努利方程式就成为实际流体的能量守恒计算公式:

$$gz_1 + \frac{p_1}{\rho_1} + \frac{1}{2}u_1^2 + W_e = gz_2 + \frac{p_2}{\rho_2} + \frac{1}{2}u_2^2 + H_f \qquad 式(1\text{-}15)$$

式(1-15)为实际流体柏努利方程式。

柏努利方程式在进行管道布置设计中有着非常重要的作用。

二、管路中的直管阻力

流体在管路系统中流动时,产生的流动阻力有两种类型,一种是直管阻力,另一种是局部阻力。所谓直管阻力就是流体在直管中流动时的内摩擦力 h_f,其方向与流动方向相反,其大小用范宁公式计算:

$$h_f = \lambda \frac{l}{d} \times \frac{1}{2}u^2 \qquad 式(1\text{-}16)$$

式(1-16)中,λ 为流体的摩擦系数,是无因次系数,可以通过现场实验、经验公式和图解法求得。

三、管路中的局部阻力

管路系统中的弯管、闸阀、三通、大小头等管件对流体流动产生的阻力称为局部阻力。局部阻力的计算方法有两种,即当量长度法和阻力系数法。

1. 当量长度法　把管件折算成与之相当的直管来计算阻力的方法称为当量长度法。比如,45°标准弯头安装在 $\phi108\text{mm} \times 4\text{mm}$ 的管路中,它所产生的阻力相当于 1.5m 直管产生的阻力。具体计算方法是,首先在管件与阀门的当量长度共线图中查找到管件和管道直径刻度,然后将管件和刻度点连线,与当量长度线相交,其交点的读数即为管件的当量长度 l_e,然后将 l_e 代入范宁公式计算阻力。

2. 阻力系数法 在管道直径、流体密度、黏度、流动速度不变的情况下,局部阻力与动能成正比例关系。根据范宁公式可以推导出局部阻力计算公式:

$$h_f = \zeta \frac{1}{2} u^2 \qquad \text{式}(1-17)$$

其常数项用 ζ 称为阻力系数,其计算式为:

$$\zeta = \lambda \frac{l_e}{d}$$

规定,进口的阻力系数 $\zeta = 0.5$,出口的阻力系数 $\zeta = 1.0$。其他常用管件的阻力系数和当量直径可以在有关文献中查到。

四、管路中的总阻力

流体流动总阻力包括直管阻力和管件局部阻力。

假设系统中管道直径不变,则总阻力的计算公式是:

$$\sum h_f = \left(\lambda \frac{\sum l + \sum l_e}{d} + \sum \zeta \right) \frac{1}{2} u^2 \qquad \text{式}(1-18)$$

式(1-18)中,l 为系统中所有直管的长度之和(m);l_e 为系统中所有管件、阀门的当量长度之和(m);ζ 为系统中所有的局部阻力系数之和。

若管道直径发生变化,因流动速度也随之变化,故需要进行分段计算。

点 滴 积 累

1. 流体在管道中流动时具有管道、管件、进口、出口阻力。
2. 管道总阻力是直管阻力、各种管件阻力以及进口和出口阻力之和。

目 标 检 测

一、单项选择题

1. 当被测流体的( )大于外界大气压力时,所用的测压仪表称为压力表。
   A. 真空度　　　　B. 表压力　　　　C. 相对压力　　　　D. 绝对压力
2. ( )上的读数,称为表压力。
   A. 压力表　　　　B. 真空表　　　　C. 高度表　　　　D. 速度表
3. U形管压差计测得的是( )
   A. 上下游之间的阻力损失
   B. 上下游之间的压强差
   C. 上下游之间的机械能和阻力损失
   D. 上下游之间的位差
4. 从流体静力学基本方程式可知,U形管压差计测量的数值( )
   A. 与指示液密度、液面高度有关,与U形管粗细无关
   B. 与指示液密度、液面高度无关,与U形管粗细有关

  C. 与指示液密度、液面高度无关，与 U 形管粗细无关

  D. 与指示液密度、液面高度有关，与 U 形管半径有关

 5. 层流与湍流的本质区别是(　　　)

  A. 湍流流速 > 层流流速

  B. 流道截面大的为湍流，截面小的为层流

  C. 层流的雷诺准数 < 湍流的雷诺准数

  D. 层流无径向脉动，而湍流有径向脉动

 6. 流体在圆管内流动时，管中心流速最大，若为湍流时，平均流速与管中心最大流速的关系为(　　　)

  A. $u = \dfrac{1}{2} u_{\max}$ B. $u = 0.817 u_{\max}$

  C. $u = \dfrac{3}{2} u_{\max}$ D. $u = 0.75 u_{\max}$

 7. 当流体在圆管内流动时，管中心流速最大，滞流时的平均速度与管中心的最大流速的关系为(　　　)

  A. $u = \dfrac{1}{2} u_{\max}$ B. $u = 0.817 u_{\max}$

  C. $u = \dfrac{3}{2} u_{\max}$ D. $u = 0.75 u_{\max}$

 8. 判断流体流动类型的准数为(　　　)

  A. R_e 数   B. N_u 数   C. P_r 数   D. F_r 数

二、计算题

 1. 已知 20℃ 下水和乙醇的密度分别为 998.2kg/m³ 和 789kg/m³，试计算质量百分比为 50% 的乙醇水溶液的密度。

 2. 在大气压力为 101.33kPa 的地区，某真空蒸馏塔塔顶的真空表读数为 80kPa。若在大气压力为 95kPa 的地区，仍使该塔塔顶在相同的绝压下操作，则此时真空表的读数应为多少？

 3. 水平管道上下游两点间连接一 U 形压差计，指示液为汞。已知压差计的读数为 35mm，试分别计算下面情况下管内流体的压力差。

 (1)流体为水。

 (2)压力为 101.3kPa、温度为 20℃ 的空气。

 4. 绝对压强为 540kPa、温度为 30℃ 的空气，在 $\phi108mm \times 4mm$ 的钢管内流动，流量为 1500m³/h(标准状况)。试求空气在管内的质量流量、质量流速和体积流速。

 5. 硫酸流经由大小管组成的串联管路，其尺寸分别为 $\phi78mm \times 4mm$。已知硫酸的密度为 1831kg/m³，体积流量为 9m³/h。试计算硫酸在管道中的质量流量、平均流速和质量流速。

三、简答题

 1. 流体压强的定义是什么？表示压力的常用单位有哪几种？它们之间有什么关系？

2. 什么叫绝对压力、表压、真空度和负压？它们之间的关系是什么？

3. 什么是流体的黏性？什么是流体的黏度？黏度的定义和物理意义是什么？

4. 液体和气体的黏度随着温度和压力的变化规律是什么？

5. 何谓流体的体积流量、质量流量和质量流速？它们之间如何换算？

6. 流体有哪几种流动类型？怎么判断？

7. 查阅有关转子流量计的结构、工作原理、安装方法以及转子分类的有关资料，并写出报告。

（罗合春）

第二章　流体输送机械

在制药生产过程中所应用到的流体有液体和气体,因而流体输送设备可分为液体输送设备和气体输送设备。液体输送设备主要有离心泵和其他类型的泵,气体输送设备主要有通风机、鼓风机、压缩机、真空泵等。

第一节　离 心 泵

制药工艺用水、微生物发酵液、药液、制药废液等液体输送离不开离心泵的应用,离心泵是制药生产中重要的输送设备。

一、离心泵的结构和工作原理

1. 离心泵的结构　如图 2-1 所示,离心泵通常由泵壳、叶轮、轴封三大部件构成。

通常将泵壳设计成蜗壳形,其内有一逐渐扩大的流道。在输送流体过程中,泵壳起着汇聚流体、动能转化、减少能量损失的作用。

离心泵的另一组件是叶轮,叶轮有开式、半闭式、全闭式三种类型,如图 2-2 所示。因开式、半闭式叶轮不易堵塞,常用于固体含量高的悬浮液或浆液的输送,但其工作效率低。全闭式叶轮的后盖板与泵壳之间的缝隙内液体的压力较入口侧高,使叶轮受到向入口端推移的轴向推力。轴向推力能引起泵的振动,轴承发热,甚至损坏机件。为了减弱轴向推力,可在后盖板上钻几个小孔,称为平衡孔,让一部分高压液体漏到低压区以降低叶轮两侧的压力差。不过,由于液体通过平衡孔短路回流,增加了内泄漏量,因而会降低泵的效率。

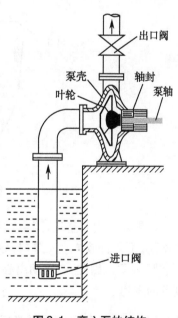

图 2-1　离心泵的结构

全闭式叶轮适合于输送清洁性液体,泵的工作效率较高。

根据吸液方式的不同,叶轮又可分为单吸式叶轮和双吸式叶轮。单吸式叶轮吸液量小,扬程高;双吸式叶轮吸液量大,可消除轴向推力,但扬程小。

泵轴和泵壳之间的密封称为轴封,常见的有填料密封和机械密封两种。轴封起着防止高压液体从泵壳内沿间隙漏出,或外界空气进入泵内产生气缚现象。

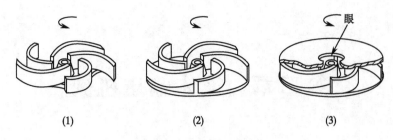

图 2-2 离心泵的叶轮

(1)开式;(2)半闭式;(3)全闭式

离心泵通常由电动机驱动。

2. 离心泵的工作原理 通常在启动离心泵之前要给泵壳内灌满流体,当启动离心泵后,泵轴带动叶轮高速旋转,流体从叶轮获得能量并随之旋转作圆周运动,同时在离心力作用下作径向运动,从叶轮中心高速移动到泵壳。流体进入泵壳后由于流道增大,其速度减小,大部分动能转化为静压能,使汇聚到泵壳的流体形成高压液流从泵出口排出。

当泵内流体被叶轮甩向泵壳时,在叶轮中心区域形成低压区,达到一定的真空度,进口阀处的流体在大气压力推动下,经吸入管吸入泵内。叶轮连续转动,流体就会被不断地吸入并排出,达到流体输送的目的。离心泵的工作过程和流体在泵壳内的流动状况如图 2-3 所示。

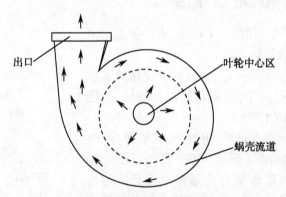

出口

叶轮中心区

蜗壳流道

图 2-3 离心泵的工作过程

如果泵壳内有空气,因空气密度小,所产生的离心力小,在吸入口处所形成的真空度不高,不能将液体吸入泵内,导致离心泵空转不能输送液体。这种现象称为离心泵的"气缚"现象。因此,在启动离心泵前,一定要给泵壳内灌满被输送的流体,防止"气缚"现象的发生。

二、离心泵的性能参数和特性曲线

离心泵的性能参数主要有流量、扬程、轴功率、效率和气蚀余量等。

(一) 离心泵性能参数

1. 流量 Q 单位时间内排送出管路系统的流体体积称为流量,单位为 m^3/s 或者 m^3/h。

2. 扬程 H 离心泵对单位重量(1N)流体所提供的能量称为扬程,用 H 表示,单位为 m。

3. **轴功率 N** 离心泵的轴功率是指泵轴所需要的功率。如用电动机直接驱动离心泵，它就是电动机传给泵轴的功率，用 N 表示，单位是 W 或者 kW。

4. **有效功率 N_e** 离心泵的有效功率是指液体从叶轮获得的能量，用 N_e 表示。

5. **效率 η** 离心泵在输送流体过程中有能量损失。离心泵的能量损失主要有以下三个方面。

（1）容积损失：因泄漏造成的损失。

（2）机械损失：离心泵部件相互之间产生的摩擦力和其他局部阻力。

（3）水力损失：因黏性液体流经叶轮通道和泵壳而产生的摩擦阻力，以及因改变流速方向时引起的环流和冲击所产生的局部阻力，统称为水力损失。

上述三部分的能量损失导致轴功率的损耗，损耗越大，离心泵将轴功率转化为有效功率的程度越小。离心泵有效利用轴功率的程度称为效率，用 η 表示，无因次。

轴功率、有效功率、效率三者相互之间的关系为：

$$N = \frac{N_e}{\eta} \qquad\qquad 式(2\text{-}1)$$

有效功率可通过离心泵扬程计算：

$$N_e = HQ\rho g \qquad\qquad 式(2\text{-}2)$$

若离心泵的轴功率单位示千瓦（kW），则由式(2-1)和式(2-2)可得：

$$N = \frac{HQ\rho}{102\eta} \qquad\qquad 式(2\text{-}3)$$

（二）离心泵的特性曲线

离心泵的扬程、轴功率、效率三个参数都是流量的函数。由于建立相应的数学模型比较困难，工程上常用实验数据建立 $H\text{-}Q$、$N\text{-}Q$、$\eta\text{-}Q$ 坐标图来表示，该图称为离心泵的特性曲线图，如图2-4所示。

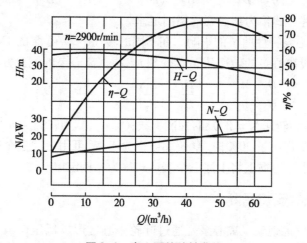

图2-4 离心泵的特性曲线

在离心泵特性曲线图中，$H\text{-}Q$ 线表示扬程与流量的关系，流量越大扬程越小；$N\text{-}Q$ 线表示离心泵轴功率与流量的关系，流量越大轴功率越大；$\eta\text{-}Q$ 线表示离心泵效率与流量的关系，流量增大效率也增大。

应予指出,从 η-Q 图可看到,效率与流量之间并不是呈线性关系。当流量增大到一定程度后,离心泵的效率反而降低,这说明离心泵在一定转速下有一个最高效率点。离心泵最高效率点所对应的流量称为额定流量。离心泵在额定流量下工作最经济。最高效率点对应的 Q、H、N 的值称为最佳工况参数。离心泵生产厂家常将最佳工况参数标注在离心泵铭牌上,以说明该泵的性能。

在实际工作中,离心泵是在以最高效率为中心的一个工况参数范围内工作,称为泵的高效区。在管路设计时,应选择其高效区落在工作效率范围内的离心泵。

(三) 影响离心泵特性曲线的因素

离心泵生产厂家提供的泵特性曲线,是在一定转速下以清水为介质进行实验测定的。在实际生产过程中,如果输送的液体与清水性质相差甚远,或泵的转速不同,则泵的性能和特性曲线将发生变化,需要对离心泵原来的特性曲线进行换算,并标出新的特性曲线。

1. 液体性质的影响

(1) 密度:经研究发现,离心泵的能量及扬程与液体密度无关,因此效率也不随密度变化而变化。故当密度变化后,原特性曲线中的 H-Q、η-Q 曲线均保持不变。但是泵的轴功率与液体的密度有关,需要重新计算并标绘出 N-Q 曲线图。

(2) 黏度:如果被输送流体的黏度大于常温下清水的黏度,则泵内能量损失增大,导致扬程、流量下降,轴功率增大,泵的特性曲线发生改变。需要根据流量与黏度系数曲线图和有关公式计算求出新的特性曲线。

2. 离心泵叶轮外径的影响　当转速一定时,扬程和流量与叶轮的外径有关。同一型号的离心泵,在叶轮直径变化不超过 5% 时,可以用离心泵能量方程式导出叶轮外径对特性曲线的影响关系表达式:

$$\frac{Q_1}{Q_2}=\frac{D_1}{D_2} \qquad \frac{H_1}{H_2}=\left(\frac{D_1}{D_2}\right)^2 \qquad \frac{N_1}{N_2}=\left(\frac{D_1}{D_2}\right)^3$$

习惯上将上述三式称为离心泵的切割定律。

3. 转速对离心泵特性曲线的影响　在不同的转速下,离心泵的工况参数不同,其特性曲线也不同。设离心泵的转速从 n_1 改变到 n_2,根据离心泵的能量方程可导出:

$$\frac{Q_1}{Q_2}=\frac{n_1}{n_2} \qquad \frac{H_1}{H_2}=\left(\frac{n_1}{n_2}\right)^2 \qquad \frac{N_1}{N_2}=\left(\frac{n_1}{n_2}\right)^3$$

上式中,Q_1、H_1、N_1 为转速为 n_1 时泵的性能参数;Q_2、H_2、N_2 为转速为 n_2 时泵的性能参数。

当泵的转速变化小于 20% 时,泵效率可视为不变,可用上述三个表达式进行计算,此时换算偏差较小。习惯上将上述三个表达式称为比例定律。

三、离心泵的安装高度

1. 离心泵的气蚀现象　离心泵是通过叶轮中心区形成低压而吸上液体,形成的低压越低,则离心泵的吸上能力越强,吸上高度越高。但是,真空度越高液体的沸点就越低。如果离心泵中心真空度太高,以至于绝对压强低于液体的饱和蒸汽压,则被吸上的液体在真空区发生汽化现象,并产生大量气泡。气泡进入泵壳流道高压区后急剧凝结或破裂,而气泡的消失会产生局部真空,周围的液体就以极高的速度流向气泡中心,瞬间产生了极大的局部冲击力,如果气泡在结构件附近,则对结构件造成冲击,使泵结构件材料受到破坏。这种由于泵内气泡的形成和破裂引起泵结构件材料受到破坏的过程,称为气蚀现象。

为防止气蚀现象的发生,离心泵低压区的绝对压强必须大于液体的饱和蒸汽压,并超过一定的数值,这个数值称为离心泵的气蚀余量,用 Δh 表示,单位是 m。设被输送液体的饱和蒸汽压是 p_V,离心泵低压区的绝对压强为 p_1,则气蚀余量的定义式为:

$$\Delta h = \frac{p_1 - p_V}{\rho g} + \frac{u_1^2}{2g} \qquad \text{式(2-4)}$$

气蚀余量可以用允许吸上真空度来直观地表示。允许吸上真空度是指离心泵入口处允许达到的最低绝对压强,或者最高真空度。

设大气压强为 p_0,离心泵低压区的绝对压强为 p_1,则允许吸上真空度的定义表达式为:

$$H_S = \frac{p_0 - p_1}{\rho g} \qquad \text{式(2-5)}$$

式(2-5)中,H_S 为允许吸上真空度(m)。

2. 离心泵的允许安装高度 研究发现,离心泵安装高度越高,则泵入口处绝对压强越低,此时容易产生气蚀现象,所以离心泵的安装高度就受到限制。离心泵在允许真空度以下工作不会发生气蚀现象。用 H_{max} 表示离心泵的允许安装高度,根据柏努利方程式可得允许安装高度的计算公式:

$$H_{max} = \frac{p_0}{\rho g} - \frac{p_V}{\rho g} - \Delta h - H_f \qquad \text{式(2-6)}$$

式(2-6)中,H_f 为吸入管路的阻力损失(m);p_0 为储液槽上方的压强(Pa)。

在安装过程中,实际安装高度要比 H_{max} 小 0.5~1m,否则有发生气蚀现象的危险。

 知 识 链 接

离心泵能量方程式

设液体质点沿轴向从泵的入口进入叶轮中央,将进行圆周运动和径向运动,运动速度分别为 u_1 和 $\overline{\omega}_1$,两种运动的合成速度为 c_1。当液体质点到达叶片外缘端点处时,圆周速度为 u_2,径向速度为 $\overline{\omega}_2$,两者的合成速度 c_2。根据余弦定律和柏努利方程式可推得如下关系式:

$$H = \frac{1}{g}(R_2\omega)^2 - \frac{Q\omega}{2\pi \times b_2 g}\cot\beta_2$$

上式中,H 为液体质点所获得的压头;R_2 为叶轮半径;b_2 为叶片出口宽度;β_2 为叶片与出口切线夹角;ω 为叶片端点圆周速度(m/s)。

上式称为离心泵能量方程式,它表示了离心泵的理论压头与理论流量、转速、叶轮直径及叶轮几何形状等的关系。

四、离心泵的类型和选用

(一)离心泵的类型

1. 清水泵 用于输送清水的泵叫清水泵,清水泵也可用于理化性质与水相似的液体输送。按进液方式清水泵可分为单吸泵和双吸泵。单吸泵是指一面进液的泵,双吸泵是指两面进液的泵。在清水泵中应用最广泛的是 IS 型系列。该系列的扬程范围是 8 ~ 98m,流量范围是 45 ~ 360m³/h。其典型结构如图 2-5 所示。

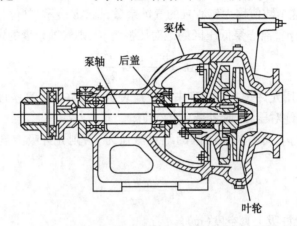

图 2-5 IS 型离心泵结构

若要求压头高但流量不太大,可选用多级离心泵,其系列代号为"D"。多级离心泵的轴上串联了多个叶轮,液体在几个叶轮中反复多次接受能量,因而能达到较高的压头。其扬程范围可达到 14 ~ 351m,流量范围为 10.8 ~ 850m³/h。

若输送液体时要求流量大压头不很高,可选用双吸泵。双吸泵系列代号为"sh"。双吸泵两面吸液流量大,扬程范围为 9 ~ 140m,流量范围为 120 ~ 12 500m³/h。

2. 耐腐蚀泵 输送酸碱等具有腐蚀性液体要使用耐腐蚀泵。耐腐蚀泵系列代号为"F"。F 型泵与液体接触部分由耐腐蚀材料制成,采用机械密封装置,其密封性好。全系列扬程范围是 15 ~ 105m,流量范围是 2 ~ 400m³/h。

3. 油泵 输送石油产品的离心泵叫油泵,其系列代号为"Y"。油泵密封性能好,具有冷却装置。全系列扬程范围是 60 ~ 600m,流量范围是 6.25 ~ 500m³/h。

4. 杂质泵 杂质泵用于输送悬浮液或浆液等,其系列代号为"P"。可分为污水泵"Pw"型、泥浆泵"PN"型。

(二)离心泵的选用

原则上离心泵的选用按以下步骤进行。

1. 根据被输送液体的理化性质和操作条件,确定类型。

2. 根据管路系统对流量和扬程提出的要求,从泵的样本产品目录或者系列特性曲线选出合适的型号。在选定型号时,要留有余地,即所选型号提供的扬程、流量、效率等参数要适当大一些。当有几种型号都能满足要求时选择效率最大的离心泵。

3. 选好型号后,要列出泵的有关性能参数和转速。

4. 若被输送液体的密度大于水的密度,则要核算泵的轴功率是否符合要求。

(三)离心泵的操作规程

1. 启动离心泵前必须给泵壳内灌满被输送液体,并关闭出口阀门。

2. 启动离心泵后待电动机运转正常,再逐渐打开出口阀门。

3. 泵停止工作前要先关闭出口阀门再断开电机电源开关,以免管路液体倒流损坏叶片,烧坏电机。

4. 离心泵运转时要定期检查和维修保养,以防出现液体泄漏和泵轴发热等情况;若长期停泵不用,应放尽泵和管道内的液体,拆泵擦净后涂油防锈。

点 滴 积 累

1. 离心泵由泵壳、叶轮、轴封等三大部件构成。
2. 离心泵的参数有流量、扬程、轴功率、效率。
3. 用离心泵气蚀余量计算泵的最大安装高度。
4. 离心泵使用前要灌满水防止"气缚"现象发生。

第二节 其他类型的泵

一、往复泵

(一)往复泵的结构和工作原理

图2-6是往复泵装置结构简图。往复泵是一种容积式泵,它主要由泵缸、活塞、活塞杆、吸入单向阀和排出单向阀构成。

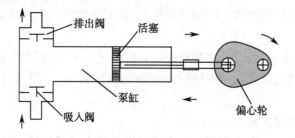

图2-6 往复泵工作过程示意图

在往复泵工作时,连接活塞杆的曲柄连杆机构将电机的回转运动转换成直线往复运动,从而实现流体输送。当活塞自左向右运动时泵缸容积增大,形成低压,此时排出阀在压力作用下关闭,贮池液体顶开吸入阀流入缸内。当活塞移至最右端时,泵缸容积最大,吸入液体的量最多。随后活塞向左运动,缸内液体被挤压,吸入阀关闭,排出阀被顶开,液体被压入排出管中直至排液完毕,完成一个工作循环。此后活塞又向右移动,开始另一个工作循环。

由上可知,往复泵就是靠活塞在泵缸内左右两端点间作往复运动而吸入和压出液体。活塞在左端点与右端点之间移动的距离叫冲程。在一个工作循环中只有一次吸入和一次排出的泵称为单动泵。若在一个工作循环中,无论活塞向左向右运动,都有吸入液体和排出液体的过程,则称这种泵为双动泵。还可以有三动泵、多动泵等。

(二)往复泵特性

1. **流量不均匀性** 往复泵的流量是不均匀的,其流量曲线变化如图2-7所示。

从图2-7可看出,单动泵以脉动方式输出液体,流出液体不连续,流量由小到大呈周期性变化。双动泵的流量连续但不均匀,只有采用多缸体往复泵才可改善往复泵的

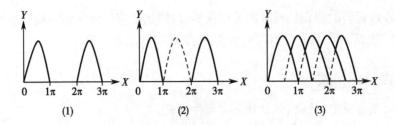

图 2-7　往复泵流量特性曲线
(1)单动泵;(2)双动泵;(3)三动泵

不均匀性,如三动泵的流量就比较均匀。

2. 扬程无限制性　往复泵的扬程与泵的几何尺寸无关,只要泵和管道的力学强度以及原动机的功率允许,理论上往复泵的扬程无底线,可以满足输送系统对扬程的任何要求。实际上由于活塞环、轴封及阀门等处的泄漏,以及流体摩擦阻力的存在,降低了往复泵可能达到的扬程。

3. 生产能力特性　如果往复泵的工作室容积越大,活塞冲程越大,单位时间内活塞往复次数越多,则吸入和排出的液体量就越多,排液能力就越强。往复泵的排液能力只与泵的几何尺寸和活塞的往复次数有关,而与泵的压头及管路情况无关,即无论在什么压头下工作,只要往复一次,泵就排出一定体积的液体。往复泵是一种典型的容积式泵,只要活塞在单位时间内以一定的往复次数运动,排液能力就一定。这就是往复泵的生产能力特性。

在流体输送过程中,泵设备排液能力与管路状况无关、扬程受管路承压能力限制等特性称为正位移特性,具有这种特性的泵统称为正位移泵。往复泵是一种典型的正位移泵,是容积式泵。

（三）往复泵的安装高度

由于活塞的移动,工作室容积增大形成了往复泵内的低压区,从而产生了对流体的吸引作用,所以往复泵具有自吸作用。不过,往复泵是依靠外界和泵内压强差吸入液体,往复泵的吸上高度就受到限制,因此,其安装高度会随所在地区的大气压、被输送液体的性质及温度等条件的变化而变化。

（四）往复泵的流量调节

根据往复泵的结构和工作原理,若把泵的出口堵死而继续运转,泵内压强便会急剧升高,泵体和管道会破裂,电机也容易损坏。因此正位移泵在启动时不能将出口阀门关闭,也不能用出口阀门来调节流量。

通常在排出管与吸入管之间安装回流支路,用支路阀配合出口阀进行流量调节。图 2-8 是回流支路布置安装示意图。液体经吸入管路进入泵内,一部分液体经排出管路上的阀门排出,另一部分液体经支路阀门流回吸入管路,排出液量由出口阀及支路阀配合调节。在泵运转过程中,两个阀门至少有一个必须开启,以保证排出的液体畅通无阻,避免泵系统压力急剧上升。若出口管路系统压强超过规定值时,安全阀即自动开启,泄出部分液体,以减轻泵及管路所承受的压力,保证操作安全。

往复泵主要用于低流量、高压强的管路输送系统,输送高黏度液体时效果也较好,但不能用来输送腐蚀性的液体或含有固体粒子的悬浮液。

二、柱塞式计量泵

柱塞式计量泵又称比例泵,本质上就是往复泵。图2-9是柱塞式计量泵的一般结构,它是通过偏心轮把电机的旋转运动变成柱塞的往复运动。由于偏心轮的偏心距离可以调整,使柱塞的冲程随之改变。若单位时间内柱塞的往复次数不变时,则泵的流量与柱塞的冲程成正比,所以可通过调节冲程精确控制流量。

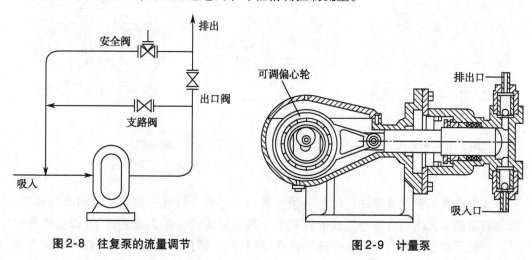

图2-8　往复泵的流量调节　　　　　　　图2-9　计量泵

柱塞式计量泵适用于按精确体积输送而又便于调整的场合。在制药生产中,注射剂和大输液的灌装设备常采用柱塞式计量泵按规定体积向安瓿或输液瓶灌装液体,在液体药品配制过程中常采用多个柱塞式计量泵定量输送不同的原料。为了成品药的组成稳定,有时可通过一台电机带动多台柱塞式计量泵的方法,使每股液体按固定的比例和稳定的流量进行混合。

柱塞式计量泵不适用于输送腐蚀性的液体或含有固体粒子的悬浮液。

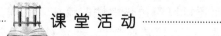 课 堂 活 动

　　取1支医用注射器、1个西林瓶,用注射器量取5ml蒸馏水注入西林瓶,塞紧胶塞,盖上铝皮盖,在轧盖机上将铝皮盖扎紧。

　　在上述活动中注射器起了什么作用?如何设计计量灌装器?

三、旋转泵

旋转泵又称齿轮泵,它是靠泵体内的一个或多个转子的旋转来吸入和排出液体。旋转泵的形式很多,有齿轮泵、螺杆泵等,其工作原理基本相同,且都是正位移泵。

(一)齿轮泵

图2-10为齿轮泵的结构示意图。在泵壳内有两个齿轮,其中一个通过电机轴带动旋转,称为主动轮;另一个与主动轮啮合而转动,称为从动轮,两齿轮与泵体间形成吸入和排出两个空间。当主动轮转动时,吸入空间内两轮的齿互相拨开,形成了低压而将液体吸入,随着齿轮的继续转动,液体被齿穴衔住分两个方向沿泵壳内壁到达排出空间,

排出空间内两轮的齿互相合拢,形成高压将液体排出。齿轮泵扬程高而流量小,流速均匀,适用于输送黏稠性液体,不能用于输送含有固体颗粒的悬浮液体。

(二) 螺杆泵

螺杆泵主要由泵壳和螺杆构成,如图2-11所示。

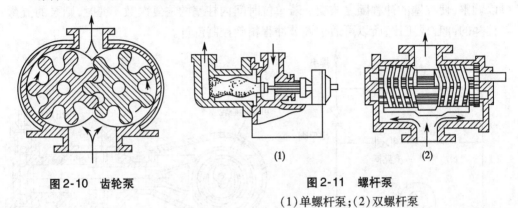

图 2-10　齿轮泵　　　　图 2-11　螺杆泵
(1) 单螺杆泵;(2) 双螺杆泵

螺杆泵的关键部件螺杆可以是一根也可以是多根。只有一根螺杆的叫单螺杆泵。单螺杆泵是一种内啮合偏心回转的容积泵。其主要构件有单头螺旋转子、双关螺旋定子。当转子在定子腔内绕定子的轴线作行星回转时,螺杆与定子衬筒内壁的紧密配合在泵的吸入口和排出口之间就会形成一个或多个密封空间。随着螺杆的转动和啮合,这些密封空间在泵的吸入端不断形成,沿着转子轴线渐次张开与闭合,产生位移效果。在吸入室内,液体被封入密封空间中,并自吸入室沿螺杆轴向连续地推移至排出端,随后将封闭在各空间中的液体不断排出,从而将介质连续地、匀速地、容积恒定地从吸入口送到排出端,达到流体输送的目的。

由于结构和工作特性,单螺杆泵的安装位置可以任意倾斜,也可一泵多用,输送不同黏度的介质,如可输送高固含量的流体。单螺杆泵广泛用于气体和高黏度液体的输送。除此之外,由于产生低热,因而还可以输送热敏性的流体。在输送过程中,流量与泵的转速成正比,能进行变量调节,而且转速越低,流量越均匀,压力越稳定。

单螺杆泵具有扬程高、效率高、体积小、重量轻、噪声低、结构简单、维修方便等优点。

齿轮泵和螺杆泵都是旋转泵,属于正位移泵,只要单位时间内旋转速度恒定,则排液能力也固定。旋转泵的流量调节与往复泵一样,也采用图2-8所示的方法进行。

四、旋涡泵

旋涡泵是叶片离心泵,由泵壳、泵盖和叶轮构成,如图2-12所示。旋涡泵的叶轮是一个圆盘,从盘中心向外成辐射状挖制有众多的凹槽,这些凹槽形成叶片。泵壳和叶轮间形成环形流道,泵盖设计有吸入口和排出口,两口之间有间壁,间壁与叶轮之间的缝隙很小,可使吸入腔和排出腔分开。当叶轮在泵壳内旋转时,在离心力的作用下,叶轮凹槽内液体的圆周速度大于流道内液体的圆周速度,形成环形流动,流道中液体被叶轮带动沿流道前进,两种运动形成了纵向旋涡。在纵向旋涡运动过程中,液体质点多次进入叶轮凹槽内,液体质点在接受了叶轮叶片传递的能量后又不时地返回到流道。

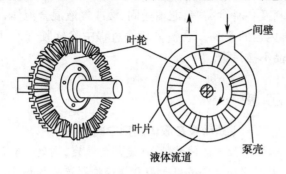

图2-12 旋涡泵结构

由于旋涡泵运行时泵内液体随叶轮旋转的同时,又在流道与凹槽之间作反复迂回运动,液体质点每经过一次凹槽,就获得一次能量,从而使液体不断获得能量,因而旋涡泵的扬程较其他泵扬程高。

不过,并不是所有液体质点都要进入凹槽,随着流量的增加,"环形流动"减弱。当流量为零时,"环形流动"最强,扬程最高。

由于流道内液体是通过液体撞击而传递能量,同时也造成较大撞击损失,因此旋涡泵的效率比较低。旋涡泵适用于高压头、低流量的场合,不适宜输送高黏度液体或含固体粒子的液体。

五、蠕动泵

蠕动泵是一种全新品种的泵,其主要部件是动力传输系统、挤压辊、软胶管,如图2-13所示。

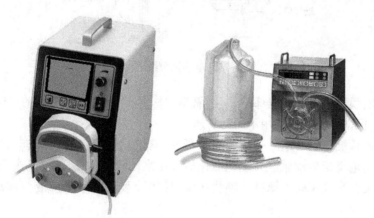

图2-13 蠕动泵

动力传输系统是一无级调速电动机,电动机的传动轴带动挤压辊转动,挤压辊挤压弹性软胶管,随着挤压辊的转动,软胶管内形成负压,流体向前移动,在两个辊之间的胶管内流体形成所谓的"枕",转速越大形成的"枕"越多,从而连续平稳地排出流体。

蠕动泵具有双向同等流量输送能力,无液体空运转情况下不会对泵的任何部件造成损害,能产生达98%的真空度。由于其结构特点,没有产生泄漏和需要维护的因素,无需阀、机械密封和填料密封装置,降低了机械成本。蠕动泵可输送各种具有研磨、腐蚀、氧敏感特性的物料及各种食品等,能输送固、液或气液混合流体,允许流体内所含固体直径达到管状元件内径的40%。在流体输送过程中除软胶管外,所输送产品不与任何部件接触,确保产品不被污染。

 知 识 链 接

蠕动泵在液体制剂中的应用

　　蠕动泵输送液体的流量无脉冲特性,液流均匀稳定,同时,调节转速就可调节流量,便于自动控制,因而蠕动泵常被用于需要精密控制流量的场合。

　　在生物制药生产过程中,冻干粉针剂的灌装采用了蠕动泵。通过蠕动泵可将药液定量送入西林瓶。

六、隔膜泵

　　隔膜泵是一种新型的泵种,隔膜泵由泵壳、泵缸、单向阀、隔膜、动力传输系统等部件组成,如图2-14所示。

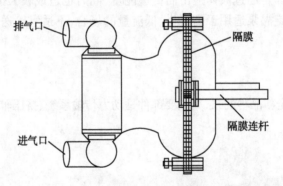

图 2-14　电动隔膜泵结构

　　隔膜是隔膜泵的重要组成部件,制造隔膜的材料有氯丁橡胶、氟橡胶、丁腈橡胶、聚四氟乙烯等,根据不同用途采用不同的材质。

　　动力传输系统是隔膜泵另一重要组成部件,有电动式、气动式和液动式三种类型。电动隔膜泵是电动机传动轴经减速箱减速后直接推动隔膜运动,气动隔膜泵采用蒸汽、空气或其他工业废气作动力源推动隔膜运动,液体隔膜泵采用水等液体作动力源推动隔膜运动。

　　隔膜泵通过隔膜的扩张和收缩运动实现流体输送。隔膜被固定在泵缸内不移动,但隔膜具有良好的弹性,在动力传输系统作用下,隔膜将产生形变而扩张或收缩,从而引起泵缸体积的增大或减小。体积增大时产生真空而将液体吸入泵缸,减小时产生压力而将液体排出泵缸。隔膜所起的作用相当于往复泵活塞所起的作用,通过隔膜的形变达到输送液体的目的。

　　由于流体在泵缸内不与动力机械接触,因而避免了流体被动力机械的润滑油污染的情况,且隔膜具有弹性,因而流体中有颗粒时不会产生堵塞现象,所以隔膜泵能用于多种性质的流体输送,如能输送强酸强碱、易燃易爆、有毒有害、强腐蚀性流体,也能用于卫生输送过程,如发酵液、糖浆、糖蜜、花生酱、泡菜、土豆泥、小红肠、果酱、巧克力等的输送。

近年来,由于隔膜材料取得了突破性的进展,国际上越来越多的工业化国家采用此种型式的泵代替部分离心泵、螺杆泵、屏蔽泵,广泛应用于石化、生物工程、制药、陶瓷、冶金等行业。

点 滴 积 累

1. 往复泵、柱塞式计量泵、旋转泵是生物制药生产过程中使用频繁的液体输送设备。
2. 隔膜泵和蠕动泵是无菌输送设备,用其进行培养基、发酵液和药液输送。

第三节　气体输送机械

由于气体的密度小、体积大,相应的流量也大,故气体输送机械体积一般大于液体输送机械的体积。

根据输送机械的输出压强大小,把常见的气体输送机械分为通风机、鼓风机、压缩机、真空泵等四种基本类型。

一、通风机

通风机主要有离心式和轴流式两种类型。轴流式的通风机所产生的风压很小,只作通风换气之用。离心式通风机使用广泛,本节着重介绍离心式通风机。

1. 离心式通风机的结构和工作原理　离心式通风机一般由进风口、叶轮、蜗壳、出风口、传动轴、底座及电动机等部件组成,如图 2-15 所示。

离心式通风机的进风口与外壳制成整体,装于风机蜗壳的侧面。进风口轴向截面为流线型,能使气流均匀地进入叶轮,以降低流动损失和提高叶轮的效率。

叶轮是离心式通风机最重要的部件,其功能是将机械能转化为气体的静压能和动能。叶轮通常由前盘、叶片、后盘和轴盘(轮毂)组成,经过静、动平衡校正,运转平稳,工作性能良好。

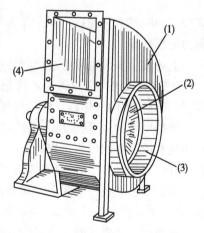

图 2-15　低压离心式通风机
(1)机壳;(2)叶轮;
(3)吸入口;(4)排出口

离心式通风机的叶片数较离心泵多,而且不限于后弯叶片,也有前弯叶片。在中、低压离心式通风机中,多采用前弯叶片,其原因是由于要求压力不高。前弯叶片有利于提高风速,从而减小通风机的截面积,因而设备尺寸可较后弯叶片时为小。但是,使用前弯叶片时,风机的效率较低,这是因为动能加大,能量损失加大,而且叶轮出口速度变化比较剧烈的缘故。中、高压离心式通风机的叶片则是后弯的,所以高压离心式通风机的外形和结构与单级离心泵更相似。

离心式通风机的蜗壳是气流的通道,型线通常为对数螺旋线,具有收集气流并导至出风口的作用,蜗壳又有一定的扩压作用。

气体流出通风机的通道叫出风口,出风口上钻有螺栓孔,可与风管连接。

离心式通风机动力传输由主轴、轴承箱、滚动轴承、皮带轮或联轴器组成。主轴一端连接叶轮,另一端连接皮带轮或联轴器。

离心式通风机的工作原理和离心泵的相似,即依靠叶轮的旋转运动形成真空区域,被大气压力压入的气体在叶轮上获得能量,从而提高了压强而被排出。

2. 离心式通风机的性能参数

(1)风量 Q:单位时间内从风机出口排出的气体体积(以风机进口处的气体状态计),又称送风量或流量,其单位为 m^3/s 或 m^3/h。

(2)风压 H_T:单位体积气体流过风机时所获得的能量称为风压强,其单位为 J/m^3 或 Pa。由于其单位与压强的单位相同,故称为风压。

离心式通风机都是单级,其风压不大,可分为低压通风机、中压通风机和高压通风机。

低压离心通风机出口风压低于 0.981kPa(表压);中压离心通风机出口风压为 0.981～2.94kPa(表压);高压离心通风机出口风压为 2.94～14.7kPa(表压)。

(3)轴功率与效率:离心式通风机轴功率为

$$N = \frac{H_T Q}{1000\eta} \qquad\qquad 式(2-7)$$

式(2-7)中,Q 为风量(m^3/s);H_T 为风压(J/m^3 或 Pa);η 为效率,因按全风压定出,故又称为全压效率。

上述性能参数也可通过绘制特性曲线表示。

3. 离心式通风机的选用 首先根据被输送气体的性质,如清洁空气、易燃易爆气体、具有腐蚀性的气体以及含尘空气等选取不同性能的风机。

根据所需的风量、风压及已确定风机的类型,由通风机产品样本的性能表或性能曲线中选取所需要的风机。选择时应考虑到可能由于管道系统连接不够严密造成漏气现象,因此对系统的计算风量和风压可适当增加 10%～20%。

离心式通风机一般用于车间通风换气,要求输送的是自然空气或其他无腐蚀性气体,且气体温度不超过 80℃,硬质颗粒物含量不超过 150mg/m^3。

离心式通风机的叶片直径大、数目多,形状可分平直型、前弯型和后弯型。若要求风量大、效率低则选用前弯型叶片的通风机,如要求输送效率高则应选用后弯型叶片的通风机。

在满足所需风量、风压的前提下,应尽量采用效率高、价廉的风机。如对噪声有一定要求,则在选择时也应加以注意。

二、离心式鼓风机

通风机和鼓风机没有严格的界限,如果风机送出的风压为 15kPa～0.2MPa 或压缩

比 e 为 1.15~3 就叫鼓风机。鼓风机排送出的风量和风压一般比普通通风机大。按工作原理鼓风机可分为轴流式鼓风机、离心式鼓风机、回转式鼓风机。本节重点介绍离心式鼓风机。

1. **离心式鼓风机的结构** 离心式鼓风机又称涡轮鼓风机或透平鼓风机,一般由进风口、叶轮、蜗壳、出风口、传动轴、底座及电动机等部件组成,如图 2-16 所示。

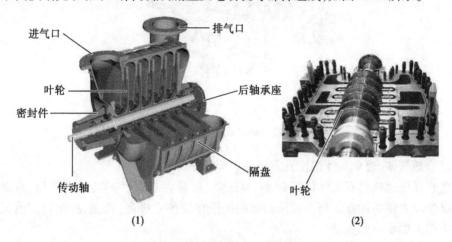

图 2-16 多级离心式鼓风机
(1)内部结构模型;(2)实物叶轮布置

为了提高风压,在同一台离心式鼓风机的传动轴上设计了多级叶轮,一般由 3~5 个叶轮串联,各级叶轮直径基本相同,结构与多级离心泵相似,工作原理与离心式通风机相似。

2. **离心式鼓风机的工作过程** 气体由吸入口吸入后在第一级叶轮上接收能量,从蜗壳形流道中进入第二级叶轮,在第二级叶轮气体再次获得能量依次进入第三级叶轮,以此类推,最后经排出口排出。气体经过的叶轮级数越多,接收的能量也越多,静压强越大。一般地,离心式鼓风机的风压大于离心式通风机的风压,但一般不超过 $2.94 \times 10^5 Pa$。

离心式鼓风机的压缩比不高,产生的热量不大,故设计时不需设计冷却装置。由于离心式鼓风机的性能特点适合于远距离输送气体,故在制药生产中常用于空调系统的送风设备。

三、离心式压缩机

离心式压缩机是一种叶片旋转式压缩机,又称透平压缩机。主要结构和工作原理与离心式鼓风机相类似。为了获得较高的风压,离心式压缩机的叶轮级数要比离心式鼓风机的级数多,通常在 10 级以上,且转速高于离心式鼓风机,可达 5000~8000r/min。

采用大直径大宽度叶轮,按直径和宽度逐段减小排列,以利于提高风压。离心式压缩机产生的风压要大于离心式鼓风机所产生的风压,可达到 0.4~10MPa。图 2-17 为离心式压缩机内部结构模型图。

由于压缩比高,气体体积缩小,温度升高较快,故压缩机分为几个工段。每段包括若干级,叶轮直径逐段缩小,叶轮宽度也逐级有所缩小,并在段与段之间设计安装了冷

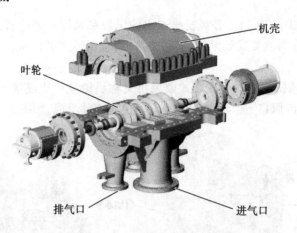

图 2-17　离心式空气压缩机结构

却器以冷却气体,避免气体温度升得过高以至于损坏设备。

　　离心式压缩机具有机体体积较小、风压高、流量大、供气均匀、运动平稳、易损部件少和维修较方便等优点。离心式压缩机的制造精度要求极高,否则,在高转速情况下将会产生很大的噪声和振动。

四、往复式压缩机

(一)往复式压缩机的结构

　　往复式压缩机主要由三大部分组成:运动机构(包括曲轴、轴承、连杆、十字头、皮带轮或联轴器等)、工作机构(包括气缸、活塞、气阀等)、机体。此外,压缩机还配有三个辅助系统:润滑系统、冷却系统以及调节系统。图 2-18 为往复式压缩机的结构示意图。

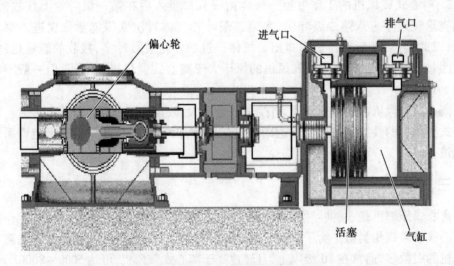

图 2-18　往复式压缩机结构示意图

　　1. 机体　机体是往复式压缩机定位的基础构件,一般由机身、中体和曲轴箱(机座)三部分组成。机体内部安装各运动部件,并为传动部件定位和导向。曲轴箱内存装润滑油,外部连接气缸、电动机和其他装置。运转时,机体要承受活塞与气体的作用力和运动部件的惯性力,并将本身重量和压缩机全部或部分的重量传到基础上。机体的结构形式随压缩机型式的不同分为立式、卧式、角度式和对置等多种形式。

2. 气缸　气缸是压缩机产生压缩气体的工作空间,由于承受气体压力大、热交换方向多变、结构较复杂,故对其技术要求也较高。

3. 活塞组件　活塞组件由活塞、活塞环、活塞杆等部件组成。活塞与气缸内壁缝隙小,形成密封的运动空间。活塞组件的往复运动完成气体在气缸中的压缩循环。

4. 填料密封　环填料密封环是阻止气缸内的压缩气体沿活塞杆泄漏和防止润滑油随活塞杆进入气缸内的密封部件。

5. 气阀　气阀是往复式压缩机最重要的部件之一,有吸气阀和排气阀两种。吸气阀安装在进气口,排气阀安装在排气口。当吸气阀打开时排气阀则关闭,当排气阀打开时则吸气阀关闭。吸气阀和排气阀的协同作用完成进液与排液循环。

(二)往复式压缩机的工作过程

往复式压缩机的工作原理与往复泵类似,它依靠活塞的往复运动将气体吸入和压出。

在图 2-18 所示的单级往复式压缩机中,在机体内设计有一气缸,吸气阀和排气阀安装在气缸的上部,活塞连于曲轴上,曲柄连杆机构推动活塞在气缸中作往复运动。

为了防止活塞撞到气缸底部,通常在往复压缩机气缸底部特别设计了活塞运行的死点,这样气缸底部与活塞之间始终留有一定的空间,称为余隙。当活塞由气缸底部死点向气缸口的死点运行时,气缸内压力降低,余隙里的气体体积膨胀,排出阀关闭。当活塞继续运行到一定位置时,气缸内形成一定程度的真空,吸气阀打开,开始吸入气体,吸入气体的过程持续到活塞运行到死点为止。随后,活塞由气缸口死点向气缸底部死点运行,此时气缸中的气体被压缩,体积缩小,压力增大,吸入阀关闭。当活塞运行到一定位置时,气缸内压力等于或大于排气管路压力,排气阀打开,开始排气。排气过程一直持续到活塞运行到底部死点时为止。随后活塞进行下一轮膨胀、吸入、压缩、压出四个阶段的循环过程。

 知 识 链 接

螺杆泵通气发酵中的应用

生物制药发酵罐是通气发酵罐,需要配置大功率空气输送设备。过去采用无油静音空压机,噪声大,运行成本高。现在一般都采用螺杆泵进行空气输送,具有噪声小、运行成本低等优点。

五、真空泵

通过抽出系统中的气体,使其中绝对压强低于大气压强而形成真空,所用的抽气设备称为真空泵。真空泵是气体压送机,它的进口压强低于大气压,出口为常压。

(一)循环水真空泵

如图 2-19 所示,循环水真空泵主要部件有泵壳、偏心叶轮、气体进出口、动力传输系统。泵壳制成蜗壳形,蜗壳形流道由小到大逐渐变化。叶轮上设计有辐射状前弯叶片,泵壳内装有 2/3 容积的水,叶轮沉浸在水中,进气口设计在叶轮中心部位。当叶轮旋转时,在离心力作用下,叶片将水甩出,叶轮中心部位即成局部真空,从而将外界的气体吸入。被甩出的水沿蜗壳形流道形成环形水幕。水幕紧贴叶片,将两叶片间的空间密封成大小不同的空气小室。当小室增大时,小室内成真空,气体从吸入口吸入;当小室变小时,小室内压力增大,气体由压出口排出。随着叶轮稳定转动,每个空气小室反复变化,使吸、排气过程持续下去。通常,循环水真空泵可产生的最大真空度为83kPa左右。

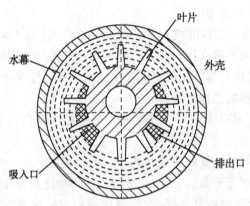

图2-19　循环水真空泵结构示意图

循环水真空泵的特点是结构简单、紧凑,易于制造和维修,使用寿命长,操作可靠。它适用于抽吸含有液体的气体。其缺点是效率低,所产生的真空度受泵内水温高低的控制。循环水真空泵广泛用于真空过滤、真空蒸馏、减压蒸发等操作。

课堂活动

将抽滤瓶安装上布氏漏斗,用软胶管将抽滤瓶链接到循环水真空泵抽气口,开启循环水真空泵,用手掌捂住布氏漏斗,观察循环水真空泵空表的读数变化。描述手掌的感受,说明原因。

（二）旋片式真空泵

1. 结构　如图2-20所示,旋片式真空泵主要由壳体、转子、旋片、排气阀、吸入阀、排气管、定子、定盖、弹簧等零部件组成。

（1）壳体:旋片式真空泵的壳体是圆筒形,用金属板将壳体固定在油槽中,起固定作用的金属板应设计在壳体的上部,将壳体分隔成上、下两部分,要求连接处不漏液。在壳体的上部设计有定盖,能将圆筒密封。定盖上开有两小孔,分别是气体吸入通道和气体排出通道。

（2）油槽:油槽是盛装真空油的容器,旋片式真空泵的全部机件都沉浸在真空油中,真空油起着密封、润滑和冷却的作用。

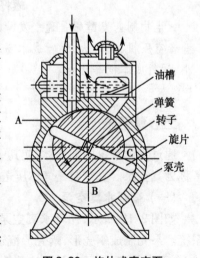

图2-20　旋片式真空泵

（3）转子：转子固定在电动机传动的转动轴上。在转子上开凿了贯通槽,槽内安装了弹簧,弹簧两端连接有金属旋片,在弹簧作用下旋片可自动伸缩,但始终与壳体内壁保持紧密接触,且将圆筒分隔成两个空间。

在安装时,将转子偏心地固定在壳体内,使转子的中轴线与壳体中轴线不重合,与壳体内腔保持内切状态。

2. 工作原理　旋片式真空泵在转动时,旋片在弹簧的张力和转动的离心力作用下,始终紧贴腔室内壁上滑动,从而将圆筒形壳体内腔分割成两个气室。在转动过程中,两个旋片在交替地伸缩,气室也不断地扩大和缩小。扩大时,气室成真空而从吸气管吸入气体;缩小时,气室压力增大,将气体压出排气阀,如此往复,吸气和排气连续进行,从而起到抽真空的作用。

3. 使用注意事项　旋片式真空泵的关键部件是旋片和弹簧,当使用一段时间后,弹簧性能降低,旋片不能紧贴气室,内壁产生漏气现象,抽真空的能力降低,或者不工作,如出现类似现象则需要更换弹簧或旋片。

另外,如有水蒸气混入到真空油中,则真空油的密封性能很快下降,将严重影响旋片式真空泵的性能,所产生的真空度降低,甚至不能产生真空。因此在使用时需要安装干燥器和冷阱以除去水分,避免真空油被水蒸气污染。

（三）水力喷射泵

水力喷射泵是为生产过程提供真空度的设备。喷射泵由吸入口、喷嘴、喉管、扩散管组成,图 2-21 为单级水力喷射泵结构示意图。其工作过程是高压工作水以很高的速度从喷嘴喷出,在喷射过程中,水的静压能转变为动能,在喷嘴附近产生低压,而将气体从吸入口吸入。吸入的气体与水在喉管混合后进入扩散管,使部分动能转变为静压能,而后从压出口排出。

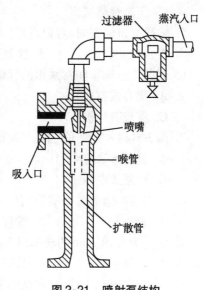

图2-21　喷射泵结构

单级水力喷射泵抽真空能力可达到 90% 的真空度,若要获得更高的真空度,可以采用多级水力喷射泵相互串联,级数越多产生的真空度越大。

在喷射泵的抽送过程中,被吸液体与工作流体混合得非常均匀,故还可用于液体物料的混合。如在双酶法制糖的工艺流程中就连续两次采用喷射泵进行培养基的灭菌与混合操作。

点 滴 积 累

1. 往复式空压机、离心式鼓风机、离心式空压机是生物制药常用气体输送设备,广泛用于车间空气的输送。

2. 旋片式真空泵、循环水真空泵和喷射泵是制药企业产生真空的常规设备,在安装旋片式真空泵时需配置冷阱以除去水蒸气,维护设备高真空度性能。

目 标 检 测

一、单项选择题

1. 离心泵的扬程是指单位重量流体经过泵后,(　　)的增加值。
   A. 包括内能在内的总能量　　　　　B. 机械能
   C. 动能　　　　　　　　　　　　　D. 位能

2. 离心泵铭牌上标明的扬程是指(　　)
   A. 功率最大时的扬程　　　　　　　B. 最大流量时的扬程
   C. 泵的最大扬程　　　　　　　　　D. 效率最高时的扬程

3. 在往复泵的操作中(　　)
   A. 不开旁路阀时启动　　　　　　　B. 开启旁路阀后再启动
   C. 流量与转速无关　　　　　　　　D. 流量与出口阀的开度无关

4. 有一台离心泵开动不久,泵入口处的真空度逐渐降低为零,泵出口处的压力表也逐渐降低为零,此时离心泵完全不能输送液体,故障的原因是(　　)
   A. 忘了灌水　　　　　　　　　　　B. 吸入管路堵塞
   C. 压出管路堵塞　　　　　　　　　D. 吸入管路漏气

5. 输送有机溶剂时,可以选用(　　)
   A. 离心泵　　　　B. 往复泵　　　　C. 螺杆泵　　　　D. 旋涡泵

6. 制药厂空调车间常采用的气体输送机械是(　　)
   A. 离心式空压机　　　　　　　　　B. 往复式空压机
   C. 罗茨鼓风机　　　　　　　　　　D. 离心式鼓风机

7. 南方地区制药车间抽真空的设备一般采用(　　)
   A. 循环水真空泵　　　　　　　　　B. 旋片式油泵
   C. 往复式空压机　　　　　　　　　D. 水力喷射泵

8. 灭菌后的营养基一般采用(　　)输送。
   A. 离心泵　　　　B. 螺杆泵　　　　C. 隔膜泵　　　　D. 蠕动泵

9. 密度为 $850kg/m^3$ 的液体以 $5m^3/h$ 的流量输送,其质量流量为(　　)
   A. 170kg/h　　　　B. 1700kg/h　　　　C. 425kg/h　　　　D. 4250kg/h

10. 在定态流动系统中,水从粗管流入细管。若细管流速是粗管的 4 倍,则粗管内径是细管的(　　)倍。
    A. 2　　　　　　B. 3　　　　　　C. 4　　　　　　D. 5

11. 用于分离气-固非均相混合物的离心设备是(　　)
    A. 降尘室　　　B. 旋风分离器　　　C. 过滤式离心机　　　D. 膜过滤器

12. 规格为 $\phi108mm \times 4mm$ 的无缝钢管,其内径是(　　)
    A. 100mm　　　　B. 104mm　　　　C. 108mm　　　　D. 112mm

13. 离心泵开动前必须充满液体是为了防止发生(　　)
    A. 气缚现象　　　B. 气蚀现象　　　C. 汽化现象　　　D. 泄漏现象

14. 离心泵的调节阀开大时(　　)

    A. 吸入管路阻力损失不变   B. 泵出口的压力减小

    C. 泵入口的真空度减小   D. 泵工作点的扬程升高

15. 某离心泵运行 1 年后发现有"气缚"现象,应(　　)

    A. 停泵,向泵内灌液   B. 降低泵的安装高度

    C. 检查进口管路是否有泄漏现象   D. 检查出口管路是否过大

16. 离心泵在停车前要(　　)

    A. 先关出口阀再断电

    B. 先断电再关出口阀

    C. 先关出口阀先断电均可

    D. 单级式的先断电多级式的先关出口阀

二、计算题

1. 一台离心泵在转速为 1450r/min 时,送液能力为 $24m^3/h$,扬程为 $25mH_2O$。现转速调至 1300r/min,试求此时的流量和压头。

2. 欲用一台离心泵将储槽液面压力为 150kPa,温度为 40℃,饱和蒸汽压为 8.12kPa,密度为 $1080kg/m^3$ 的料液送至某一设备,已知其气蚀余量为 5m,吸入管路中的能量损失为 1.3m,试求其安装高度。

3. 用一台型号为 IS65-50-125 的离心泵在海拔 100m 处输送 20℃清水,全部能量损失为 6m,泵安装在水源上面 3m 处,试问此泵能否正常工作。

三、简答题

1. 什么是气蚀现象?采取什么措施可以避免?

2. 为什么不能用往复泵输送注射药液?

3. 为什么在使用旋片式真空泵时要防止水蒸气进入泵内?

4. 简述柱塞式计量泵的工作原理。

5. 简述螺杆泵可以输送有机溶剂的原理。

（罗合春）

第三章 换热设备

热是一种特殊形式的能量,任何物体都含有热。物体所含热的多少可以用温度来量度,温度越高说明物体所含的热越多。

高温物体可以将热释放给低温物体,物体间温差越大,释放热的趋势越大。热被释放的过程称为传热,所释放的数量叫热量。

在传热过程中,高温物体降温,低温物体升温,这表明冷、热两物体发生了热交换过程,实现冷、热物体热交换的设备叫换热器。

根据传热规律可设计成多种换热器,用来完成制药生产过程中的加热、冷却、蒸发、蒸馏、干燥等操作。

第一节 传热基本知识

可以将热看成一种特殊的流体,热的流动即构成了传热,促进热传递的动力是温度差,热总是从高温物体传递给低温物体,传热具有一定的规律性。

一、传热基本概念

1. 温度场 由于高温物体是全方向释放热量,因此,由高温物体与环境物质所组成的三维系统中各空间点都分布有热,形成各空间点的温度。不过,各空间点的温度不尽相同。物质系统内各空间点上温度的集合称为温度场。

在温度场中,将同一时刻具有相同温度的各点所组成的空间曲面称为等温面。温度场中有许多等温面,温度不同的等温面不会相交。

2. 定态传热和非定态传热 温度场是时间和空间坐标的函数。在温度场中,各空间点的温度大小与该点所处的位置有关,离高温物体越近其数值越大,反之则越小。如果高温物体持续等量地放热,则各空间点的温度不随时间改变,这种传热过程称为定态传热,这种温度场叫三维稳态温度场。如果各空间点的温度随时间而改变,这种传热过程是非定态传热,这种温度场则称为三维非稳态温度场,又叫瞬态温度场。本章所讨论的内容都是在稳态温度场中发生的过程。

3. 温度梯度 所谓温度梯度就是两相邻等温面之间的温度差。温度梯度是向量,其方向垂直于等温面,它的正方向是指向温度增加的方向,如图3-1所示。

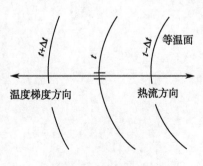

图3-1 温度梯度

二、常见换热方式

（一）热载体

在加热过程中，有直接加热和间接加热两种方式。自身产生热量的物质称为一次热源，如煤炭、天然气、石油和电加热器等，利用一次热源可直接加热，如加热锅炉生产蒸汽。从一次热源吸收热量，再将热量释放并加热物料的物质，称为二次热源，如提取罐夹套中的加热蒸汽。二次热源即热载体。常用的热载体有水蒸气、矿物油、有机液体等，最常使用的热载体是水蒸气。水蒸气具有不带来污染、温度控制比较方便、成本低等多种优点。

（二）常见换热方式

1. 直接混合换热　将冷、热流体直接混合而进行的热交换叫混合加热，又称直接加热。发酵前培养基的实消灭菌过程就采用了直接换热方式。

2. 间壁式换热　冷、热流体在固体壁的两侧面，高温流体将热量通过固体壁传递给低温流体的过程叫间壁式换热。在发酵罐的夹套中通入冷水冷却发酵液的过程就是间壁式换热。进行间壁式传热的设备叫间壁式换热器。间壁式换热器内的冷、热流体相互不接触。

3. 蓄热式换热　高温流体流过蓄热器时将热量传给蓄热介质，蓄热介质将热量释放给低温流体的过程称蓄热式换热。

三、传热速率和热通量

1. 传热速率 Q　单位时间内通过传热面的热量，用 Q 表示，其单位为 J/s 或 W。传热速率的通式为：

$$传热速率\ Q = \frac{传热推动力}{传热阻力} = \frac{温度差}{热阻} = \frac{\Delta t}{R} \qquad 式(3\text{-}1)$$

2. 热通量 q　单位时间内通过单位面积的热量，其单位为 J/（m^2·s）或 W/m^2。

$$q = \frac{Q}{S} \qquad 式(3\text{-}2)$$

式(3-2)中，S 为传热面积（m^2）。

传热速率和热通量是评价换热器性能优劣的重要指标。

点 滴 积 累

1. 换热方式有直接混合、间壁式和蓄热式三种方式，传热有热传导、对流传热和热辐射三种方式。

2. 传热动力是温度差，温度差越大传热速度越快。

3. 传热速率是单位时间通过传热面的热量。

第二节　传热基本计算

传热有热传导、对流传热和辐射传热三种基本方式。不同的传热方式的相关计算也不尽相同。

一、热传导基本计算

通过物质分子、原子或电子的运动,热量从物体的高温部位向低温部位,或者热量从高温物体向低温物体直接传递的过程称为热传导。由于热传导是靠物体内部的分子、原子或电子的运动进行的,所以真空中不能进行热传导。

(一)基本知识

1. 傅立叶定律 在一质量均匀、理化性质稳定的固体内进行热传导时,传热速率与温度梯度以及垂直于热流方向的表面积成正比,这个关系称为傅立叶定律,用数学公式表示为:

$$dQ = -\lambda \cdot dS \frac{\partial t}{\partial n} \qquad 式(3-3)$$

式(3-3)中,dQ 为热传导速率(W 或 J/s);dS 为等温表面的面积(m^2);$\partial t/\partial n$ 为温度梯度(℃/m 或 K/m)。

式(3-3)中的负号表示热流方向与温度梯度的方向相反。

2. 导热系数 在傅立叶定律数学表达式中的 λ 称为物质的导热系数,在数值上等于单位温度梯度下的热通量,其单位为 W/(m·℃)或 W/(m·K)。导热系数是表征物质导热性能的重要参数,其大小与物质本身的组成、结构、温度和压强有关。导热系数越大,物质导热能力越强;反之则导热能力弱。

各种状态下的物质导热系数的大小顺序:金属固体>非金属固体>液体>气体。

物质的导热系数可从相关资料查阅。

(二)基本计算

1. 平壁传热速率的计算

(1)单层平壁:设一材质均匀的单层平壁,其平壁厚度为 b,平壁面积为 S,面积 S 远远大于厚度 b,平壁两侧壁面温度不等,传热过程属于定态传热,各层导热系数均为不随温度变化而变化的常数,且热量 Q 只沿垂直壁面的 X 方向作一维传热导,如图 3-2 所示。

根据傅立叶定律可推导出该单层平壁传热速率计算公式为:

$$Q = \frac{t_1 - t_2}{\dfrac{b}{\lambda S}} = \frac{\Delta t}{R} \qquad 式(3-4)$$

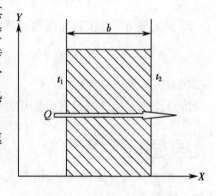

图 3-2 单层平壁传热模型

$$R = \frac{b}{\lambda S} \qquad 式(3-5)$$

式(3-5)中,b 为单层平壁厚度(m);S 为单层平壁传热面积(m^2);R 为总传热面积为 S 的导热热阻(℃/W)。

由热通量定义可得单层平壁热通量计算式:

$$q = \frac{\Delta t}{\dfrac{b}{\lambda}} = \frac{\Delta t}{R'} \qquad 式(3-6)$$

式(3-6)中,R'是单位传热面积的导热热阻$[(m^2 \cdot ℃)/W]$,习惯上仍用R。

(2)多层平壁传热速率的计算:如图3-3所示,由不同材料的平壁密合重叠构成多层平壁,层与层之间接触良好,接触的两表面温度相同,属于定态一维传热,各接触表面的温度高低顺序是$t_1 > t_2 > t_3 > t_4$。

因在定态传热中,通过各层的热通量相等,即$Q_1 = Q_2 = Q_3 = Q$。

由此可得n层平壁的传热速率计算式为:

$$Q = \frac{t_1 - t_{n+1}}{\sum\limits_{i=1}^{n} R_i} \qquad 式(3-7)$$

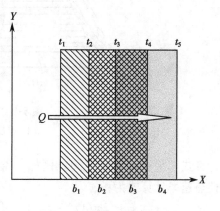

图3-3 多层平壁传热模型

热通量计算式为:

$$q = \frac{Q}{S} = \frac{t_1 - t_{n+1}}{\sum\limits_{i=1}^{n} R'_i} \qquad 式(3-8)$$

由式(3-7)和式(3-8)可知,多层平壁热传导的总推动力为各层温度差之和,总热阻为各层热阻之和。

例3-1:如图3-4所示为通过三层平壁的热传导,若测得各面的温度t_1、t_2、t_3和t_4分别为550、400、350和250℃,试求各平壁层热阻之比,假定各层壁面间接触良好。

解:多层平壁的热传导过程中,各层热通量相等,即

$$Q_1 = Q_2 = Q_3 = Q$$

$$Q_1 = \frac{t_1 - t_2}{R_1} \qquad Q_2 = \frac{t_2 - t_3}{R_2} \qquad Q_3 = \frac{t_3 - t_4}{R_3}$$

所以 $R_1 : R_2 = \dfrac{t_1 - t_2}{t_2 - t_3} = \dfrac{550 - 400}{400 - 350} = 3 : 1$

$$R_2 : R_3 = \frac{t_2 - t_3}{t_3 - t_4} = \frac{400 - 350}{350 - 250} = 1 : 2$$

$$R_1 : R_2 : R_3 = 3 : 1 : 2$$

答:$R_1 : R_2 : R_3$的比例为3∶1∶2。

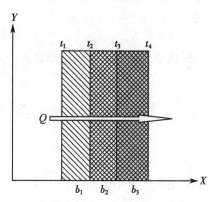

图3-4 三层平壁传热模型

2. 圆筒壁传热速率的计算

(1)单层圆筒壁的传热速率计算:如图3-5所示,有一足够长的单层圆筒,其长度为L,圆筒内壁半径为r_1,外壁半径为r_2,沿圆筒长度方向无热损失,热量从内壁向外壁进行径向一维定态传热,圆筒内无热源,圆筒壁的导热系数为常数。

通过对热量在径向上传递过程的分析,可得出传热速率计算式为:

$$Q = \frac{2\pi L\lambda(t_1 - t_2)}{\ln \dfrac{r_2}{r_1}} \qquad 式(3-9)$$

(2)多层圆筒壁的传热速率计算式:在多层圆筒壁中,由于各层内外壁直径逐渐增大,每层壁面积相差甚多,各层的传热速率相同,但热通量不相同。因此,多层圆筒壁的

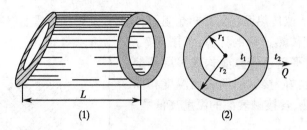

图3-5 单层圆筒壁传热模型
(1)单层圆筒;(2)横截面图

计算式与平壁计算式不同。例如,n 层圆筒壁的传热速率计算式为:

$$Q = \frac{2\pi L(t_1 - t_{n+1})}{\sum\limits_{i=1}^{n} \frac{1}{\lambda_i} \ln \frac{r_{i+1}}{r_i}}$$ 式(3-10)

例3-2:如图 3-6 所示,在外径 150mm 的蒸汽管道外包绝热层。绝热层的导热系数为 0.085W/(m·℃),已知蒸汽管外壁 160℃,要求绝热层外壁温度低于 50℃,且每米管长的热损失不超过 200W,试求绝热层最小厚度。

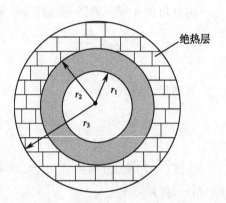

图3-6 蒸汽管道外包绝热层

解:已知管道长度 $L = 1$m,最大传热速率

$Q = 200$W,$r_1 = \frac{150}{2} = 75$mm

根据单层圆筒壁传热速率计算公式 $Q = \dfrac{2\pi L\lambda(t_1 - t_2)}{\ln \dfrac{r_2}{r_1}}$ 得:

$$200 \geqslant \frac{2 \times 3.14 \times 0.085 \times (160 - 50)}{\ln \dfrac{r_2}{75}}$$

∴ $r_2 \geqslant 100.6$mm

故绝热层最小厚度为: $b \geqslant 100.6 - 75 = 25.6$mm

答:绝热层最小厚度为 25.6mm。

📖 **课堂活动**

取电热板 1 台、同等底面积的烧杯和不锈钢盅各 1 只,加入 300ml 自来水,放置在电热板上,在烧杯和不锈钢盅上方挂水银温度计 1 支,水银球浸入到自来水中,开启电热板,观察温度计的读数变化情况,说明原因。

二、对流传热基本计算

流体与固体壁面间的传热过程称为对流传热。因流体各部位温度不同,产生了密度差异,使流体发生相对运动,从而引发的热量传递过程称为自然对流传热。因使用泵、风机或其他外力推动流体流动而产生的热量传递过程,称为强制对流传热。

(一)对流传热基本知识

1. 对流传热过程分析 如图3-7所示,当流体在管内呈湍流流动时,邻近壁面处总有一滞流内层,在滞流内层之外是过渡层,在过渡层之外是湍流主体。在湍流主体中,流体质点剧烈运动,质点间相互混合传递热量,热阻较小,传热速率快,在短时间内温度即趋于一致,热量传递主要以对流方式进行。

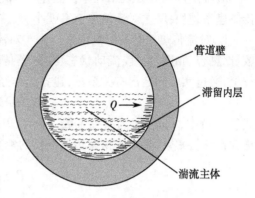

图3-7 对流传热模型

在过渡层,热传导和对流传热同时发生,流体的温度发生缓慢的变化。在滞流内层,由于流体质点平行于壁面流动,在传热方向上无混合过程,过渡层界面处的温度与贴近壁面处流体的温度有较大的差距,因此主要是热传导传热。由于流体导热系数较低,滞流内层导热热阻较大,传热速率小,因此滞流内层是对流传热速率的控制步骤。

2. 牛顿冷却定律 热流体对固体壁面传热速率定义式为:

$$dQ = \frac{T - T_w}{\dfrac{1}{\alpha' dS}} = \alpha'(T - T_w)dS \qquad 式(3-11)$$

式(3-11)即为对流传热速率方程式,又称牛顿冷却定律。式中,α'是单位温度差和单位传热面积的对流传热速率,称为对流传热系数,其单位为 $W/(m \cdot ℃)$。

在实际换热过程中,对流系数沿管道长度变化而变化,通常采用平均对流传热系数 α 代替 α'。此时,牛顿冷却定律表达式为:

$$Q = \frac{\Delta t}{\dfrac{1}{\alpha S}} = \alpha S \Delta t \qquad 式(3-12)$$

流体被加热时:$\Delta t = t_w - t$;流体被冷却时:$\Delta t = T - T_w$。

式(3-11)和式(3-12)中,$\dfrac{1}{\alpha S}$ 为对流传热热阻;t、T 分别为冷、热流体的平均温度(℃);t_w、T_w分别为换热器冷、热壁面温度(℃);α 为平均对流传热系数$[W/(m \cdot ℃)]$;S 为总传热面积(m^2);Δt 为流体与壁面之间的平均温度差(℃)。

流体的平均温度是指流动横截面上的流体绝热混合后测定的温度。

换热器表面积有不同的表示方法,可以用内侧的表面积 S_i,也可以用外侧的表面积 S_o。如基于管内流动的对流传热速率方程式可以写成:

$$Q = \alpha_i(t_w - t)S_i \qquad 式(3-13)$$

基于管壳流动的对流传热速率方程式可以写成:

$$Q = \alpha_o(T - T_w)S_o \qquad 式(3-14)$$

式(3-13)和式(3-14)中,α_i、α_o 分别为换热器内、外侧流体的对流传热系数$[W/(m^2 \cdot ℃)]$。

（二）对流传热系数的获得方法

对流传热系数 α 表示在单位温差下，单位传热面积的对流传热速率。α 越大，对流传热速率越快；反之对流传热速率就小。

1. 对流传热系数的影响因素　影响对流传热系数 α 的因素较多，如流体的导热系数、比热容、黏度、密度、流动状态、换热器传热面的形状、位置和大小、排列方式等。工程上，通过实验测定出有关系数，建立起半经验公式。对流传热系数的一般关联式为：

$$N_u = AR_e^a P_r^b G_r^c \qquad \text{式}(3-15)$$

式(3-15)中，A、a、b、c 为有关系数；N_u、R_e、P_r、G_r 为特征数，其中 N_u 称为鲁塞尔常数，P_r 称为普郎特常数，是表示物体传热性质的常数。

$$P_r = \frac{c_p \mu}{\lambda} \qquad \text{式}(3-16)$$

式(3-16)中，c_p 为流体的定压比热容；μ 为流体的黏度；λ 为流体的导热系数。

2. 常用对流传热系数计算式　如果流体在圆形管内作强制性湍流，且无相的变化，对于黏度小于 2 倍水黏度的液体，可用下式计算对流传热系数：

$$\alpha = 0.023\frac{\lambda}{d}R_e^{0.8}P_r^n \qquad \text{式}(3-17)$$

式(3-17)中，n 为常数，当流体被加热时 $n=0.4$，当被冷却时 $n=0.3$。

上述公式的使用范围是：①$R_e > 104$；②$P_r = 0.7 \sim 120$；③管道的长、径之比 $l/d > 50$。圆管直径 d 是计算式中的特征尺寸，流体进出口温度的算术平均值是计算各参数时的定性温度。

对流传热系数的其他关联式可查阅有关资料。

（三）传热过程基本计算

1. 热负荷 Q 的计算　在工程上把单位时间内需要移出或输入的热量叫做热负荷，其单位为 kJ/h 或者 kW。如果没有热损失，热负荷就是传热速率。

在换热器中，管道内部空间称为管程，管道的夹套空间称为壳程。通常热流体走管程，冷流体走壳程。当两种流体分别通过管程和壳程时，即发生热交换过程。高温流体对间壁传递热量，间壁通过热传导将热量从高温侧传递到低温侧，低温侧间壁将热量通过对流传热传递给冷流体，如图3-8所示。

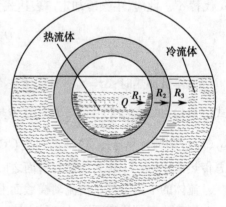

图 3-8　总传热过程和热阻

如不考虑间壁上的热损失，根据能量守恒定律，在单位时间内，热流体放出的热量应等于冷流体吸收的热量，亦即等于传热速率。即：

$$Q_放 = Q_吸 = Q$$

(1)无相变的热负荷：若两流体均无相变化，则

$$Q = W_h c_{ph}(T_1 - T_2) = W_C c_{pc}(t_2 - t_1) \qquad \text{式}(3-18)$$

(2)有相变的热负荷：若有相变，如液体沸腾、蒸汽冷凝等，则

$$Q = W_h \cdot r = W_C c_{pc}(t_2 - t_1) \qquad \text{式}(3-19)$$

式(3-18)和式(3-19)中，W_h、W_C 分别为高温流体和低温流体的质量流量(kg/s)；c_{ph}、c_{pc} 分别为高温流体和低温流体的定压比热容[J/(kg·℃)]；r 为饱和蒸汽的冷凝热，在数值上等于液体的汽化热(J/kg)。

2. **总传热系数的计算**　如果高温流体在管程流动，低温流体在壳程流动，壳程为圆管，且管程内壁直径为 d_i，管程外壁直径为 d_o，管壁壁厚为 b，则总热阻是对流传热阻力与热传导阻力之和。即：

$$R = R_i + R_d + R_o$$

令

$$R = \frac{1}{SK}$$

K 为总传热系数，单位为 W/(m²·℃)，由此得其计算式为：

$$K = \frac{1}{RS}$$

若以外表面为基准计算传热速率，$S = S_外$，则总传热系数计算式为：

$$\frac{1}{K} = \frac{d_o}{\alpha_i d_i} + \frac{b d_o}{\lambda d_m} + \frac{1}{\alpha_o} \qquad 式(3-20)$$

若以内表面为基准计算传热速率，$S = S_内$，则总传热系数计算式为：

$$\frac{1}{K} = \frac{d_i}{\alpha_o d_o} + \frac{b d_i}{\lambda d_m} + \frac{1}{\alpha_i} \qquad 式(3-21)$$

若换热器表面有污垢，对传热会产生附加热阻，称为污垢热阻，用 R_{Si} 和 R_{So} 分别表示内、外壁的污垢热阻。因存在污垢热阻，基于外表面积的总传热系数表达式应修改为：

$$\frac{1}{K} = \frac{d_o}{\alpha_i d_i} + \frac{b d_o}{\lambda d_m} + \frac{1}{\alpha_o} + R_{Si}\frac{d_o}{d_i} + R_{So} \qquad 式(3-22)$$

由此可见，污垢热阻是降低传热速率的主要因素，因此在实际工作中要定期清洗换热器内、外表面，以提高传热效率，降低能耗成本。

3. **总传热速率方程**　冷、热流体通过间壁的传热是三个环节的串联过程。对于定态传热，总传热速率与换热器的传热面积成正比，与换热器内的平均温度差和换热器的总传热系数成正比。总传热速率方程式为：

$$Q = KS\Delta t_m \qquad 式(3-23)$$

式(3-23)中，K 为总传热系数[W/(m²·℃)]；S 为传热面积(m²)；Δt_m 为传热平均温度差(℃)。

4. **传热平均温度差 Δt_m 的计算**　冷、热两流体之间的平均温度之差称为传热平均温度差。

根据两流体沿换热壁面流动时各点的温度变化，可以分为恒温换热和变温换热两种情况。

(1)恒温传热平均温度差的计算方法：如果换热器间壁两侧流体都有相变化，冷、热流体所进行的热交换就是恒温传热。在恒温传热过程中，冷、热两流体的温度不随管道长度和传热时间的变化而改变，两者之间的温度差在任何时间、任何位置都相等，其平均温度差 Δt_m 是一常数。即：

$$\Delta t_m = T - t$$

恒温传热时的平均温度差不受流体流动方向的影响。

（2）变温传热平均温度差的计算方法：间壁一侧或两侧的流体温度随传热壁面位置变化而变化，与传热时间无关，称为定态变温换热；如果流体的温度随换热器壁面位置和传热时间而改变，则称为非定态换热。制药生产过程中的换热基本上是定态变温换热。

对于间壁换热，冷、热流体相对流动方式有并流、逆流、错流、折流等多种形式。不同形式的流动，冷、热两流体平均温度差不尽相同。本章只介绍并流和逆流时传热平均温度差的计算方法。

如图3-9所示，如果冷、热两流体在间壁两侧都朝相同方向流动，则称为并流；如果两流体以相反方向流动则称为逆流。

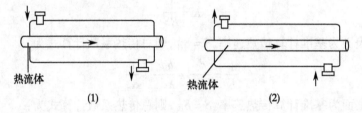

图3-9 并流和逆流时的温度差

（1）并流；（2）逆流

在并流和逆流中，设热流体的进口温度为T_1，出口温度为T_2，冷流体的进口温度为t_1，出口温度为t_2。Δt_1和Δt_2分别是冷、热流体进口温度差和出口温度差，取较大者为Δt_2，则并流和逆流时的传热平均温度差可用下式计算：

$$\Delta t_m = \frac{\Delta t_2 - \Delta t_1}{\ln \dfrac{\Delta t_2}{\Delta t_1}}$$

当$\Delta t_2 / \Delta t_1 \leqslant 2$时，

$$\Delta t_m = \frac{\Delta t_1 + \Delta t_2}{2}$$

例3-3：在图3-9的逆流换热器中，冷流体是初温为20℃的水，热流体的比热容为2.0kJ/(kg·℃)，温度为85℃，密度为820kg/m³，流量为1.25kg/s。冷流体出口温度为50℃，热流体的出口温度为25℃。冷、热流体均相变。已知该换热器列管直径为ϕ30mm×2.5mm，冷水走管程。水侧和液体侧的对流传热系数分别为0.80kW/(m²·℃)和1.60kW/(m²·℃)，不考虑污垢热阻，试求换热器的传热面积。

解：根据题意，流体无相变，该换热器的热负荷为：

$$Q = W_h c_{ph}(T_1 - T_2) = 1.25 \times 2.0 \times (85 - 25) = 150kW$$

高温流体位置	进口	出口
高温流体温度	85℃	25℃
低温流体温度	50℃	20℃
两流体温度差	35℃	25℃
令	$\Delta t_1 = 25℃$	$\Delta t_2 = 35℃$

则传热平均温度差

$$\Delta t_m = \frac{\Delta t_2 - \Delta t_1}{\ln \dfrac{\Delta t_2}{\Delta t_1}} = \frac{35 - 25}{\ln \dfrac{35}{25}} = 29.73$$

据题,$\alpha_i = 0.80 \text{kW}/(\text{m}^2 \cdot \text{℃})$,$\alpha_o = 1.60 \text{kW}/(\text{m}^2 \cdot \text{℃})$,忽略壁的厚度,总传热系数为:

$$\frac{1}{K_o} \approx \frac{d_o}{\alpha_i d_i} + \frac{1}{\alpha_o} = \frac{30 \times 10^{-3}}{0.80 \times 10^3 \times 25 \times 10^{-3}} + \frac{1}{1.60 \times 10^3} = 2.125 \times 10^{-3}$$

$$K_o = 470.59 \text{W}/(\text{m}^2 \cdot \text{℃})$$

其传热表面积 S 为:

$$S = \frac{Q}{K t_m} = \frac{150 \times 10^3}{470.59 \times 29.73} = 10.72 \text{m}^2$$

答:该换热器的换热面积为 10.72m^2。

两流体按其他方式流动时,其传热平均温度差的计算可参阅有关资料。

点 滴 积 累

1. 热传导速率与物质的导热性能相关,导热系数越大,传热速率越快。
2. 对流传热系数受多种因素的影响,可通过经验公式、实验法和文献查阅确定。
3. 污垢热阻远大于设备自身热阻,需要定期清除污垢强化传热效果。

第三节 常见换热器

用于制药生产的换热器有间壁式、混合式和蓄热式三大类。其中间壁式换热器用得最广泛。如果按换热器几何形状划分,则有管式换热器、板式换热器及其他类型换热器。

一、管式换热器

用金属管道制成的换热器叫管式换热器,有蛇管式和列管式两大类型。

(一)沉浸式蛇管换热器

沉浸式蛇管换热器是用金属管道弯制而成的,根据使用目的不同,可将金属管弯制成多种形状,图3-10是最常用的沉浸式蛇管换热器。用于制作蛇管的金属材料有铜及铜合金、铝合金。

在使用时常将蛇管沉浸在容器中,冷、热流体分别在管内外壁面流动,并发生热交换。

由于蛇管换热器的总传热系数小,因此常与搅拌器配合使用,使管外流体处于湍流状态,以提高传热效率。

蛇管换热器的优点是结构简单,便于制造和维修,造价低,耐高压。缺点是湍流程度低,管内易结垢,易堵塞,不便于清洗。

(二)列管式换热器

列管式换热器又称管壳式换热器,是一种典型的间壁式换热器。

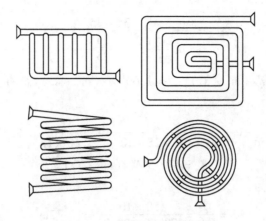

图 3-10　沉浸式蛇管换热器

1. 固定管板式换热器　固定管板式换热器由圆筒形壳体、封头、管板、管程隔板、管道、挡板等部件构成,如图 3-11 所示。

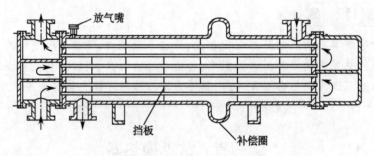

图 3-11　固定管板式换热器

管板上钻有若干小孔,将金属管道焊接在两管板之间,每根管道分别与两管板上的小孔相通,再将管板焊接在壳体内形成密封的壳程空间。在壳体两端各开一个小孔并焊接一段管道即构成壳程流体的进出口。在壳体的一端焊接封头,与管板构成管程流体通道。在壳体另一端用金属板将管板分隔成两半,焊接上封头后形成两个小空间,在每一个小空间上开口并焊接一段管道,即构成管程流体的进出口。管板上的隔板称为管程隔板。为了提高换热效率,常在壳程空间安装一些挡板,以加强壳程流体的湍流程度。为了防止金属壳体因热胀冷缩而破裂,在壳体上设计了温度补偿圈,以缓冲热效应产生的应力。在换热过程中,壳程流体产生的蒸汽可通过放气嘴排出。

固定管板式换热器适用于壳程中输送较为清洁且不易结垢或腐蚀性小的流体。本设备结构简单、造价低廉、应用较广,但清洗和维修较困难。

2. U 形管换热器　U 形管换热器由圆筒形壳体、封头、U 形管束、壳程隔板、管程隔板组成,如图 3-12 所示。

将金属管弯制成 U 形管,再将若干根 U 形管捆扎成管束,用加强筋固定。将 U 形管束开口端焊接在管板上,要求每根管道与管板上的小孔相通。在管板和 U 形管束之间安装挡板,目的在于促使壳程流体产生折流,增长其流程。将 U 形管束装进圆筒形壳体中,并将管板焊接在圆筒形壳体的开口上,在另一端焊接好封头即构成换热器的管程和壳程。在将管程隔板焊接在管板上,盖上封头后即形成两个小室,在每个小室上焊接

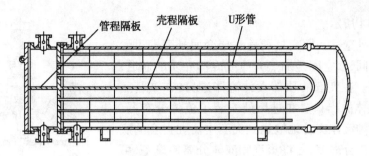

图 3-12 U 形管换热器

一段管道即构成管程的进口和出口。在管板一端的圆筒形壳体上对开一小孔并用管道引出,即构成壳程流体的进出口。

由于 U 形管束在受热或冷却时可自由伸缩,因此缓冲了热效应产生的应力。

本换热器具有结构简单,重量轻,可承受高温、高压等优点。其缺点是管子内部不易清洗,只适用于洁净流体的换热。

3. 浮头式换热器 浮头式换热器由圆筒形壳体、管板、管程隔板、壳程隔板、浮头、管道等部件构成,如图 3-13 所示。

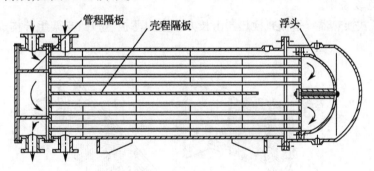

图 3-13 浮头式换热器

金属管道两端分别焊接在两管板上,并与管板上的小孔相通。将金属管道连同管板一同装入圆筒形壳体中,并将一端的管板密封固定在壳体上,再用管程隔板将管板分隔成两半,覆盖上封头,从两小室中各引出一管道,形成管程流体进料口和出料口。另一个管板不与壳体连接,用封头密封在圆筒形壳体中,形成可自由活动的一端,该端称为浮头。在管子受热时,浮头可以沿轴向自由移动,从而消除了热胀冷缩产生的应力。

浮头式换热器固定端采用了管程隔板,使管程流体按折流方式流动,采用壳程隔板将两管板之间的空间分隔成两个区域,使壳程流体在换热器中产生折流而延长了流程,促使换热充分。由于固定端是通过法兰与壳体连接,所以整个管束可以从壳体中抽出,拆卸方便,有利于清洗和维修。

综上所述,所有列管式换热器都具有结构紧凑、单位体积传热面积大、传热效率高等优点,因而广泛用于高温高压和大规模换热过程中。

二、板式换热器

板式换热器有夹套式、平板式、螺旋板式和板翅式等几种类型。

1. 夹套式换热器 夹套式换热器由容器、夹套、流体分布器、气液分离器等部件组成,如图 3-14 所示。

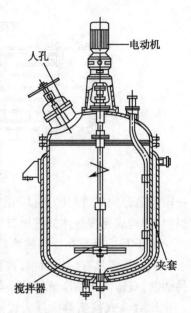

图 3-14 夹套式换热器

于容器外壁适当距离处覆盖一层金属外壳即可形成密闭的空间,该空间是加热介质或冷却介质的通道,又称为夹套。在夹套的顶部设计流体进口,在夹套底部设计有流体的出口。在进口处安装了流体分布器,以便于将各种流体交替地输送到夹套中。在夹套的底部安装有气液分离器,是将蒸汽和液体分离的设备,可防止未释放完热量的加热气体溢出。气液分离器还具有安全阀的作用,当夹套内气压过高时,气体可通过气液分离器排出而降低压力。

夹套换热器传热面积固定,传热系数小。由于夹套内的污垢不易清洗,因此要求加热介质是不易结垢的气体或液体。为了提高传热速率,可在容器内安装搅拌器,促使容器内流体进行强制对流传热。

夹套式换热器广泛应用于反应釜、提取罐、发酵罐、蒸馏器等设备中。

2. 平板式换热器 平板式换热器由长方形金属薄板、垫片、支架组合构成,如图 3-15 所示。

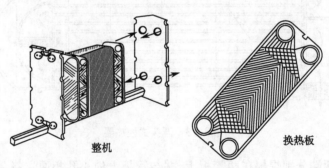

图 3-15 平板式换热器

制作长方形金属薄板的材料主要是铜及铜合金、合金铝,薄板的每个面均冲压成规则的凹凸波纹,在每块金属薄板的四个角各开一圆孔,每相邻两个圆孔构成一组,共两组。将其中一组圆孔的内壁挖暗道,使得圆孔与板面凹槽相通,形成流体通道,另一组圆孔则无需设置暗道。将相邻两块薄板以两组圆孔错开的方式重叠可形成两组通道,分别与相邻金属薄板的板面凹槽相通,构成交错进入板面凹槽流体通道系统。为防止板与板之间出现渗漏现象,在安装时需将垫片夹在两板之间进行密封。将金属薄板在支架上交替组装压紧后即构成板式换热器。

使用时将冷、热流体分别从两组通道输入,则冷、热流体交错地在板与板之间的空间中流动,形成间壁式换热。

由于金属薄板上有大量的凹凸波纹,不仅加强了金属薄板的机械强度,而且还提高了流体的湍流程度,增加了传热面积,强化了传热效果,因此,板式换热器被广泛地应用于快速升温或快速降温的换热过程中。

3. 螺旋板式换热器　螺旋板式换热器由金属薄板、金属盖板、隔板、圆桶形容器等部件构成,如图3-16所示。

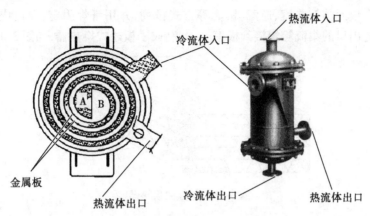

图 3-16　螺旋板式换热器

　　将两块金属薄板按一定间距平行重叠,用金属薄片密封3周,形成一个矩形容器。在矩形容器底部的短边附近开一圆孔,并焊接一段金属管道,构成管程流体进口;在矩形容器的开口端连接一梯形漏斗即构成管程流体出口。以底端长边为轴心线,将矩形容器呈螺旋状卷叠形成一圆柱,圆柱的上下两底用盖板密封,形成两条同心螺旋形通道。在第二条螺旋通道的一端沿中轴线安装一段金属管即构成壳程流体的出口,在第二条螺旋通道的另一端安装一梯形漏斗即构成壳程的进口。将螺旋体安装到圆桶形容器中,用封头密封上下两底后即构成螺旋板式换热器。

　　热流体和冷流体分别从不同的入口处进入各自的流道,在容器内呈逆流方式流动并进行热交换。

　　螺旋板式换热器传热面积大,总传热系数高,不易堵塞,换热效果好,可充分利用低温热源进行换热。缺点是不耐高温高压,清洗和检修困难。

　　螺旋板式换热器适用于混悬液和黏稠流体的热交换过程。

4. 板翅式换热器　板翅式换热器由金属薄板、金属翅片、密封条、集流箱等部件构成。金属薄板和金属翅片由高导热系数的金属材料制作而成。将金属薄板折叠成波纹状即制成了金属翅片,根据波纹几何形状,金属翅片可分为光直形、锯齿形和多孔形,如图3-17所示。

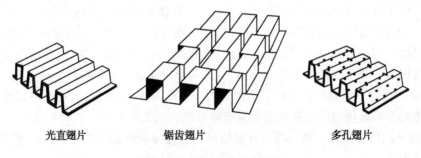

光直翅片　　　　锯齿翅片　　　　多孔翅片

图 3-17　金属翅片结构形式

　　将金属薄板覆盖在金属翅片的上下两面,再用密封条将两侧边缝密封,即构成一个板翅式换热器单元体。在板翅式换热器单元体中,热流体通道和冷流体通道交替排列,形成间壁式换热。

将若干个单元体按并流、逆流、错流等方式排列,并用钎焊固定,即构成芯部板束。将带有流体进出口的集流箱焊接到板束上,就制成了板翅式换热器,如图3-18所示。

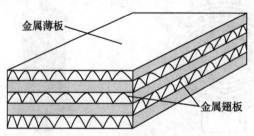

图3-18 板翅式换热器

板翅式换热器结构紧凑,质量小,单位体积传热面积大,总传热系数高,传热效果好。缺点是流道小易堵塞,清洗及维修困难。

板翅式换热器适合于低温或超低温条件下的换热过程。

 知 识 链 接

热 管

热管是一种翅片管式真空容器,其基本部件有吸液芯和工作液。常用的工作液有水、氨、乙醇、丙酮、钠、锂和汞等。随工作液的成分和比例不同,分为低温热管、中温热管、高温热管。

热管是一种高效传热元件,其导热能力比金属高几百倍至数千倍。

热管具有均温特性好、热通量可调、传热方向可逆等特性。用热管制成的换热器不仅具有传热量大、温差小、重量轻体积小、热响应迅速等特点,而且还具有安装方便、维修简单、使用寿命长、工作可靠、应用范围宽等特点,可用于多种换热过程。

三、换热器的维护

换热器的性能对药物生产有重要的影响。一方面传热速率快,则生产效率就高;反之则低。另一方面,传热是消耗能源的过程,传热效率的高低直接影响产品成本。因此,维护好换热器,保持换热器的换热性能,是传热过程中非常重要的操作环节。

引起换热器性能下降的因素较多,有设计制造产生的固有因素,也有使用与维护操作等人为因素。对于在使用中的换热器,可从两个方面去提高传热效率。

1. 增大传热平均温度差 在工艺规定的条件范围内,可改变冷、热流体的相对运动来增大传热平均温度差。通常采用逆流流动可增大其数值。

2. 提高总传热系数 换热器内外壁的污垢会使总传热系数严重下降。可采取以下措施进行维护。

(1)净化循环水:通过絮凝作用,将循环水中各种污垢成分沉淀去除,可有效地预防污垢热阻的产生。

（2）增强湍流：提高流体流速，增强湍流程度，可减小滞留层厚度，提高对流传热系数。增强湍流还可将污垢冲刷带走，减少污垢沉积。

（3）清洗设备：定期进行设备清洗，清除污垢，降低总热阻，能显著提高传热效率。

在药物生产过程中，强化传热过程，保持换热器良好的生产性能，是降低能源消耗、提高经济效益的重要途径。

点 滴 积 累

1. 常用的换热器有管式换热器、板式换热器。管式换热器有蛇管式和列管式，板式换热器有夹套式、板式和板翅式换热器。

2. 在换热器使用一段时间后需要清洗除去污垢，降低污垢热阻，强化传热效果，提高经济效益。

目 标 检 测

一、单项选择题

1. 下列情况中，属于定态传热的是（ ）
   A. 太阳向地面物体传热的过程
   B. 燃烧的蜡烛向空气传热的全过程
   C. 锅炉蒸汽通过反应器间壁加热中药提取液的过程
   D. 利用小沼气燃烧的加热过程

2. 属于易控制清洁型的热载体是（ ）
   A. 电炉丝　　　　B. 矿物油　　　　C. 空气　　　　D. 水蒸气

3. 用电热套对烧瓶内的溶液加热属于（ ）
   A. 直接加热　　　B. 混合加热　　　C. 间壁加热　　　D. 蓄热加热

4. 固体内部的传热属于（ ）
   A. 热传导　　　　B. 对流传热　　　C. 辐射传热　　　D. 混合传热

5. 傅立叶定律是（ ）的基本定律
   A. 对流传热　　　B. 热传导　　　　C. 总传热　　　　D. 辐射传热

6. 属于对流传热过程的是（ ）
   A. 太阳能穿过真空　　　　　　　　B. 红外线加热
   C. 金属棒的传热　　　　　　　　　D. 空气对墙壁的传热

7. 对流传热系数关联式中普兰特准数是表示（ ）的准数。
   A. 对流传热　　　B. 流动状态　　　C. 物性影响　　　D. 自然对流

8. 牛顿冷却定律是（ ）的基本定律。
   A. 热传导　　　　B. 对流传热　　　C. 总传热　　　　D. 辐射传热

9. 蒸汽管有三层保温材料，按照导热系数大小由里向外正确的排列是（ ）
   A. 大、中、小　　　　　　　　　　B. 小、中、大
   C. 中、小、大　　　　　　　　　　D. 大、小、中

10. 下列材料中,导热系数最大的是( )
    A. 金属铝   B. 金属铜   C. 青铜   D. 合金铝

11. 下列各类材料导热系数最小的是( )
    A. 不锈钢管   B. 玻璃管   C. 塑料管   D. 水泥管

12. 对于定型换热器,最有效的强化传热方法是( )
    A. 增加传热面积   B. 促进流体湍流
    C. 清除传热面污垢   D. 提高流体温度

13. 同等体积的管式换热器中,传热面积最大的是( )
    A. 固定管板式列管换热器   B. 浮头式列管换热器
    C. U 形管列管式换热器   D. 蛇管式换热器

14. 能够用于含有固体颗粒加热且传热速率快的换热器是( )
    A. U 形管列管式换热器   B. 套管式换热器
    C. 蛇管式换热器   D. 螺旋板式换热器

15. 板式换热器中,传热效率最低的换热器是( )
    A. 螺旋板式换热器   B. 翅片式换热器
    C. 夹套式换热器   D. 板式换热器

二、计算题

1. 通过三层平壁热传导中,若测得各面的温度 t_1、t_2、t_3 和 t_4 分别为 550℃、450℃、250℃和 150℃,试求各平壁层热阻之比,假定各层壁面间接触良好。

2. 拟用耐火砖、绝热砖和普通砖对燃烧炉保温。耐火砖和普通砖的厚度分别为 0.5 和 0.25m,其系数分别为 1.02、0.14 和 0.92W/(m·℃)。已知耐火砖内侧为 1000℃,普通砖内壁为 138℃,外壁为 35℃,试问绝热砖的厚度是多少?其内壁温度是多少?

3. 一套管换热器,冷、热流体的进口温度分别为 50℃和 120℃。逆流操作时,冷、热流体的出口温度分别为 70℃和 90℃。试问其平均温度差是多少?

三、简答题

1. U 形管式换热器的优点是什么?缺点是什么?
2. 夹套式间壁换热器有哪些局限性?
3. 为什么螺旋板式换热器能进行悬浮流体的换热?

(罗合春)

第四章 空气净化调节设备

药品是关乎人类健康的特殊产品,在生产过程中有着极为严格的要求。从原材料、生产过程、设备到人员操作都有着明确的质量规范。为防止药品在生产过程中被车间空气中的微生物和尘埃所污染,必须对进入车间的空气进行净化处理,保证药物生产过程在符合 GMP 要求的环境中进行。

第一节 车间空气卫生

没有经过净化的空气含有多种颗粒和微生物,这些颗粒和微生物浸入制药车间后会污染车间设备和药品,需要净化除去。

一、空气的组成

空气是多种气体的混合物,它的恒定组成成分有氧、氮和氩、氖、氦、氪、氙等气体。空气中的不定组成部分在不同的地区是不同的。常见的有二氧化碳、水蒸气、氢、臭氧、氧化二氮、甲烷、二氧化硫等多种物质。在空气中还存在有各种污染物质和微生物。空气净化就是除去空气中的尘埃和微生物的过程。

1. 空气中的颗粒　通过检测发现,每立方空气中含有 $5 \times 10^4 \sim 3 \times 10^5$ 个尘埃粒子。地表面上的物体绝大多数都会产生颗粒,车辆行驶、采石采矿、钢铁冶炼、水泥制造、火力发电和化工生产等产生工业粉尘;各种物质的燃烧产生烟道气和粉尘,地球表层泥土、墙壁、家具、常规机械设备等表面都在向空气中散发粉尘;人员本身就是一个重要的污染源,不同衣着、不同动作时人体产尘量不同,身着普通服装的人走动时每平方米每分钟的产尘量约为 300×10^4 颗。总之,空气中浮游着大量的颗粒物质,而且各种物体表面都无时不在产生尘埃颗粒。

按照颗粒的机械性质,空气中的颗粒可分为刚性颗粒和非刚性颗粒。无机物颗粒属于刚性颗粒,刚性颗粒变形系数很小。细胞是非刚性颗粒,其形状容易随外部空间条件的改变而改变。因这两类颗粒力学性质不同,所以在生产实际中应采用不同的分离方法。

如果按形状划分,则可分为球形颗粒和非球形颗粒。制药工业上遇到的大多是非球形颗粒,其形状多种多样。

空气中颗粒直径大小不同,呈连续分布状态,共同组成空气中的颗粒群。按直径大小,空气中的颗粒可分为自然降尘和飘尘。

自然降尘指粒径大于 $10\mu m$ 小于 $100\mu m$,在空气中经重力作用能沉降到地面上的灰尘,其来源以风沙扬尘为主。10μm 以下的浮游状颗粒物,称为飘尘。去除飘尘的难度大于去除自然降尘的难度。

2. 空气中的微生物　微生物对空气的污染是多渠道进行的。土壤、水体中的微生物附着在尘埃颗粒上,飘浮在空中,可造成空气污染;人和动物体中的微生物可从呼吸道呼出,直接污染大气,也可随痰液、脓汁或粪便等排出而进入地面,随灰尘飞扬,造成污染。

由于室外空气比较干燥,无营养物质,且受紫外线照射,因而室外空气并非是适宜微生物生存的场所,所以,室外空气中大部分的微生物只有短暂的存活时间。但是,部分微生物对外界环境抵抗能力较强,如八叠球菌、细球菌、枯草杆菌以及真菌和酵母菌的孢子等,它们在大气中停留时间较长,是造成大气污染的主要种类。

室内空气的组成不同于室外空气,在通风不良、人员拥挤的环境下,室内空气中的微生物数量较多,其中一部分来自于人体的致病性微生物,如结核杆菌、白喉杆菌、溶血链球菌、金黄色葡萄球菌、脑膜炎球菌、流行性病毒等;另一部分来自于阴湿物体表面散发出的尘埃,尘埃中含有许多活的微生物,如细菌、真菌、尘螨等。

空气中细菌个体直径一般为 0.5~5μm,多数为 5μm,少数的病菌为 0.03~0.5μm。细菌常以群体存在,并大量附着在空气中的尘埃颗粒上,形成“生物粒子”。空气中的微生物个数一般在 1000~3000 个/m³。有尘埃的存在,就可能有微生物的存在。除去了尘埃,也就除掉了生物颗粒。因此采用空气净化技术,既能除去尘埃又能去掉微生物。

3. 空气中的液体　不含水分的空气叫绝干空气。实际上,空气中不仅含有水分,而且还含有各种油滴。空气中的水分构成了空气的湿度。不同地区的空气湿度不一样。油滴的组成非常复杂,可分为植物油和矿物油两大类。人类生活的空气中要有一定的水分,但水分和油滴都是空气的污染源,常常作为微生物载体而污染空气。

 知 识 链 接

真　菌

真菌和酵母菌是重要的气喘过敏原。室内常见的真菌有青霉菌、曲霉菌、交链孢霉菌、支孢霉菌和念珠菌等,其中交链孢霉菌和支孢霉菌已被确认是诱发哮喘的过敏原。青霉菌、曲霉菌可在室内的草垫类物品、家具以及食品等上面生长繁殖。交链孢霉菌常呈尘土状挂在室内的墙壁上,其孢子可在空气中飞散。支孢霉菌在浴室、厕所的墙、瓷砖接缝处等形成黑色斑点,增殖后其孢子可飞散到室内各处,从空调和加湿器中常常可检出支孢霉菌。天气阴暗、潮湿、闷热、室内通风不良等均是有助于真菌生长繁殖的条件。

二、空气的性质

(一) 空气的湿度

空气湿度是空气中含水蒸气量的表示方法,可分为绝对湿度和相对湿度。

1. 湿空气绝对湿度 H　湿空气中单位体积绝干空气所含水蒸气的质量,称为绝对湿度。它实际上就是水汽密度,单位为 kg/m³。某一温度下,如果空气中水蒸气的含量达到了最大值,此时的绝对湿度称为饱和空气的绝对湿度。

$$H = \frac{\text{湿空气中水蒸气质量}}{\text{湿空气中绝干空气质量}}$$

2. 湿空气的相对湿度 RH 在一定总压下,湿空气中水蒸气分压 p_{w} 与同温度下饱和水蒸气压 p_{v} 之间的比值称为相对湿度。

$$RH = \frac{p_{\mathrm{w}}}{p_{\mathrm{v}}}$$

相对湿度表明了湿空气的不饱和程度,反映湿空气吸收水汽的能力。

(二) 干球温度 t

用普通温度计测得的湿空气的温度叫干球温度,用 t 表示,单位有℃或 K。干球温度为湿空气的真实温度。

(三) 湿球温度

如图 4-1 所示,用水润湿的纱布包裹温度计的感温球,湿纱布的一端浸在水中,使之始终保持湿润,这样就构成一湿球温度计。将它置于一定温度和湿度的流动的空气中,达到稳态时所测得的温度称为空气的湿球温度,以 t_{w} 表示。

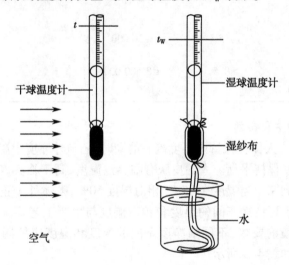

图 4-1　干、湿球温度计

空气的湿度、干球温度、湿球温度三者之间的关系为:

$$H = H_{\mathrm{d}} - \frac{1.09}{r_{\mathrm{t}}}(t - t_{\mathrm{w}}) \tag{式(4-1)}$$

式(4-1)中,H_{d} 为湿球温度 t_{w} 下空气的饱和湿度;r_{t} 为在湿球温度 t_{w} 时水的汽化潜热(kJ/kg)。

三、制药车间空气卫生

(一) 洁净区的等级

药品生产关系到人民群众的身体健康,《药品生产质量管理规范》(简称 GMP)对制药车间卫生条件提出了明确要求,重点是防止药品被污染的问题。1984 年颁发了药品生产企业《洁净厂房设计规范(GBJ73-84)》,规定了医药工业洁净厂房空气洁净等级标准,见表4-1。

表 4-1 洁净等级划分

空气洁净度等级	含尘浓度		含菌浓度	
	尘粒粒径 （μm）	尘粒数量 （个/m³）	沉降菌（Φ9cm 碟 0.5 小时）	浮游菌 （个/m³）
100 级	≥0.5	≤3500	≤1	≤5
	≥5	0		
10 000 级	≥0.5	≤350 000	≤3	≤100
	≥5	≤2000		
100 000 级	≥0.5	≤3 500 000	≤10	≤500
	≥5	≤20 000		
大于 100 000 级 （相当于 300 000 级）	≥0.5	≤3 500 000		

（二）洁净区的主要参数

1. 温度和湿度　人体在保持内环境统一的同时,还与外环境中温度、湿度、气压、风向和风速等综合因素保持平衡。人的皮肤有临界点温度,高于临界点温度就感到热,低于临界点温度就感到凉。当温度在 25℃、相对湿度 50%,人体处于正常的热平衡状态,感觉很舒适。为了保证洁净车间的温度和相对湿度与生产工艺要求相适应,同时满足作业人员对工作环境的要求,不同洁净度车间的温度和湿度应控制在适宜的范围内。不同车间相关指标如表 4-2 所示。

表 4-2 净化车间的温度和湿度

序号	空气洁净度	适宜温度	相对湿度
01	100 级	18 ~ 24℃	45% ~ 60%
02	10 000 级	18 ~ 24℃	45% ~ 60%
03	100 000 级	18 ~ 26℃	45% ~ 65%
04	300 000 级	18 ~ 26℃	45% ~ 65%

2. 压差　压差是指室内空气压强与室外空气压强之间的差值。如果室内空气压强大于室外空气压强则称室内为正压差,反之则称室内为负压差。

在制剂车间,为了保证洁净室在正常工作或空气平衡暂时受到破坏时,气流都能从空气洁净度高的区域流向空气洁净度低的区域,使洁净室的洁净度不会受到污染空气的干扰,所以洁净室必须保持一定的正压差。在生物制品车间,为了防止基因、病毒、致病性微生物流入室外空气造成生物污染,往往要求洁净室必须保持一定的负压差。

对于非生物制品车间,压差值的大小要适当。压差值过小,洁净室的压差很容易破坏,洁净室的洁净度就会受到影响。压差值选择过大,就会使净化空调系统的新风量增大,空调负荷增加,同时使中效、高效过滤器使用寿命缩短。另外,当室内压差值高于50Pa 时,门的开关就会受到影响。

洁净室内正压值受室外风速的影响,室内正压值要高于室外风速产生的风压力。当室外风速大于 3m/s 时,产生的风压力接近 5Pa,若洁净室内正压值为 5Pa 时,室外的污染空气就有可能渗漏到室内。根据气象资料统计,全国 203 个城市中有 74 个城市的冬夏平均风速大于 3m/s,占总数的 36.4%。因此规定洁净室与非洁净室最小正压差值应大于 5Pa,洁净室与室外环境的最小压差为 10Pa。

3. 新风量　在《工业企业设计卫生标准》(TJ36)中规定:"每名工人所占容积小于 $20m^3$ 的车间,应保证每人每小时不少于 $30m^3$ 的新鲜空气量。"在《采暖通风与空气调节设计规范》(GBJ19)中规定:"空气调节系统的新风量应符合下列规定:生产厂房应按补偿排风、保持室内正压或保证每人不小于 $30m^3/h$ 的新风量的最大值确定"。因此,送至洁净室的新风中,新风占总送风量75%,回风占总送风量25%。

点　滴　积　累

1. 空气中微生物黏附在降尘、飘尘上生存,潮湿空气存在有害微生物。

2. 生物制药车间的空气需要按照 GMP 要求净化,根据需要洁净度应达到 1 万级、10 万级或 30 万级。

3. 生物制药车间温度、湿度和空气压力需要控制在一定范围才符合 GMP 要求。

第二节　空气净化和调温调湿设备

净制空气的方法较多,有过滤法、离心分离法、重力沉降法、静电除尘法等。本节重点介绍过滤法和离心分离法。

一、空气过滤基本知识

1. 过滤的概念　利用薄片多孔材料截留混合体系中固体颗粒的过程叫过滤。过滤所用薄片多孔材料称为过滤介质。

2. 空气过滤常用介质　空气过滤所用的介质起着截留固体颗粒的作用。由于空气中有自然降尘和飘尘,颗粒尺寸具有连续分布性,因此过滤介质孔径要符合截留不同尺寸固体颗粒的需要。另外,过滤介质要具有耐腐蚀性、化学惰性以及足够的机械强度。因此在空气过滤中常用的过滤介质有泡沫塑料、海绵、棉花、滤纸、无纺布等,对于要求更高洁净度的车间,使用的过滤介质还可以是各种性能的微孔膜。

3. 空气过滤方式　通常空气过滤的推动力是压强差。为了使空气能透过一定厚度和一定孔径的过滤介质,需要提供压力进行强制过滤。所以空气的过滤属于加压过滤。对于生产过程产生的废气还可以采用离心沉降法进行净化处理。

二、常用空气净化设备

(一) 空气过滤设备

1. 初效过滤器　用于过滤空气中自然降尘的过滤器叫初效过滤器。初效过滤器一般采用棉花、粗中孔泡沫塑料、涤纶无纺布等材料制作而成。近年来采用无纺布较多,有替代泡沫塑料的趋势。其优点是无味道、容量大、阻力小、滤材均匀、不老化、便于清洗、成本低。

初效过滤器结构上主要有袋式和楔形板式两种,如图 4-2 所示。将滤材缝制成一个长长的楔子形口袋就成为一只袋式初效过滤器。口袋的直径可大可小,视需要而定。平板式过滤器由方框、过滤介质和固定夹板等组成。将滤材覆盖在方框上,用夹板固定好即成为一只简单的平板式过滤器。结构复杂的平板式过滤器是在简单平板式过滤器的基础上的改进,且设计了自动控制系统,当滤材积累了一定程度的尘埃后,由控制系统自动更新。用过的滤材水洗再生后可重复使用。

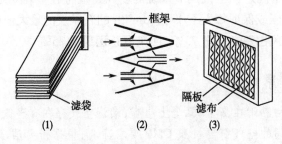

图 4-2　袋式、平板式过滤器
(1)袋式过滤器;(2)袋式过滤器气流方向;(3)平板式过滤器

因初效过滤器空隙大,阻力小,可采用较高风速(0.4 ~ 1.2m/s)过滤。

2. 中效过滤器　用于去除直径为 1 ~ 10μm 的颗粒的过滤器叫中效过滤器。中效过滤器的结构与初效过滤器的结构相同,结构上主要有布袋式和楔形板式两种。不同的是过滤介质。中效过滤器的介质一般采用中细孔泡沫塑料、超细合成纤维或玻璃纤维以及优质无纺布做成。

中效过滤器具有高捕尘能力、高吸尘载量及高使用寿命。一般将中效过滤器安装在净化空调器中,作为空调器的出风口,通过管道与高效过滤器连接。中效过滤器过滤空气的速度是 0.2 ~ 0.4m/s。

中效过滤器既能过滤空气中的飘尘和油滴,也能保护高效过滤器,延长高效过滤器的使用寿命,所以,中效过滤器广泛使用于空气净化工程中。

3. 亚高效过滤器　用于去除直径为 0.5 ~ 5μm 的颗粒的过滤器称为亚高效过滤器。亚高效过滤器的结构主要有分隔板式、管式、袋式三种类型。所使用的过滤介质有亚高效玻璃纤维滤纸、过氯乙烯纤维滤布、聚丙烯纤维滤布等。在额定风量下,对 ≥0.5μm 的颗粒去除率达到 95% ~ 99.9% 。

亚高效空气过滤器具有初风阻力低、价格便宜、投资少、需用风机压头不高、运行噪声小、运行能耗低等优点,主要用于空气洁净度为 10 万级或低于 10 万级的空气净化工程中,可用作末端过滤器。

4. 高效过滤器　能去除直径为 0.3 ~ 1μm 的颗粒的过滤器称为高效过滤器。高效过滤器主要采用超细玻璃纤维滤纸或超细石棉纤维滤纸为滤材,结构上分为有隔板高效空气过滤器和无隔板高效空气过滤器两类,其构造如图4-3所示。

图4-3 无隔板高效过滤器

高效过滤器对细菌(1μm)的透过率为0.0001%,对病毒(0.03μm)的透过率为0.0026%,所以高效过滤器对细菌的滤除效率基本是100%。空气经高效过滤器过滤后可视为无菌空气。

5. 空气过滤器的安装 高效过滤器的特点是效率高,阻力大,不能再生,一般2~3年更换一次,安装时正反方向不能倒装。

高效过滤器是一般洁净厂房和局部净化设备的最后一级过滤器,一般安装在通风系统的末端,作洁净室的进风口使用。

为避免新风从负压段进入净化空调系统,致使高效过滤器缩短使用年限,应将中效过滤器设计安装在正压段。

高效过滤器和亚高效过滤器宜设置安装在系统末端,以保证进入洁净室的空气洁净度。

(二)离心分离设备

在制药企业采用离心分离法净制空气的设备是旋风分离器。

1. 旋风分离器的结构 旋风分离器又叫旋风除尘器,由进气孔、上圆筒、排气孔、倒锥体、集料管等部件组合而成,如图4-4所示。

进气孔呈矩形设计安装在上圆筒的顶部,进气路线与上圆筒内壁相切。上圆筒高度是其直径的两倍,顶部设计有顶盖,顶盖中央设计有排气孔,排气孔连接了由里向外的排气管道,排气管道直径是上圆筒直径的1/2。上圆筒与倒锥体相接。倒锥体内径从上到下逐渐缩小,其高度与上圆筒等同。集料管连接在锥体下部,其直径是上圆筒直径的1/4。集料管下方套接了集料桶,以供收集粉尘的需要。

旋风分离器的各部件要成比例,否则达不到气固分离的目的。

2. 旋风分离器的工作原理 含尘气体以一定速度从切线方向进入上圆筒,在筒体器壁和器顶的约束作用下,含尘气体紧贴内壁呈螺旋状向下运动,形成外旋气流。随着外旋气流旋转速度加快,产生的离心力也越来越强,气流中的固体颗粒被甩向内壁并沿

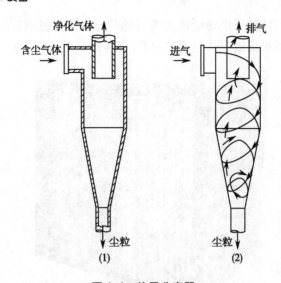

图4-4 旋风分离器
(1)旋风分离器结构 (2)气体运动路线

壁向下落入集料桶中。当外旋气流运动到锥底后,因压力的增大,迫使气流旋向中心的低压处而形成向上运动的内旋气流,内旋气流从顶部的排气管排出,排出的气体颗粒含量很低,是净化气体。

3. 使用注意事项 集料管与集料桶之间应密封连接,否则因漏气使得内旋气流产生涡流,夹带大量颗粒从排气管排出,严重影响分离效果。

旋风分离器结构简单,造价低廉,性能稳定,分离效率高,可以分离微米级的颗粒,因而被制药工业广泛地用于捕集气流中的细小粉尘。

三、空气调温调湿设备

(一)空气调温系统

外部环境的温度和湿度随季节而变化,但制药车间的温度和湿度常年维持在一定的范围,变化很小。空气调温装置是一个维持车间温度的自动化系统。该系统由制冷机、蒸汽锅炉、蒸发器、冷却器、冷却塔、温度传感器等设备组成。

1. 空气加热系统 当室外温度降低时,需要对净化空气进行加热。将锅炉产生的蒸汽通入风机盘管中,空气进入换热器的壳程,与管程蒸汽进行热交换,提升空气温度。通过安装在车间的温度传感器控制加热时间、热交换量、空气温度等参数,来调节室内温度。

2. 空气冷却系统 空气冷却系统由制冷机、蒸发器、冷却器、冷却塔组成。制冷机所使用的制冷剂主要是液氨或氟利昂。可采用湿式或干式冷却塔,并安装在室外。空气冷却系统工作流程如图4-5所示。

制冷剂在蒸发器中蒸发吸收水中的热量,冷冻水被水泵输送到风机盘管中,室外空气被空气压缩机输送到风机中,空气在风机盘管上与冷冻水进行热交换而降温。吸收了空气热的水温度升高,被泵送回到蒸发器中冷却降温成冷冻水。

制冷剂蒸发成蒸汽后吸收了冷冻水的热量,在冷凝器中被压缩成液体释放热量,冷却水吸收所放出的热量后温度升高,被泵抽入到冷却塔中冷却至室温,降温后的冷却水

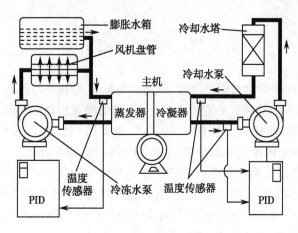

图 4-5　制冷机工作流程图

可继续循环使用。

　　车间内的温度传感器将温度信号以电信号形式传输给控制中心,控制中心再将电信号转变为指令,根据需要对制冷剂的蒸发量进行控制,从而自动调节空气温度等参数。

(二) 空气加湿系统

　　如室外空气湿度较低则需要对净化空气加湿。空气加湿机种类较多,在净化空调系统中广泛使用高压喷雾加湿器。高压喷雾加湿器由柱塞泵、过滤器、冷却器、喷杆和喷嘴组成,其中,喷嘴安装在空调机组加湿段内壁上,其他部件组合成整机装入机壳中,如图 4-6所示。

(1)　　　　　　　(2)

图 4-6　空气加湿器
(1)主机;(2)喷嘴

　　自来水经过滤器过滤后由柱塞泵增压,由耐高压连杆进入喷嘴雾化后高速喷出,形成细小的水雾粒子,与流动的空气进行热交换,吸收空气中热量后蒸发、汽化,使空气的湿度增加,实现对空气的加湿。

　　高压喷雾加湿器可以与各类新风空调机组和组合空调机组配套使用。喷射的速度、流量可通过车间内的湿度传感器进行调节。

点 滴 积 累

　　1. 空气过滤器有初效过滤器、中效过滤器和高效过滤器,根据车间洁净度要求选择不同规格的过滤器。

　　2. 处理车间废气的设备有静电除尘器和旋风分离,通过除尘方可排放。

　　3. 车间温湿度调节设备是组合式空调机组,通过制冷机和蒸汽调温,采用蒸汽调节车间湿度。

第三节　净化空调系统

为了使洁净室内保持所需要的温度、湿度、风速、压力和洁净度参数,最常用的办法是向室内不断送入一定量经过处理的空气,以消除洁净室内外各种热、湿干扰及尘埃污染。为获得送入洁净室内具有一定状态的空气,需要用一整套设备对之进行处理,不断送入室内,又不断从室内排出一部分来,由此构成净化空调系统。

根据我国《洁净厂房设计规范》,将净化空调系统分为集中式和分散式两种类型。

分散式净化空调系统的各个洁净室单独设置净化设备或净化空调设备。集中式净化空调系统是将单个或多个洁净室所需的净化空调设备集中设置在同一间机房,用通风管道将洁净空气分配给各个洁净室。

因为集中式净化空调系统所采用的设备比较成熟,在管理和运行上也积累了较为丰富的经验,所以目前制药企业大部分采用的是集中式净化空调系统。

一、空气净化工艺流程

1. 净化工艺原则　在空气净化工程中,不同的操作区域对洁净度的要求不一样,因此空气净化达到的程度也不一样。一般地,空气净化过程可分为三级过滤。第一级为初效过滤,第二级为中效过滤,第三级为高效过滤。在空气净化过程中常按以下原则进行组合:

30 万级洁净度采用初效和中效二级过滤即可达到要求;

10 万级洁净度采用初效、中效和亚高效三级过滤系统;

100 级洁净度采用初效、中效、高效三级过滤系统。

净化空调流程一般过程是,新风经初效空气过滤器过滤后与回风混合,再经冷却、加热、加湿、除湿等一系列处理,然后经过中效空气过滤器,最后经高效空气过滤器到达送风口,将一定洁净度的空气送到洁净室。

2. 中效空气净化工艺流程　30 万级和 10 万级洁净车间的净化空调可采用以下工艺流程。

$$新风→初效→中效→中效／亚高效→洁净室→排风$$
$$|\underline{\qquad\qquad\qquad 回风 \qquad\qquad\qquad}|$$

3. 高效空气净化工艺流程　1 万级和 100 级的洁净室的净化空调系统可采用以下流程。

$$新风→初效→中效→高效→洁净室→排风$$
$$|\underline{\qquad\qquad 回风 \qquad\qquad}|$$

需要说明的是,在设计 30 万级净化空调系统时,往往要考虑过滤器是否能达到标示功能,否则需要采用三级过滤流程。如果在工艺生产过程中不产生有害物质时,在保证新鲜空气量和保持洁净室正压的条件下,可尽量利用回风,以降低能源成本。

二、典型净化空调系统

1. 净化空调箱　简单的净化空调箱由新回风混合段、表冷挡水段、蒸汽加热段、风机段、加湿段、中效过滤段、送风段等功能段组成,如图4-7所示。

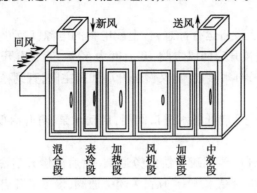

图4-7　净化空调箱

净化空调箱具有密封性好、不漏风、占地面积小、投资费用低等优点。

2. 净化空调系统　净化空调系统由空调箱、高效过滤器、新风管道、回风管道、排风机、洁净车间组成,如图4-8所示。

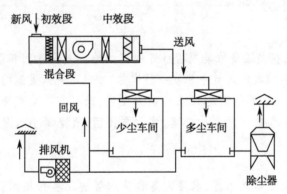

图4-8　典型的空气净化系统

在送风管路系统中设计有新风与回风流通管路。新风与回风经过滤后同时进入空调箱混合段,随后依次通过后续各工段。从中效过滤器出来的净化空气被输送到各洁净室的高效过滤器,洁净空气通过高效过滤器过滤后进入车间。从车间引出来的风就是回风。为了充分利用已除去了颗粒和大量微生物的车间放空气体,在实际设计中,往往按一定比例将回风输送到新风管与新风混合,经净化处理再次被送入洁净室使用,这样节约了能源,降低了生产成本。

从洁净室出来的一部分空气要排放到大气中,称这部分气体为放空气。为了避免三废污染,放空气必须通过旋风分离器除去粉尘后方可排放。

三、净化空调系统的操作与维护

(一)空气净化系统操作规程

1. 开机前检查准备工作　在开机前,要做好设备卫生和机房卫生工作,打开出风阀关闭回风阀和新风阀。需要逐一检查的项目有传动皮带松紧度、润滑油量、各种流体管和阀门的连接密封性、温度计和压力表的指示准确度等;还要检查初效、中效过滤器和新风过滤器是否完好;应确定框架连接处有无松动,空调器上所有的门是否关闭牢固。

2. 开机运行

(1)开启运行:挂上设备运行标志,合上配电柜的电源,启动空调器风机,运行达到全速无异常现象后,慢慢开启回风主阀,开启度为50%,然后再开启新风阀到确定的位置,并锁定新风阀开关,再观察电流,又慢慢开启回风主阀,直到稳定在额定电流范围内为止。

(2)通冷水降温:先开启低温水进口阀门,启动水泵,再开启低温水泵出口阀门,压力控制在0.1MPa。

(3)通蒸汽升温:开启蒸汽疏水器的旁通阀,然后慢慢开启蒸汽主阀,压力控制在0.02MPa,待蒸汽管内的凝结水排干净后,关闭旁通阀,慢慢又开启蒸汽主阀到0.2MPa。

(4)空调系统调整正常后,开启净化区内排气风机。

3. 停止运行　首先停止净化区排风风机,关闭低温水(蒸汽)泵(阀),关闭风机停止运行,关闭回风主阀、新风阀。填写好记录,挂好设备停止标志和完好标志。

 案 例 分 析

案例

1976年7月,在美国费城某饭店召开的宾州地区美国军团年会期间,参会人员以及住在同一饭店的其他人员中暴发一种发热、咳嗽及肺部炎症的疾病,共计有221人发病,死亡34人,病死率高达15%。调查发现,来自空调系统冷却塔水的细小水汽雾中含有一种新型的革兰阴性杆菌,称为军团菌,随空调小水汽雾弥散于饭店内的空气中传播。

分析

军团菌可寄生于自然水源、水暖设备和输水管道及各种输水设施的内表面,并在空调系统、冷却塔、水龙头、热水贮箱和热水输送设施内繁殖。军团菌可在自来水中存活约1年,在河水中存活约3个月,并可通过冷却塔、水龙头和淋浴喷头等随气溶胶传播。供水供气系统不定期清洁很容易暴发军团病。

(二)空气净化系统清洁规程

1. 清洁频次　新风过滤网、回风过滤网每个月清洗一次,初效过滤器每两个月清洁一次,中效过滤器每4个月清洁一次,亚高效过滤器和高效过滤器待检测不合格更换。

2. 清洁方法　初效、中效过滤器用清水和洗涤剂反复挤压洗涤,再用清水漂洗至水不浑浊、无泡沫时即可,自然晾干或甩干后备用。亚高效、高效过滤器直接更换。

(三)净化空调系统的维护保养规程

1. 检查每次运行过程中和运行完毕后,检查初效、中效过滤器与框架的连接是否松动,是否被尘埃堵塞,风机与电机的传动皮带是否松动或过紧,风机轴承润滑油是否加满,空调箱内的接水盘出水孔是否畅通,表冷器、加热器的管道接头、法兰是否漏水、漏气等,如检查到上述情况应对有故障的设备进行检修,使设备处于完好状态,满足生产需要。

2. 轴承维护每年定期检查风机和电机轴承1次,每3个月加润滑脂1次。

点 滴 积 累

1. 根据车间洁净度要求选择中效过滤和高效过滤净化流程。
2. 空调机组操作规程是开启、降温、升温、送风、停止。

目 标 检 测

一、单项选择题

1. 飘尘的直径是(　　　)
　　A. 毫米级　　　　B. 纳米级　　　　C. 大于 $10\mu m$　　　D. 小于 $10\mu m$
2. 空气中的微生物存在状态是(　　　)
　　A. 自由飘浮　　　B. 附着在颗粒上　C. 生长旺盛　　　　D. 都无法繁殖
3. 10 万级制剂车间内最适温度是(　　　)
　　A. $20\sim27\text{℃}$　　B. $18\sim26\text{℃}$　　C. $18\sim28\text{℃}$　　D. $22\sim26\text{℃}$
4. 常用高效空气过滤器的过滤介质是(　　　)
　　A. 泡沫塑料　　　B. 压缩棉花　　　C. 微孔膜　　　　D. 超细玻璃纤维
5. 高效过滤器的前级过滤器是(　　　)
　　A. 初效过滤器　　　　　　　　B. 亚高效过滤器
　　C. 中效过滤器　　　　　　　　D. 微孔膜过滤器
6. 中效过滤器截留颗粒的大小是(　　　)
　　A. $0.5\sim5\mu m$　　B. $1\sim10\mu m$　　C. $5\sim10\mu m$　　D. 大于 $10\mu m$
7. 空气的湿球温度是指(　　　)
　　A. 潮湿空气的温度
　　B. 温度计水银球表面气液平衡时的温度
　　C. 空气露点时的温度
　　D. 空气湿度最大时的温度
8. 制剂车间的空气流应是(　　　)
　　A. 多向流　　　　B. 过渡流　　　　C. 湍流　　　　　D. 单向流

二、简答题

1. 简述空气加湿器的工作原理。
2. 简述净化空调箱的结构和工艺流程。
3. 简述制剂车间废气利用。
4. 制剂车间有哪些产尘源?
5. 为什么要将高效过滤器安装在终端?
6. 在什么情况下洁净车间要保持负压状态?

(关　力)

第五章 物料预处理设备

在对物料进行深加工制造药品之前,需进行破碎、筛分、混合等工序的预处理,以下分别介绍物料的破碎、筛分和混合。

第一节 物料粉碎设备

物料在进入药品深加工之前需要粉碎,粉碎需要按照一定的要求进行。

一、概述

(一)粉碎的含义与目的

1. 粉碎 固体物料的粉碎是借助机械力将大块物料破碎成适宜大小的颗粒或细粉的操作。在药物制剂生产中,对于固体物料常需要粉碎成一定粒度要求的粉末,以适应制备制剂及临床使用的需要。

2. 粉碎的目的 ①减小粒径增加比表面积,促进药物的溶解和吸收,有利于提高难溶性药物的溶出速度和生物利用度;②便于适应多种给药途径的应用;③有利于从天然药物中提取有效成分;④有利于制备其他剂型。同时也应注意到粉碎过程可能带来的不良作用而影响制剂质量。

3. 粉碎度 粉碎度是固体物料粉碎后的程度。通常以未经粉碎物料的平均直径(d_0)与已粉碎物料的平均直径(d_i)的比值$(n, n = d_0 / d_i)$来表示。

粉碎度与物料粉碎后粒子的直径成反比,即粒子愈小,其粉碎度愈大。粉碎度大小的选择取决于制备的剂型、医疗上的用途以及物料本身的性质。物料的粉碎度的要求应作具体分析,随需要选用适当粉碎度。

(二)粉碎基本原理

同种物质分子间的引力叫内聚力,其内聚力的不同而显示出不同的硬度和性能。固体物料的粉碎过程主要是利用外加机械力,部分地破坏物质分子间的内聚力,使药物的块粒减小,增加了物料的比表面积,即机械能转变成表面能的过程,这种转变是否完全,直接影响粉碎的效率。

一般而言,根据被粉碎物料的性质、粉碎程度不同所需施加的外力也不同。极性的晶形物质均具有相当的脆性,较易粉碎,常选用挤压、研磨作用力为主,容易沿晶体的结合面碎裂成小晶体。非极性的晶体物质如萘、樟脑等则缺乏相应的脆性,当施加一定的机械力时,易产生变形而阻碍了它们的粉碎,在此情况下,通常可加入少量液体,当液体渗入固体分子间的裂隙时,由于能降低其分子间的内聚力,致使晶体易从裂隙处分开。

知 识 链 接

各类粉碎力使用范围

粉碎过程常用的外加力有冲击力、压缩力、剪切力、弯曲力和研磨力等。被处理物料的性质、粉碎程度不同,所需施加的外力也不同。冲击、压碎和研磨作用对脆性物质有效,纤维状物料用剪切方法更有效;粗碎以冲击力和压缩力为主,细碎以剪切力、研磨力为主;要求粉碎产物能产生自由流动时,用研磨法较好。实际上多数粉碎过程是上述的几种力综合作用的结果。一种物料,在大粒径时主要表现为弹性行为,小粒径时则主要表现为塑性行为,因此粉碎较大颗粒时,粒径受粉碎装置的特性以及外力的施加方式的影响较大;粉碎细粒时,粒径受物质本身性质的影响较大。

(三)粉碎方法

制剂生产中应根据被粉碎物料的性质、产品粒度的要求、物料多少等而采用不同的方法粉碎,主要有:

1. 循环粉碎与开路粉碎 粉碎的产品中,若含有尚未被充分粉碎的物料时,一般经筛选或分级后,粗颗粒重新返回到粉碎机进行二次粉碎,称为循环粉碎,即物料→粉碎机→筛析→产品。开路粉碎是连续把需粉碎的物料供给粉碎机的同时,不断地从粉碎机中把已粉碎的物料取出的操作,其物料只通过设备一次,即物料→粉碎机→产品。

2. 混合粉碎和单独粉碎 两种或两种以上的物料放在一起同时粉碎的操作叫混合粉碎。若处方中某些物料的性质及硬度相似,可将它们掺和在一起进行粉碎。在混合粉碎的物料中,若含有共熔成分时,能产生潮湿或液化现象,这些物料能否混合粉碎,取决于制剂的具体要求。氧化性物料和还原性物料必须单独粉碎,否则可引起爆炸,如氯酸钾、高锰酸钾、碘等氧化性物质忌与硫、糖、亚硫酸钠等还原性物质混合粉碎。贵重物料为减少损耗,应单独粉碎。

3. 干法粉碎和湿法粉碎 干法粉碎是指物料经干燥处理,使含水量下降至一定限度(一般应少于5%)再粉碎的方法。干燥温度不宜超过80℃,某些有挥发性及遇热易起变化的药物可用石灰等干燥剂干燥。湿法粉碎是指物料中添加较易除去的适量溶媒(如水或乙醇等)共同研磨的方法,使粉碎易于进行,这种方法又叫"加液研磨法"。加入的液体对物料有一定的渗透力和劈裂作用,有利于提高粉碎度且能降低物料的黏附性。液体的选用,以不与物料起反应、不影响疗效为原则,用量以能湿润药物成糊状为宜。此法适用于矿物药。易燃易爆的物料采用此法粉碎较安全。

4. 低温粉碎 将物料或粉碎机进行冷冻的粉碎方法称为低温粉碎。物料在低温时脆性增加,韧性与延伸性降低易于粉碎。非晶型药物如树脂、树胶等具有一定的弹性,粉碎时一部分机械能用于引起弹性变形,最后变为热能,因而降低粉碎效率。一般可用降低温度来增加非晶体药物的脆性,以利粉碎。

二、物料粉碎设备

(一)中药材截切机

截切机的结构主要由带式输送器、给料辊、切刀、曲柄连杆机构等组成,如图5-1所示。

　　操作时将中药材均匀地放到运动着的带式输送器上,中药材在给料辊的间隙中被挤压,并向前推出适宜的长度。给料辊前面的切刀被曲柄连杆机构带动作上下的往复运动,以切断中药材所推出的部分。带式输送器、给料辊和切刀的移动严格地按顺序进行,即切刀向上移动时,待截切的中药材向前推出适当尺寸;而切刀向下移动时,输送带和给料辊则不动。已切碎的中药材通过出料槽而落入容器中。此设备主要用于草、叶或韧性根的截切,其生产能力较大。

（二）万能粉碎机

　　万能粉碎机主要由加料斗、钢齿、环状筛板、水平轴、抖动装置、出粉口、放气袋构成,见图5-2。

图5-1　中药材截切机示意图

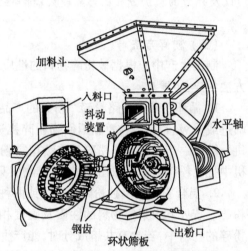

图5-2　万能粉碎机

　　物料从加料斗放入,从入料口进到粉碎室。粉碎室的转子及室盖面是装有相互交叉排列的钢齿,转子上的钢齿能围绕室盖上的钢齿旋转,物料自高速旋转的转子获得离心力而抛向室壁,因而产生撞击作用。物料在急剧运行过程中亦受钢齿的劈裂、撕裂与研磨的作用。由于转子的转速很高,具有强烈的粉碎作用,待达到钢齿外围时已具有一定的粉碎度,借转子产生气流的作用通过室壁的环状筛板分离除去。万能粉碎机系一种应用较广泛的粉碎机,其粉碎的作用力是撞击、撕裂或研磨。适用于多种结晶性和纤维性等脆性、韧性物料以及各种不同细度要求物料的粉碎,但粉碎过程中会发热,故不适用于粉碎含大量挥发性成分或黏性及遇热发黏的物料。

（三）锤击式粉碎机

　　锤击式粉碎机是由旋转轴上高速旋转的锤头与机壳上部装的牙板间的相对运动对物料进行粉碎的机械。粉碎机内,在高速旋转的旋转轴上安装有数个锤头,机壳上部装有牙板,或称衬板,下部装有筛网。此粉碎原理系利用高速旋转的锤头对物料的冲击力作用,物料受到锤击、撞击、摩擦等而被粉碎,如图5-3。锤击式粉碎机适用于粉碎纤维绵韧性物料,但不适宜于高硬度物料及黏性物料。

（四）球磨机

　　球磨机系由不锈钢或瓷制的圆柱筒,内装一定数量的大小圆形钢球或瓷球构成。

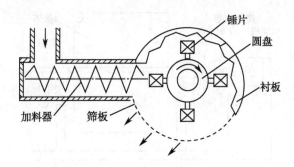

图 5-3　锤击式粉碎机

使用时将物料装入圆筒密盖后,电动机转动,使筒中圆球在一定速度下滚动。由于圆筒的转动,使物料受筒内起落圆球的撞击作用和圆球与筒壁以及球与球之间的研磨作用而被粉碎。球磨机要有适当的转速才能使球达到一定高度并在重力和惯性力的作用下呈抛物线抛下而产生撞击与研磨的联合作用,这样粉碎效果才最好。如果转速过慢,圆球不能达到一定高度即沿壁滚下,此时仅发生研磨作用,粉碎效果较差;如果转速过快,圆球受离心力的作用沿筒壁旋转而不落下,失去物料与球体的相对运动,粉碎效果也不好。球磨机转速选择示意图见图 5-4。

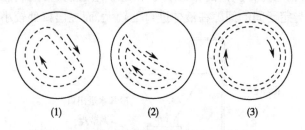

图 5-4　球磨机圆球运动状态
(1)转速适当;(2)转速太慢;(3)转速太快

球磨机结构简单、密闭操作,粉尘少,常用于毒性物料、刺激性物料、贵重物料或吸湿性物料的粉碎。对结晶性物料、硬而脆的物料进行粉碎效果更好;易氧化物料或爆炸性物料可在惰性气体条件下密闭粉碎;亦可在无菌条件下粉碎,得到无菌的产品。

 课堂活动

　　取山药 500g,分成两份,一份切制成 3mm 的厚片,另一份用中药材粉碎机粉碎成粉末,分别加入 500ml 冷水中煮沸,观察液体状态,说明产生不同现象的原因。

(五)微粉碎机
　　微粉碎机主要由主轴、挠性轴套、偏心轮、筒体、弹簧等构件组成,如图 5-5。筒体内装有金属材料或非金属材料的球、棒等磨介及待磨物料,微粉碎机在外界激振力的作用下,筒体振动的能量传给磨介,使磨介产生与筒振动同向的自转运动和磨介群的公转运动,公转运动的方向一般与筒振动方向相反,同时磨介还产生抛掷运动,使磨介间时而分离,物料得以进入磨介之间,时而聚拢,产生激烈的碰撞,最终达到粉碎的效果。
　　微粉碎机粉碎率高,几乎无损耗;易拆卸、易清洗、易换料;粉碎过程全密闭,无粉尘

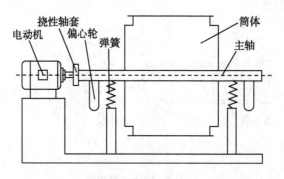

图 5-5　微粉碎机

溢出,充分改善作业环境;粉碎能力强,适于中心粒径为 150～2000 目的粉碎要求,使用特殊工艺时中心粒径可达 0.3μm;同时适于干法和湿法粉碎,湿法粉碎时可加入水、乙醇或其他液体;封闭式结构,对特殊物料可进行惰性气体保护粉碎;粉碎温度易调节,磨筒外壁的夹套通入冷却水,通过调节冷却水的温度和流量可控制粉碎温度,如需低温粉碎可通入特殊冷却液。

（六）胶体磨

胶体磨的主要构造为带斜槽的锥形转子和定子组成的磨碎面,转子和定子表面加工成沟槽型,转子与定子间的间隙在液体进口处较大,而在出口处较小,如图 5-6 所示。

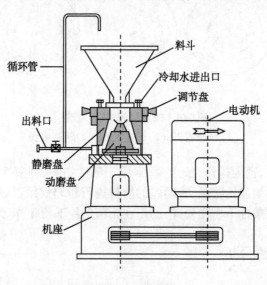

图 5-6　胶体磨

胶体磨转子和定子的狭小缝隙可根据标尺调节,当液体在狭缝中通过时,受到沟槽及狭缝间隙改变的作用,流动方向发生急剧变化,物料受到很大的剪切力、摩擦力、离心力和高频振动等,如果狭缝调节越小,通过磨面后的粒子越细微。胶体磨的转子由电动机带动作高速转动,可达 10 000r/min。操作时物料从贮料筒流入磨碎面,经磨碎后由出口管流出,在出口管上方有一控制阀,如一次磨碎的粒子胶体化程度不够时,可将阀关闭使胶体溶液经管回流入贮液筒,再反复研磨可得 1～100nm 直径的微粒。在制剂生产中常用于制备混悬液、乳浊液、胶体溶液。

三、粉碎设备的验证和养护

（一）粉碎设备的验证

安装确认是指粉碎机安装质量是否符合设备正常运行的基本条件,辅助设施的布置是否合理、安全、可靠等。

对于粉碎机而言,运行确认主要指粉碎机与物料接触部位需用耐腐蚀和对产品无害的材料制造,应能方便清洁处理和维修保养,运行平稳,噪声低,操作时产生粉尘外泄少。

性能验证应对加料速度进行确认,以达到物料在粉碎机内有适宜的停留时间,粉碎出粒径分布达到所要求的细粒子。通常用过筛率来验证粉碎后物料的粒度。

（二）粉碎设备的养护

各种粉碎设备的性能均不同,应依其性能,结合被粉碎物料的性质与要求的粉碎度来灵活选用。在使用和保养粉碎设备时应注意以下几点：

1. 开机前应检查整机各紧固螺栓是否有松动,然后开机检查机器的空载启动、运行情况是否良好。

2. 高速运转的粉碎机开动后,应至其转速稳定时再行加料。否则因物料先进入粉碎室后,机器难以启动,引起发热,甚至烧坏电动机。

3. 物料中不应夹杂硬物,以免卡塞,引起电动机发热或烧坏。粉碎前应对物料进行精选以除去夹杂的硬物。

4. 各种转动机构如轴承、伞形齿轮等必须保持良好的润滑性,以保证机件的完好与正常运转。

5. 电动机及传动机构应用防护罩罩好,以保证安全。同时也应注意防尘、清洁与干燥。

6. 使用时不能超过电动机的功率负荷,以免启动困难、停车或烧毁。

7. 电源必须符合电动机的要求,使用前应注意检查。一切电气设备都应装接地线,确保安全。

8. 各种粉碎机在每次使用后,应检查机件是否完整,清洁内外各部件,添加润滑油后罩好,必要时加以整修再行使用。

9. 粉碎刺激性和毒性药物时,必须特别注意劳动保护和安全操作。

点 滴 积 累

固体物料的粉碎方法有循环粉碎与开路粉碎、混合粉碎和单独粉碎、干法粉碎和湿法粉碎、低温粉碎。粉碎设备有中药材截切机、万能粉碎机、锤击式粉碎机、球磨机、微粉碎机和胶体磨等设备。

第二节　细胞破碎设备

生物药物有效成分常常存在于生物细胞内,为了使其从细胞中最大限度地释放出来,需要进行细胞破碎。

微生物细胞通常由细胞壁、细胞膜、细胞质和细胞器组成。细胞膜使细胞内外保持一定的浓度差,它主要由蛋白质和脂质组成,强度比较差,易受渗透压冲击而破碎。细胞壁常由多糖物质和磷酸酯类组成,因其结构比较细密而坚硬,所以细胞破碎的主要阻力来自于细胞壁。

细胞破碎采用的方法较多,见表5-1。机械破碎法在工业上应用较多,因为它们的处理量大,破碎速度较快。采用这些方法,细胞受到由高压产生的高剪切力而破碎,但在大多数情况下要采取冷却措施,以便除去由于消耗机械能而产生的过多热量,防止活性成分被破坏。常见的机械破碎法有高压匀浆法和珠磨法。所用到的机械设备主要是高压匀浆机(又称高压均质机)和珠磨机。

表5-1 常用的细胞破碎方法

分类		作用机制	适用性
机械法	珠磨法	固体剪切作用	可达较高破碎率,可较大规模操作,大分子目的产物易失活,浆液分离困难
	高压匀浆法	液体剪切作用	可达较高破碎率,可大规模操作,不适合丝状菌和革兰阳性菌
	超声破碎法	液体剪切作用	对酵母菌效果较差,破碎过程升温剧烈,不适合大规模操作
	X-press法	固体剪切作用	破碎率高,活性保留率高,对冷冻敏感目的产物不适合
非机械法	酶溶法	酶分解作用	具有高度专一性,条件温和,浆液易分离,溶酶价格高,通用性差
	化学渗透法	改变细胞膜的渗透性	具一定选择性,浆液易分离,但释放率较低,通用性差
	渗透压法	渗透压剧烈改变	破碎率较低,常与其他方法结合使用
	冻结融化法	反复冻结-融化	破碎率较低,不适合对冷冻敏感目的产物
	干燥法	改变细胞膜渗透性	条件变化剧烈,易引起大分子物质失活

一、高压均质机

(一)高压均质机结构及工作原理

高压均质机由高压泵和均质头两部分组成。高压泵一般采用柱塞式往复泵,由活塞柱、进料阀和排料阀等部件组成,其结构与一般柱塞泵相同;均质头由手柄、调节弹簧、均质阀三部分组成,其中均质阀的组成部件有阀杆、阀座、撞击环,均质阀安装在细胞悬浮液的排出管路上,阀杆与阀座之间形成狭窄的缝隙,从而构成细胞悬浮液的流动通道。通常,为了获得更高的破碎效率,高压均质机一般都设计了串联的两级均质阀,可使细胞悬浮液受两次破碎。如图5-7所示。

当细胞悬浮液被高压泵吸入后获得很高的静压力,在高压泵的作用下,细胞悬浮液以100~400m/s的速度经排料阀直接冲击到阀杆上,然后沿阀座与阀杆之间的环形缝隙再次撞击到撞击环上,随后从细胞匀浆排料口排出。细胞悬浮液在经两次撞击和经

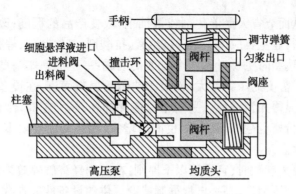

图 5-7 高压均质机

过环形缝隙时,将从柱塞泵获得的静压能转换成了动能,因而流动速度快。在高速通过时,细胞悬浮液承受了强大的撞击力、剪切作用力和空穴爆破力,细胞被拉伸延长而变形,随后被破碎。

在细胞破碎过程中,由于各种力的作用产生了热效应,容易导致细胞悬浮液温度升高,生物活性成分受热失去活性,因而需要冷却。通常在高压均质机的均质头设计有循环冷却装置,以保证破碎过程中活性成分的活性。

(二)高压均质机的特点

相对于离心式分散乳化设备(如胶体磨、高剪切混合乳化机等),高压均质机的特点是:

1. 细化作用更为强烈 这是因为工作阀的阀芯和阀座之间在初始位是紧密贴合的,只是在工作时被料液强制挤出了一条狭缝;而离心式乳化设备的转定子之间为满足高速旋转并且不产生过多的热量,必然有较大的间隙(相对均质阀而言);同时,由于均质机的传动机构是容积式往复泵,所以从理论上说,均质压力可以无限地提高,而压力越高,细化效果就越好。

2. 高压均质机的细化作用主要是利用了物料间的相互作用,所以物料的发热量较小,因而能保持物料的活性基本不变。

3. 高压均质机能定量输送物料,因为它依靠往复泵送料。

4. 高压均质机耗能较大。

5. 高压均质机的易损件较多,维护工作量较大,特别在压力很高的情况下。

6. 高压均质机不适合于黏度很高的物料。

(三)高压均质机的分类

高压均质机按结构型式分为立式整体型和卧式组合型。前者一般适用于中、小型设备(功率在45kW以下);后者适用于大型设备(功率在45kW以上),目前国内大多数厂家生产的都是立式整体型均质机。按控制方式可分为手动控制式、手调液压控制式以及全自动控制式。目前,手动控制式在市场上占主导地位。如果整条生产线都是自动控制的,可选用全自动控制均质机。按使用情况可分为生产用均质机和实验用均质机。

(四)高压均质机的应用及选型

高压均质机独特的原理为无数工艺流程的革新以及各种新产品的开发应用提供了简便而卓有成效的途径,均质机的作用主要有提高产品的均匀度和稳定性;增加保质期;减少反应时间从而节省大量催化剂或添加剂;改变产品的稠度;改善产品的口味和色泽等。其在制药行业主要应用于制备抗生素、抗酸剂、液体制剂、静脉乳剂等。

高压均质机在选型时主要考虑两个方面的问题:一是原料本身的性质,比如黏度、热敏性等。黏度大,需要的压力就大;而对于热敏性原料而言,在设备工作时所产生的热量的及时移除则显得尤为重要。另一个是能耗问题,压力越高,细化效果越好;但同时,压力越高,设备价格也越高,耗电量也同时增大,而且易损件增多。也就是说,压力越高,运行费用越大。

所以,在选择压力参数时,宜采用以下原则:在达到经济破碎效果的前提下,使用压力越小越好。在使用压力选定后,再根据制造商提供的设备性能参数表,选择标定的额定压力大于使用压力的设备即可。

(五) 高压均质机的使用与维护

1. 高压均质机启动时压力不稳,应在启动后将其调整到预定值。在压力稳定之前流出的料液回流,以保证均质的破碎效果。

2. 高压均质机正常工作时要注意观察压力表,以保证工作压力处于正常工作范围内。

3. 高压均质机不得空转,启动前应先接通冷却水。

4. 要经常在机体连接轴处加一些润滑油,以均质机前端的填料盒缺油。

5. 柱塞密封圈处于高温和压力周期性变化的条件下,很容易损坏,应保证柱塞冷却水的连续供应,以降低柱塞密封圈的温度,延长其使用寿命。同时,应随时检查密封圈,发现损坏及时修复、更换。

二、珠磨机

(一) 珠磨机的结构和工作原理

珠磨机由研磨室、搅拌轴、环形振动狭缝珠液分离器、研磨剂、循环水冷却系统等部件组成。其中,研磨剂是直径小于 1mm 的玻璃珠、钢珠、石英砂、氧化铝等,如图 5-8 所示。

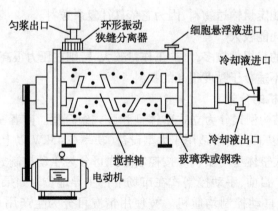

图 5-8　珠磨机

进入珠磨机的细胞悬浮液与研磨剂一起快速搅拌或研磨,研磨剂与细胞之间的互相剪切、碰撞使细胞破碎,并释放出内含物。在环形振动狭缝珠液分离器的协助下,珠子被滞留在研磨室内,浆液则循流道流出。循环水冷却系统可将破碎中产生的热量带走。

📖 **课 堂 活 动**

称取5kg新鲜萝卜,用万能粉碎机破碎后,再用胶体磨破碎,最后用高压均质机均质,比较不同粉碎机粉碎后萝卜汁的流体特性,说明原因。

(二)使用珠磨机需要注意的事项

1. 珠磨机的主要缺点是在破碎期间样品温度迅速升高,通过用二氧化碳来冷却容器可得到部分解决。

2. 珠体在磨室中的装量影响破碎程度和所需能量,珠体的大小应根据细胞大小和浓度以及在连续流动的操作过程中不使珠体带出来进行选择。

3. 增加搅拌速度能提高破碎效率,但过高的速度反而会使破碎率降低,能量消耗增大,所以搅拌转速应适当。

4. 实验室规模的细胞破碎设备有Mickle高速组织捣碎机、Braun匀浆器;中试规模的细胞破碎可采用胶质磨处理;在工业规模中,可采用高速珠磨机。

5. 珠磨法的破碎率一般控制在80%以下。可以降低能耗,减少大分子活性成分的失活,减少由于高破碎率产生的细胞小碎片不易分离而给后续操作带来的困难。

点 滴 积 累

1. 微生物细胞破碎方法有化学法、酶法和物理机械法等多种方法,在生物制药车间主要采用物理机械法进行破碎,所采用的设备有高压均质机和珠磨机。

2. 高压均质机通过高压撞击、剪切等作用力破碎细胞。

第三节 筛 分 设 备

在药物加工过程中常常将原料药和各种辅料混合后成型,固体粉末颗粒大小一致或相近时,才能使原料药和辅料混合均匀,因而需要对粉碎后的物料进行筛分。

一、筛分基本知识

(一)筛分的含义与目的

1. 筛分的含义　筛分是指粉碎后的物料通过一种网孔工具以使粗粉与细粉分离的操作,这种网孔工具称为筛。

2. 筛分的目的　筛分的目的主要是将粉碎后的物料按细度大小加以分等,以适应医疗和制剂制备上的需要;有利于不符合要求的粗粉再粉碎,粉碎合格的细粉及时与粗粉分离,能节省粉碎的机械能,提高粉碎效率;此外,过筛的同时还可使种类不同、粗细不均匀的药粉混合均匀。但由于过筛中较细的粉末先通过筛,较粗的粉末后通过筛,所以过筛后的粉末应适当加以搅拌,以保证物料的均匀度。

（二）标准药筛

1. **标准药筛**　是指选用国家标准的 R40/3 系列,符合《中国药典》规定的药筛。在实际生产中,也常使用工业用筛。筛的分等有两种方法,一种是以筛孔的大小来表示,另一种是以单位长度(英寸)内所含筛孔的数目来表示,即用"目"表示。目前制剂生产中常用的筛有《中国药典》规定的药筛和工业用筛两种。药筛共规定了九种筛号,一号筛的筛孔内径最大,依次减少,九号筛的筛孔最小。具体规定见表 5-2。

表 5-2　2010 年版《中国药典》药筛与工业用筛目对照表

筛号	筛孔内径(μm)(平均值)	工业用筛目数(孔/英寸)
一号筛	2000 ± 70	10
二号筛	850 ± 29	24
三号筛	355 ± 13	50
四号筛	250 ± 9.9	65
五号筛	180 ± 7.6	80
六号筛	150 ± 6.6	100
七号筛	125 ± 5.8	120
八号筛	90 ± 4.6	150
九号筛	75 ± 4.1	200

2. **药粉的分等**　药粉的分等是按通过相应规格的药筛而定的。根据实际要求,2010 年版《中国药典》规定了六种粉末规格,如表 5-3。

表 5-3　粉末的分等标准

等级	分等标准
最粗粉	指能全部通过一号筛,但混有能通过三号筛不超过 20% 的粉末
粗粉	指能全部通过二号筛,但混有能通过四号筛不超过 40% 的粉末
中粉	指能全部通过四号筛,但混有能通过五号筛不超过 60% 的粉末
细粉	指能全部通过五号筛,并含能通过六号筛不少于 95% 的粉末
最细粉	指能全部通过六号筛,并含能通过七号筛不少于 95% 的粉末
极细粉	指能全部通过八号筛,并含能通过九号筛不少于 95% 的粉末

二、筛分设备

（一）摇动筛

摇动筛由摇动装置和药筛两部分组成。摇动装置是由摇杆、连杆和偏心轮构成;药筛则是由不锈钢丝、铜丝、尼龙丝等编织的筛网固定在圆形或长方形的金属圈或竹圈上。按照筛号大小依次叠成套(亦称套筛)。其原理是利用偏心轮及连杆使药筛发生往复运动进行筛选药物粉末。摇动筛常用于粒度分布的测定,多用于小量生产,也适于筛分毒性、刺激性或质轻的药粉,避免细粉飞扬。

（二）旋转筛

旋转筛由筛箱、圆形筛筒、主轴、刷板、打板等组成。圆形筛筒固定于筛箱内,筛筒是金属架,表面绕有筛网,筛筒内装有固定在主轴上的刷板和打板,主轴转速400r/min。打板距筛网25~50mm,并与主轴呈一定的角度,打板的作用是分散和推进物料。刷板的作用是清理筛网和促进筛分。操作时将需要过筛的药粉由推进器进入滚动的筛筒内,借筛筒的转动、打板、刷板的作用,使药粉通过筛网,粗粉和细粉分别收集,筛网目数为20~200目。旋转筛操作方便,适应性广,筛网更换容易,对中药材细粉筛分效果更好。

（三）振动筛

振动筛系利用机械或电磁作用使筛或筛网产生振动,将物料进行分离的设备,可分为机械振动筛和电磁振动筛。

1. 机械振动筛

（1）振动筛粉机:振动筛粉机的结构为一长方形筛子,安装于金属箱内,又称筛箱。振动筛粉机是利用偏心轮对连杆所产生的往复振动而筛选粉末的装置。振动筛往复振动的幅度较大,故宜过筛无黏性的植物或化学药物、毒药、刺激性的药物等。

（2）圆形振动筛粉机:圆形振动筛粉机如图5-9,为旋涡振荡筛。其原理是利用在旋转轴上配置不平衡重锤或配置有棱角形状的凸轮使筛产生振动。电动机的上轴及下轴各装有不平衡重锤,上轴穿过筛网并与其相连,筛框以弹簧支承于底座上,上部重锤使筛网发生水平圆周运动,下部重锤使筛网发生垂直方向运动,故筛网的振动方向具有三维性质。操作时开动电机,启动圆形振动筛粉机,将物料加在筛网中心部位,筛子产生振动,筛网上的粗料由上部排出口排出,筛分出的细料由下部出口排出。筛网直径一般在0.4~1.5m,每台由1~3层筛网组成。生产能力为100~200kg/h,旋转角度为0~90°,振幅为1~5mm,筛出粉粒为3~250目。

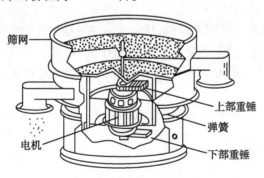

图5-9　圆形振动筛粉机示意图

圆形振动筛粉机的特点是分离效率高、单位筛面处理能力大、维修费用低、占地面积小、重量轻,故被广泛应用。

（3）悬挂式偏重筛粉机:系利用偏重轮转动时不平衡惯性而产生振动。当较多的粗粉不能通过时,需停止工作,将粗粉取出,再开动机器添加药粉,因此是间歇性的操作。此种筛粉机结构简单,造价低,占地小,效率高。适用于矿物药、化学药品和无显著黏性的物料过筛。

2. 电磁振动筛

（1）电磁簸动筛粉机：电磁簸动筛粉机是利用较高的频率（200次/秒以上）与较小的幅度（振动幅度3mm以内）造成簸动。由于振动幅度小，频率高，药粉在筛网上跳动，故能使粉粒散离，易于通过筛网，加强其过筛效率。簸动筛具有较强的振荡性能，过筛效率较振动筛高，能适应黏性较强如含油或树脂的药粉。

（2）电磁振动筛粉机：电磁振动筛粉机结构是筛的边框上支承着电磁振动装置，磁芯下端与筛网相连，该机的原理与簸动筛基本相同。操作时，由于磁芯的运动，故使筛网垂直方向运动。一般振动频率为3000~3600次/分，振幅为0.5~1mm。由于筛网系垂直方向运动，故筛网不易堵塞。

 课 堂 活 动

　　用标准药筛对玉米淀粉进行筛分，收集各筛板上的玉米淀粉样品，并用标签标明筛号，辨别比较不同筛号玉米淀粉的颗粒大小，排列出大小顺序。

三、筛分设备的验证和养护

（一）筛分设备的验证

过筛设备验证也需要按预确认、安装确认、运行确认、性能确认四个阶段进行。检查设备安装质量是否符合正常运行的基本条件，设备运行是否符合设定的标准。对筛分效果进行验证时，需分别对通过筛网的细粉和未通过筛网的粗粉进行粒径分布检验，验证过筛设备的筛分效果，检查粗粉和细粉的粒度能否满足生产和临床的需要。

（二）筛分设备的养护

1. 设备给料装置与筛面之间的距离不得大于0.5m，以防止由于药物落差过大冲坏筛面，设备要求均匀连续给料。

2. 设备应在无负荷的情况下启动，待筛子运转平稳后开始给料。

3. 停机时应先停止给料，待筛面上物料排出后再停机。

4. 设备应有专职人员保养、维修，经常检查筛子的完整情况、连接件的紧固情况和轴承的工作条件。

5. 定期向轴承加注润滑油，每月至少加注一次。

点 滴 积 累

1. 标准药筛孔径大小按照《中国药典》规定制造而成，采用标准药筛对药物粉末颗粒进行筛分等级。

2. 常用的筛分设备有摇动筛、旋转筛、振动筛，其中圆形振动筛使用最普遍。

第四节　混 合 设 备

药物制剂过程中，常常要将多种固体物料混合在一起进行制剂加工，常用的混合设

备有槽式混合机、二维旋转混合机、三维旋转混合机。

一、概述

（一）混合的含义与目的

1. 混合的含义　混合系指把两种或两种以上组分（固体粒子）均匀混合的操作。混合是制备复方散剂或其他粉末状制品的重要工艺过程，也是制备其他固体制剂如片剂、丸剂等的基本操作。

2. 混合的目的　其目的是使药物各组分在制剂中均匀一致，以保证药物剂量准确，临床用药安全。混合过程是以细微粉体为主要对象，混匀时需要外加机械作用才能进行，但固体粒子形状、粒径、密度等各不相同，各成分间在混合的同时伴随着分离现象，这给混合操作带来一定难度。在片剂、颗粒剂、散剂、胶囊剂、丸剂等制剂的工艺中，固体粉粒之间的混合是重要而又是基本工序之一，意义非常重大。

（二）混合的基本原理

固体粒子在混合器内混合时，会发生对流、剪切、扩散等三种不同运动形式，形成三种不同机制的混合。

1. 对流混合　系指固体粉粒在容器中翻转，或用桨、片相对旋转螺旋，将相当大量的药物从一处转移到另一处，即发生了较大的位置移动。

2. 剪切混合　系指在不同组成的界面间发生剪切，如剪切力平行于其界面时，可使不相似层进一步稀释而降低其分离的程度。发生在其交界面垂直方向上的剪切力，也可降低分离程度而达到混合的目的。

3. 扩散混合　系指由于微粒之间的粒子形状、充填状态或流动速度不同，导致粉粒的紊乱运动改变其彼此间的相对位置而发生混合现象。

在不同类型混合器内，三种混合机制在实际上是同时发生的，但所表现的上述三种混合的程度不同。回转圆筒混合器是以对流混合为主，而带有搅拌器的混合机械以强制对流混合和剪切混合为主。

（三）混合方法

1. 搅拌混合　系将各药粉置适当大小容器中搅匀，多作初步混合之用。大量生产中常用混合机混合，如槽形混合机、双螺旋锥形混合机等。

2. 混合筒混合　混合筒有 V 形、立方形、圆柱形、纺锤形等，各筒穿过中心固定在水平轴上，有传动装置使其绕轴旋转，粉末在筒内靠重力翻动。转速取决于筒的形状或粉末的性质。混合筒适用于密度相近的组分混合，混合效率高，耗能较低。

3. 过筛混合　系将各药粉先初步混合在一起，再通过适宜的药筛一次或几次过筛，使之混匀。由于较细较重的粉末先通过筛网，故在过筛后仍需加以适当的搅拌混合。

4. 研磨混合　系将各药粉置乳钵中共同研磨的混合操作。此法适用于小量尤其是结晶性药物的混合，不适用于引湿性或爆炸性成分的混合。

二、混合设备

（一）槽形混合机

槽形混合机如图 5-10，由混合槽、搅拌桨、蜗轮减速器、电机及机座等部分构成。混合槽内轴上装有与旋转方向呈一定角度的搅拌桨，搅拌桨叶具有一定的曲线形状，可将物料由外向中心集中,又将中心的物料推向两端,以达到均匀混合槽内物料的作用。槽可以绕水平轴转动,以便在需要时自槽内卸出物料。

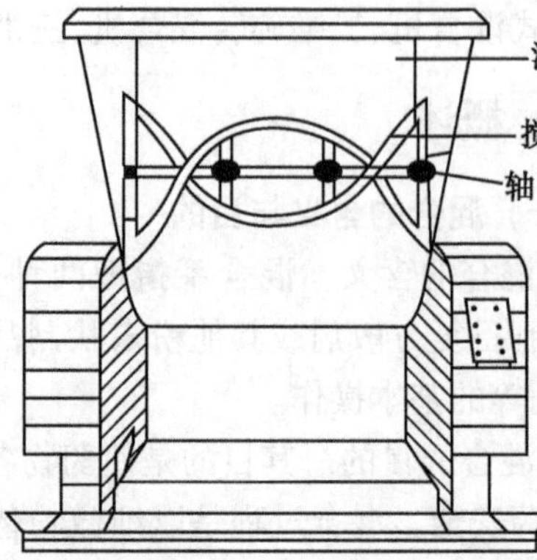

槽形混合机搅拌效率较低,混合时间较长;搅拌轴两端的密封件容易漏粉,影响产品质量和成品率。但操作简便,易于维修,对一般产品均匀度要求不高的药物仍得到广泛应用。槽形混合机除用以混合粉料外,亦用于片剂的颗粒、丸块、软膏等的捏合或混合。

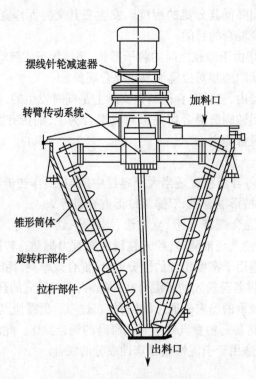

图 5-10 槽形混合机

(二) 双螺旋锥形混合机

双螺旋锥形混合机主要由锥体、螺旋杆、转臂、传动部分等组成,如图 5-11。操作时由锥体上部加料口进料,装到螺旋叶片顶部,启动电源,由电机带动双级摆线针轮减速器,经套轴输出公转和自转两种速度。其混合原理是由于双螺旋的快速自转将物料自下而上提升,形成两股对称的沿臂上升的螺旋柱物料流,转臂带动螺旋杆公转,使螺柱体外的物料相应地混入螺柱形物料体内,以使锥体内的物料不断地混掺错位,由锥形体中心汇合向下流动,使物料能在短时间内达到混合均匀。

图 5-11 双螺旋锥形混合机

双螺旋锥形混合机可适用于干燥的、润湿的、黏性的固体药物粉末混合。传动效率高,动力消耗小;可密闭操作,改善环境;从底部卸料,减轻了劳动强度;进料口固定,便于安排工艺流程。

（三）V 形混合机

V 形混合机主要是由两个圆筒成 V 形交叉结合而成，如图 5-12 所示。交叉角为 80°～81°，直径与长度之比为 0.8～0.9。物料在圆筒内旋转时，被分成两部分，再使这两部分物料重新汇合在一起，这样反复循环，在较短时间内即能混合均匀。本混合机以对流混合为主，混合速度快，在旋转混合机中效果最好，应用非常广泛。操作中最适宜转速可取临界转速的 30%～40%；最适宜充填量为 30%。

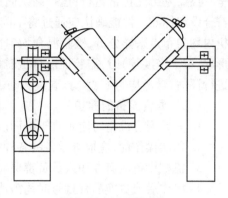

图 5-12 V 形混合机

（四）三维运动混合机

图 5-13 是三维运动混合机示意图。

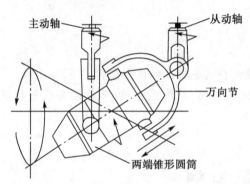

图 5-13 三维运动混合机

三维运动混合机是由机座、调速电机、轴、回转连杆及混合筒体等部分组成，装料的筒体在主动轴的带动下作周而复始的平移、转动、翻滚等复合运动，促使物料沿着筒体作环向、径向和轴向的三向复合运动，从而实现多种物料的相互流动、扩散、积聚、掺杂，以达到均匀混合的目的。因混合筒多方向运动，物料无离心力作用，无比重偏析及分层、积聚现象，各组分可有悬殊的比重，混合率达 99% 以上，是目前各种混合机中较理想的产品。筒体装料率大，最高可达 90%（普通混合机仅为 40%），效率高，混合时间短。主要用于粉体、颗粒状物料的高均匀度混合。

> **📖 课 堂 活 动**
>
> 将玉米粉与红曲米粉按 1:1 比例加入到 V 形混合机和三维混合机中，开启电源混合 5 分钟后倾出，观察混合情况，比较均匀度。

三、混合设备的验证和养护

（一）混合设备的验证

混合设备的验证也需要按预确认、安装确认、运行确认和性能确认四个阶段进行。

安装确认要检查设备的规格、型号是否符合设计要求,主机、辅机的布置是否合理、安全、可靠,是否能正常运行;运行确认通过单机试车及系统试车是否达到预期要求,是否符合设定标准。性能确认应通过将不同物料进行一定时间(如10分钟)混合后,在混合机内均匀布点采样分析,检验混合均匀性。当混合性质差别较大的物料(如粒径、粒子形状、粒子密度等)时,需验证混合机转速、加料量、加料方式、混合时间,应对下列项目进行评估:含量均匀度、水分、粒度分布、松密度、颜色均匀度(指不同颜色组分的产品)。

(二)混合设备的养护

1. 安装混合设备时应垂直于地面。

2. 每次操作前,应检查设备的各种关键部件是否灵敏可靠。

3. 机械设备应有专职人员负责保养、维修,经常检查机器运转情况。

4. 操作后或更换品种批号时均需清洗,清洗时切勿用移动水管在设备内外冲洗,需按说明书上的方法进行有效的清洗。

5. 混合毒性、刺激性药物时,应防止污染环境,加强劳动保护。

6. 每年必须进行一次大检修。

点 滴 积 累

1. 混合速度快、混合均匀度高是衡量混合设备性能的两个指标。

2. 生产上常采用槽形混合机、双螺旋混合机、二维混合机、三维混合机进行混合。三维混合机是混合效率最高的设备。

目 标 检 测

一、选择题

(一)单项选择题

1. 无细胞壁结构的生物体是(　　)
   A. 大肠杆菌　　　　　B. 链霉菌　　　　　C. 酵母菌　　　　　D. 脑下垂体

2. 工业上大规模破碎细胞所采用的设备是(　　)
   A. 胶体磨　　　　　　　　　　B. 超声波细胞破碎器
   C. 高压均质机　　　　　　　　D. 球磨机

3. 国产高压均质机的压力上限一般是(　　)
   A. 40MPa　　　　B. 100MPa　　　　C. 150MPa　　　　D. 200MPa

4. 单级高压均质机与二级高压均质机的细胞破碎率(　　)
   A. 相等　　　　　　　　　　　B. 单级大于二级
   C. 单级小于二级　　　　　　　D. 随物料的改变而改变

5. 药筛筛孔目数习惯上是指(　　)
   A. 每厘米长度上筛孔目数　　　B. 每平方英寸面积上筛孔目数
   C. 每英寸长度上筛孔目数　　　D. 每平方厘米面积上筛孔目数

6. 关于粉碎的叙述正确的是(　　)

A. 使用万能粉碎机,先开动机械空转,待高速转动时,再加物料

B. 锤击式粉碎机可以粉碎各种性质的物料

C. 球磨机转速为临界转速的95%粉碎效果最好

D. 流能磨可粉碎毒药、贵重药

7. 下列所用药筛工业用筛目数错误的是(　　　)

A. 一号筛 10 目

B. 二号筛 24 目

C. 五号筛 70 目

D. 七号筛 120 目

8. 关于药物粉末分等叙述错误的是(　　　)

A. 最粗粉可全部通过一号筛

B. 粗粉全部通过三号筛

C. 中粗粉可全部通过四号筛

D. 细粉全部通过五号筛

9. 下列关于药物粉碎的叙述中错误的是(　　　)

A. 粉碎是主要利用外加机械力,部分地破坏物质分子间的内聚力来达到粉碎的目的

B. 药物粉碎前必须适当干燥

C. 中药材用较高的温度急速加热并冷却后有利于粉碎的进行

D. 在粉碎过程中,应当把已达到要求细度的粉末随时取出

10. 能全部透过六号筛,并含能通过七号筛不少于95%的粉末是(　　　)

A. 极细粉　　　　B. 最细粉　　　　C. 细粉　　　　D. 中粉

11. 下列哪项是筛分的目的(　　　)

A. 将粉碎后的药料按细度大小加以分等

B. 增加药物的表面积

C. 便于适应多种给药途径的应用

D. 有利于制备其他剂型

12. 下列哪项不是筛分设备的养护内容(　　　)

A. 机器安装前检查在运输和储藏过程中是否有损坏

B. 筛子应在无负荷的情况下启动,待筛子运转平稳后开始给料

C. 停机时应先停止给料,待筛面上物料排出后再停机

D. 粉碎刺激性和毒性药物时,必须特别注意劳动保护和安全操作

13. 下列哪项是混合的目的(　　　)

A. 使药物各组分在制剂中均匀一致

B. 将粉碎后的药料按细度大小加以分等

C. 增加药物的表面积

D. 有利于制备其他剂型

14. 下列哪项不是混合方法(　　　)

A. 搅拌混合　　　B. 混合筒混合　　　C. 过筛混合　　　D. 扩散混合

(二)多项选择题

1. 粉碎的目的主要有(　　　)

A. 加速药材有效成分的浸出

B. 为制备药物剂型奠定基础

C. 适应药物多种给药途径的应用

D. 有利于药物溶解与吸收

E. 提高稳定性

2. 过筛的目的应包括(　　　　　　)
　　A. 将粉碎后的药物按粒子大小加以分等
　　B. 提高药物的生物利用度
　　C. 未达到要求的粒子可再粉碎
　　D. 使不同组分的药物混合均匀
　　E. 增强药物稳定性

3. 药物粉末混合均匀的影响因素有(　　　　　　)
　　A. 各组分的比例量　　　　　　　　B. 各组分的相对密度
　　C. 各组分的颗粒大小　　　　　　　D. 各组分的粉末细度
　　E. 混合机械的种类、形状等

4. 过筛应遵循的基本原则为(　　　　　)
　　A. 粉末应干燥　　　　　　　　　　B. 物料层厚度适当
　　C. 不断振动　　　　　　　　　　　D. 物料在筛网上运动速度要快
　　E. 防止粉尘飞扬,注意劳动保护

5. 有关药物粉碎方法适用范围叙述正确的是(　　　　　　)
　　A. 单独粉碎适用于氧化性药物　　　B. 混合粉碎适用于所有药物
　　C. 水飞法适用于矿物药物　　　　　D. 流能粉碎适用于对热敏感药物
　　E. 干法粉碎适用于毒药、刺激性强的药物

二、简答题

1. 简述粉碎的目的。
2. 筛分设备如何进行养护?
3. 简述混合的基本原理。

(费建军)

第六章　生物反应器

进行生物化学反应的场所称为生物反应器。生物组织、微生物和细胞等活性个体是生物反应器，人工制造的发酵罐、动植物细胞培养器、酶反应器等也是生物反应器，它们属于机械类反应器。本课程只介绍机械类反应器和相关的辅助设备。

第一节　生物反应基本知识

生物制药过程起始于生物反应，通过生物反应产生目标产物。不同的生物反应有不同的反应规律，为获得更多的目标产物，需要掌控好反应条件。

一、生物反应过程

（一）概述

生物反应在狭义上是指活细胞中的各种生物化学反应。随着细胞中生物反应的不断进行，生物体将完成新生、成长、衰老、死亡的生命过程，所以，广义的生物反应是指生物体的新陈代谢过程。

在新陈代谢各阶段，细胞一方面吸收环境营养成分，经生物化学反应同化物质和能量；另一方面不断分解异化自身物质，并将分解产物释放到环境中。细胞分解产物组成复杂，结构特殊，部分物质能用于人类疾病的诊断、预防和治疗，称为生物药物。另外，细胞在生命活动过程中对环境物质进行了转化，部分转化产物也是生物药物；还有用酶工程技术转化后的部分产物也是生物药物。所以生物反应过程也是产生生物药物的过程。建立高效的生物反应就能提供含量丰富的生物药物原材料。

研究发现，生物反应过程受到各种因素的影响，这些因素包括环境温度、酸碱度、营养物质浓度、氧气浓度、二氧化碳浓度、机械尺寸、流体湍流程度、细胞的生长浓度、产物的生成速度等。在最适的环境中可建立高效的生物反应过程。目前，在生物制药过程中，人们广泛地采用分批培养和连续培养两种生物反应模式。

（二）分批培养中的细胞生长模式

将培养基一次性投入反应器中，接入细胞并维持细胞生长的过程叫分批培养。

在分批培养过程开始之前，需要对反应器内的温度、pH、溶解氧等参数进行调节，使细胞生长过程处于最佳的环境中。随着时间的延长，营养物逐渐被消耗，新的细胞不断增加，产物的数量在逐渐累积，细胞生长过程处于动态变化的环境中。根据细胞生长速度，分批培养中细胞的生长过程可分为六个阶段，如图6-1所示。

1. 停滞期　接种后，细胞需要一定时间适应新环境，没有细胞生长和产物生成。这个阶段的长短取决于细胞个体的遗传性、种龄、接种量和环境等，一般为几个小时。

2. 加速生长期 部分细胞已经适应新环境,开始生长和繁殖。由于细胞个体间存在着差异,这种适应性有快慢之分,表现为细胞量逐步增加。当全部细胞都开始生长时,细胞数量的增长速度达到最大,并进入下一个生长阶段。

3. 指数生长期 又称对数生长期。这个阶段细胞的生命活动最旺盛,细胞以恒定的速率进行代谢,细胞数量每隔

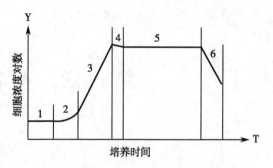

图 6-1 细胞生长方式

一个固定时间就增长 1 倍,表现为细胞数量的对数值与时间成正比关系。

4. 减速生长期 由于环境的封闭性,细胞达到一定生长量之后,营养物质越来越少,培养液中产物的积累越来越多,细胞的继续生长受到限制,细胞浓度的增加逐渐减慢。

5. 平衡生长期 细胞的生长速率逐渐减慢,而死亡速率逐渐增加,两者达到平衡。此时的细胞浓度达到最大并保持恒定。

6. 负生长期 随着营养物质的逐步减少和产物的不断积累,细胞死亡速率逐步超过生长速率,细胞浓度呈现下降趋势,培养过程结束。

在不同生长阶段,细胞对环境条件的要求不同,因此,在设计制造生物反应器时必须考虑各项参数的自动调节功能,才能满足不同时期细胞生长的需要。

(三)生物反应过程的氧气供给

在生物反应过程中广泛存在着传质过程。各种营养成分必须通过传质才能到达细胞表面并为细胞所吸收,同样,细胞产生的代谢产物也必须通过传质才能进入培养液。氧气是好氧细胞生长必需的营养成分,需要通入空气供给。另外,二氧化碳是乙醇发酵代谢产物,需要以气体的形式排出。

生物制药的生物反应过程大都是耗氧过程,所以本节重点讨论生物反应器中氧气的传质问题。

在常压下,氧气是一种难溶气体,在水中的溶解度小于 5%。空气中氧气的体积百分含量约为 21%,向培养液中通入足够数量的洁净空气,可满足细胞代谢对氧气的需要。

1. 氧气的传递过程 空气被通入反应液后即分散成大量气泡,氧分子从气泡内穿过气液界面进入反应液内成为溶解氧,这个过程称为氧的气液传递过程。随后,液体中的氧气穿过液固界面进入细胞内供代谢需要,该过程称为氧的液固传递过程。氧气的传递过程如图 6-2 所示。

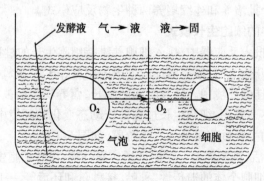

图 6-2 发酵液中氧气的传递过程

由于氧在液相中的溶解度很小,氧气从气相进入到液相的阻力大于从液相到固相的传递阻力,所以,加快氧气的溶解速度就能提高氧气总传递速度。

2. 提高氧气传递速度的途径 影响氧气溶解度的因素有液体的理化性质、溶解度、氧气的流量和压力、界面阻力等,其中气液界面上的传质阻力是主要因素。

根据双膜理论,气液界面上的传质阻力主要集中在气膜和液膜的滞流底层,滞流底层越厚,传质阻力越大;液体的黏度越大,滞流底层越厚,传质阻力也越大。因此,破坏滞流底层、降低液体黏度是提高氧气传递速度的有效途径。具体措施有:

(1)增强搅拌:机械搅拌可以增加反应液的湍流程度,促使分散的气泡变得更小、分布更均匀,减少液膜厚度、降低传质阻力;增强搅拌还可增加气液接触面积,延长气泡在反应液中的停留时间。反应器的内部结构也会影响反应液的返混,如在罐内壁上设置挡板,可以改善反应液体的流型,增加湍流,减少传质阻力。

机械搅拌产生的剪切力会伤害细胞,可通过改变叶片减小剪切力。

(2)通气速率:通气量越大,反应液中的气泡就越多,溶解氧的浓度就越高。通气能起到一定的搅拌效果。但如果通气量过大,则容易产生大量的泡沫,造成溢罐,同时也会产生大量的空转气泡,产生气泡"过载"现象。

(3)反应液体积:在同样的搅拌强度下,反应液体积增大,会降低搅拌的效果。减少反应液体积,能提高溶解氧的浓度,但也不能太少,至少应浸没搅拌器。

(4)反应液的性质:反应液的黏度影响液膜的表面张力,进而影响液体中气泡合并的难易度。液体中气泡液膜的表面张力加剧气泡的合并倾向。随着生物反应的进行,反应液中细胞分泌物增加,黏度变大,小气泡合并成大气泡,出现起沫现象。加入消泡剂,可以降低液膜的表面张力,阻止气泡的合并。但另一方面,消泡剂也改变了液膜的组成,增加了液膜的传质阻力,降低了气液界面的流动性,在一定程度上反而降低了氧气溶解速度。

 知 识 链 接

青霉素的发现

1928 年英国细菌学家弗莱明首先发现了青霉素,1941 年前后英国牛津大学病理学家霍华德·弗洛里与生物化学家钱恩分离与纯化出青霉素,并发现其对传染病的疗效,弗莱明、弗洛里、钱恩三人共同获得 1945 年诺贝尔奖。目前所用的抗生素大多数是从微生物培养液中提取的。

二、生物反应模式

(一) 生物反应器

生物反应器是现代术语,但它的利用却有着悠久的历史。在早期的奶酪生产中,用牛胃盛装牛奶,牛胃中的活性物质把牛奶转化为奶酪,牛胃便是生物反应器。人工制造的发酵罐、动植物细胞培养器等也是生物反应器,这些属于机械类反应器。我们把进行生物化学反应的空间统称为生物反应器。

按照不同的角度,可将生物反应器分成多种类型。若按反应器内有机体种类划分,则生物反应器可分为微生物反应器、植物细胞反应器、动物细胞反应器、酶反应器等;若按结构特征划分,则可分为罐式反应器、管式反应器、塔式反应器、膜式反应器等;若按是否通氧划分,则可分为通风发酵设备、嫌气发酵设备。

图 6-3 表示了生物制药工艺过程。在从原材料到产品的工艺流程中,生物反应器是连接上游生物加工过程和下游生物加工过程的桥梁,是上游生物工程产品最终转化成末端产品的中心枢纽。所以,生物反应器是实现产品工业化生产的关键设备。

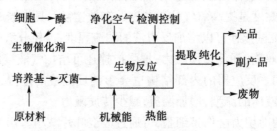

图 6-3　生物制药过程

(二)生物反应器的操作类型

从操作的角度,生物反应器可分为分批操作和连续操作两种类型。分批培养操作是生物反应中广泛使用的一种操作模式,根据反应过程中反应器内培养液的体积与时间变化关系,可分为图 6-4 所示的几种情况。

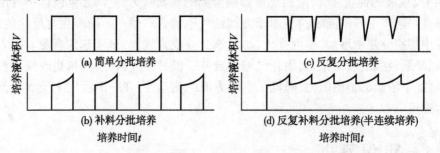

图 6-4　分批培养类型

1. 简单分批培养　培养液一次性全部加入,接种培养一段时间后,将培养液一次性全部放出。这种方式工艺简单,重现性好,曾经被广泛采用,目前已较少采用。

2. 补料分批培养　开始培养时,培养液没有一次性加足,在培养一定时间后,根据培养液营养成分的消耗情况将部分营养成分连续加入反应器内(称为补料),培养结束后一次性全部放出。补料的速度可以视发酵培养状况而定,通常采用自动控制的方式进行。这是目前生物培养的主流工艺。

3. 反复分批培养　指在简单分批培养即将结束时,放出大部分的培养液,余下少量作为种子液,补充新鲜培养液后再重新培养,如此反复直至培养不能再延续时,再将发酵液全部放出。这种方法可以节省种子制备、反应器清洗和灭菌的操作时间,提高反应器的工时利用率;但在反复培养过程中,容易发生种子污染和变异,导致生产能力下降,因而在大规模培养中较少使用。

4. 反复补料分批培养　这种方式又称为半连续培养,指在补料分批培养中进行一段时间、反应器内培养液体积达到最大无法再继续补料时,将培养液放出一部分,再继续补料,隔一段时间后再放出同样体积,如此反复操作,直到最后将培养液一次性全部放出。这种方式可以显著提高反应器的容积利用率,在补料分批培养的基础上进一步增加了生产效率。

> ## 点 滴 积 累
>
> 1. 规模化培养微生物可获得生物药物的高产量。
> 2. 培养基成分及浓度、环境温度、酸碱度、溶氧浓度是影响生物反应的主要因素。
> 3. 生物反应器是规模化培养微生物的场所,根据需要可选择相应的分批培养模式。

第二节 培养基预处理设备

培养基预处理过程由淀粉水解制糖、配制培养基、培养基灭菌等操作单元构成,各单元均具有对应的设备和操作规程,培养基预处理是生物制药生产过程的起始工段。

一、淀粉糖化设备

微生物不能直接将淀粉作为营养物质吸收利用,需要水解成还原糖后才可用作营养物质。淀粉水解成还原糖的过程称为淀粉的糖化。糖化过程中需要的设备主要是加热和保温设备。常用的加热保温设备有套管式连消塔、喷嘴式连消塔、喷射器、板式换热器、维持罐等。其中,板式换热器在第三章已作了介绍,这里不再赘述。

(一) 加热设备

1. 连消塔 图6-5(1)是典型的套管式连消塔,全塔高2~3m,由蒸汽导管和外套管组成。蒸汽导管上开设有很多小孔,小孔的分布呈下密上疏,蒸汽可从小孔中喷出。小孔的总截面积等于或小于导入管的截面积。操作时,料液从塔的下部由增压泵送入外套管内,流速约0.1m/s;蒸汽从塔顶进入蒸汽导管,经小孔喷出后与培养基直接混合加热,培养基的停留时间为20~30秒。

图6-5(2)是喷嘴式连消塔,其主要部件有喷嘴、蒸汽进口、料液进口、挡板和筒体。培养液从底部的料液进口进入喷嘴中并射向挡板;蒸汽从蒸汽进口通入,在喷嘴处与培养液快速混合后射到挡板上,被挡板均匀分散再次混合后进入筒体而流出。也可以将两个喷嘴式连消塔重叠起来使用,使培养液经两次加热灭菌后排出,增强灭菌效果。

2. 喷射器 喷射器的构造与水力喷射泵相同,如图6-6所示。

蒸汽和培养液在喷射器的吸入室中混合均匀,在喉管和扩大段进一步混合均匀后排出。

3. 维持罐 维持罐又称为层流塔,是长圆筒形耐压容器,高为直径的2~4倍,主要用于盛装刚经过灭菌的培养液,并能够维持一段时间的温度,以确保灭菌效果。其结构主要由筒体、夹套、进料管、出料管、排尽管和测温口组成,如图6-7所示。

维持罐设计安装有无菌呼吸口,以保证外界微生物不能进入维持罐内。维持罐的有效体积应能满足维持时间8~25分钟的需要,填充系数为85%~90%。

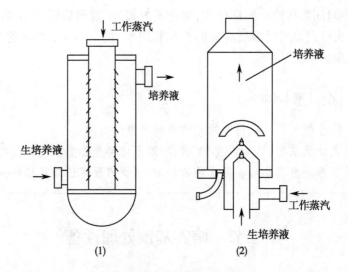

图 6-5　连消塔的结构

(1)套管式连消塔;(2)喷嘴式连消塔

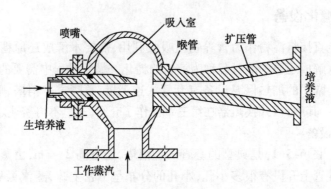

图 6-6　喷射器

图 6-7　维持罐

（二）糊化锅和糖化锅

淀粉水解成还原糖的过程可分为糊化和糖化两个阶段。在糊化阶段,淀粉水解成糊精;在糖化阶段,糊精被水解成单糖或二糖。淀粉糖化采用的设备有糊化锅和糖化锅。

1. 糊化锅　糊化锅用来加热煮沸淀粉原料使其液化和糊化的设备,有多种型式的糊化锅可供选择。组成糊化锅的关键部件有锅盖、锅体、夹套和搅拌器等,如图6-8所示。

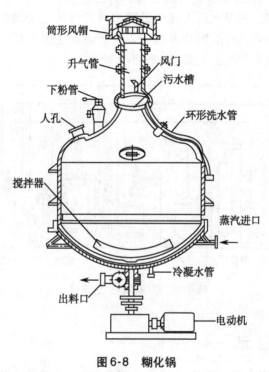

图6-8　糊化锅

在锅盖上设计有下粉管、升气管、污水槽、人孔、观察窗;在升气管上设计有风门、风帽、环形槽;在锅体上设计有夹套,蒸汽进口和冷凝水出口都设计在夹套的下部;由电动机带动的搅拌器安装在锅底部。为了清洗锅体内壁,还设计安装了环形洗水管。整个设备通过支撑座安装在钢筋混凝土支架上。

工作时,淀粉类原料从下粉管放入锅内溶液中,蒸汽进入夹套释放热量成冷凝水排出,锅内产生的水蒸气沿升气管上升,部分蒸汽形成冷凝水沿升气管内壁流入环形槽后由排水管排出。为防止锅内局部过热,开启电动机对溶液进行搅拌,促使溶液体系受热均匀。

由于糊化锅生产能力大,在制药工业中,糊化锅主要用于抗生素和氨基酸类药物的发酵法生产过程,在基因药物的生产中使用较少。

2. 糖化锅　糖化锅是糊精水解成单糖或二糖的反应容器,其结构与糊化锅基本相同,但体积更大,约为糊化锅体积的两倍。

将糊化后的浆状料液输送到糖化锅中,加水稀释混合,并加入糖化酶,将温度保持在一定的范围内,经一段时间后料浆即可糖化完毕。

在糖化过程中,糊精水解成单糖或二糖,也有少量的蛋白质进行了水解。

（三）双酶制糖工艺

淀粉的糖化方法有酸解法、酶酸解法和酶解法。其中酸解法产生的副产物多,不利于后续阶段的分离纯化,在实际应用中受到限制。酶解法利用酶的专一催化特性来达到水解淀粉的作用。这里有两种关键酶:α-淀粉酶和糖化酶,前者又称为淀粉液化酶,只作用于淀粉 α-1,4 葡萄糖苷键,将长链的淀粉水解成短链糊精,即淀粉的液化,产物以短链的糊精为主,含有少量的葡萄糖;后者可作用于 α-1,4 或 α-1,6 葡萄糖苷键,可将糊精完全水解为葡萄糖或麦芽糖,即淀粉的糖化。

所谓双酶制糖工艺,就是利用上述两种酶水解淀粉的完全糖化工艺。其工艺流程包括四个操作单元:调浆、液化、糖化和过滤。生产设备主要有糊化锅、糖化喷射器、维持罐、冷却装置等。双酶制糖工艺流程如图6-9所示。

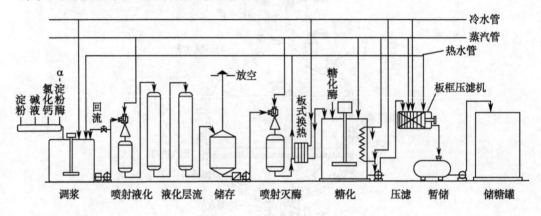

图6-9 双酶制糖工艺流程

📖 课 堂 活 动

取3g玉米淀粉放入200ml烧杯中,加入100ml蒸馏水搅拌混匀,加热到95℃直至糊化,降温至40℃左右。用清水漱口3次,再口含20ml蒸馏水5分钟,吐入玉米淀粉糊中搅拌混匀,在65℃保温至清水状态,用淀粉试纸检查清液,观察现象,说明原因。

二、培养基灭菌设备

由于杂菌影响最终产物的形成,故在生物反应前必须对培养基进行灭菌。灭菌方法可分为物理灭菌、化学灭菌和辐射灭菌,如蒸汽加热灭菌、紫外线灭菌、消毒剂灭菌及膜过滤灭菌等。加热灭菌又可分为干热灭菌和湿热灭菌。在湿热灭菌中,蒸汽灭菌是一种简便、价廉、有效的灭菌方法,在企业中应用广泛。本章将重点介绍常见的蒸汽灭菌设备。

（一）蒸汽灭菌

细胞培养液一般是水溶液,蒸汽能深入到液体内部,并迅速穿透细胞壁,使细胞整体升温,致使细胞内蛋白质凝固失去生物活性,从而终止了细胞的新陈代谢过程。

研究发现,在纯蒸汽及蒸汽压力为 $1.05kg/cm^2$ 的条件下,灭菌温度为 121.3℃,灭菌时间为 15~30 分钟,即可杀灭培养基中的所有细胞。

（二）高压蒸汽灭菌锅

由于带夹套的耐压容器很容易满足培养基对灭菌条件的要求,因而工程上常采用高压蒸汽灭菌锅进行灭菌。高压蒸汽灭菌锅可分为立式和卧式两种,可以用于培养基灭菌和其他物品灭菌。在培养基的灭菌中常用的是立式高压蒸汽灭菌锅。

1. 高压蒸汽灭菌锅的结构　高压蒸汽灭菌锅由内锅、外锅、门盖、压力表、温度计、排气阀、安全阀、电热管、蒸汽发生器等部件构成,如图6-10所示。

(1)　　　　　　　　　　　　　　　(2)

图6-10　高压蒸汽灭菌锅
(1)立式高压蒸汽灭菌锅;(2)卧式高压蒸汽灭菌锅

高压蒸汽灭菌锅的内锅是对培养基进行灭菌的场所,配有铁算架放置灭菌物品。外锅又称夹套,连接了用电加热的蒸汽发生器,用于盛装水和贮存蒸汽。外锅的外侧一般包有石棉或玻璃棉绝热层以防热损失。

门盖是高压蒸汽锅很重要的部件,要求能承受高压和有良好的密封性能。门盖锁紧装置一般是移位卡扣快开式结构,可用罗盘或手轮启闭。

高压蒸汽灭菌锅的外锅、内锅各安装一个排气阀,用于排出空气。新型的灭菌器多在排气阀外装有气液分离器,内有用膨胀盒控制的活塞。排气阀开关用空气、冷凝水与蒸汽之间的温差控制,在灭菌过程中,可不断地自动排出空气和冷凝水。

为避免灭菌锅内压力过高发生事故,在门盖上安装了安全阀。安全阀的活塞由可调弹簧控制,通常调节在额定压力之下工作。当锅内压力超过额定值时,安全阀即可自动放气减压,从而避免事故的发生。

高压蒸汽灭菌锅温度计有两种,其一是将水银温度计装在密闭的铜管内,焊插在内锅中构成直插式温度计;另一种是将温度传感器安装在内锅的排气管内,显示器安装在锅外顶部,构成感应式温度计。根据温度计的读数可调节锅内温度的高低。

另外,高压蒸汽灭菌锅的压力表属于弹簧式压力计,电加热器是可调电热管。

2. 高压蒸汽灭菌锅的操作与维护　高压蒸汽灭菌锅的型号不同,操作方式有所区

别,但基本的操作规程和手动蒸汽灭菌锅相同。手动蒸汽灭菌锅操作规程如下:

(1)使用前的准备:灭菌器内应清洗干净,检查进气阀及排气阀是否有效,并在水箱内加注适量水。

(2)装入灭菌物品:将待灭菌的物品放入灭菌器内,间隔合适,以免影响蒸汽的流通和灭菌效果。然后扣上门盖,旋紧密封。

(3)预热及排气:加热升温,排出冷空气,当排气阀有蒸汽排出时,关闭排气阀。

(4)升压保温:继续加热,待蒸汽压力升至额定值时,调节热源,或者微开排气阀,使锅内蒸汽压力恒定在额定值。维持规定时间后,停止加热。

(5)取出灭菌物品:缓慢排气,待其压力下降至零时,方可打开取物。

(三)培养基连续灭菌设备

在工业化生产中,培养基的灭菌常采用连续操作方式进行。连续操作方式的优点是:设备利用率高;培养基受热时间短,培养基中营养成分破坏少;蒸汽负荷均衡,灭菌效果容易控制;劳动强度低,便于自动控制。

根据加热器的类型,培养基灭菌可分为连消塔加热连续灭菌流程、喷射加热连续灭菌流程和薄板加热连续灭菌流程。

1. 连消塔加热连续灭菌流程　图 6-11 是培养基连消塔加热连续灭菌流程。待灭菌的培养基由泵送入连消塔的底部,料液在此被蒸汽加热到灭菌温度,再由顶部流出,进入维持罐,停留一定时间后,再送入喷淋冷却器,冷却至正常温度。

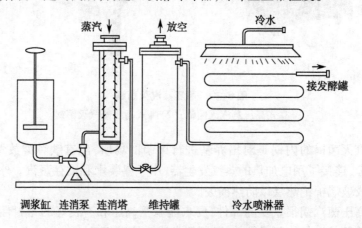

图 6-11　连消塔加热连续灭菌流程

在这个流程中,维持罐的体积较大,物料流动存在返混现象,从而使培养基受热不均匀而产生局部过热或灭菌不足的现象,影响了培养基灭菌的质量;同时,还因喷淋冷却管道长易堵塞,因而不适用于黏度大、固含量高的培养基灭菌。

2. 喷射加热连续灭菌流程　图 6-12 是喷射加热连续灭菌流程。当蒸汽从喷嘴中高速喷出时,与生培养液瞬间混匀并将其加热到灭菌温度。混合液进入维持段管道中继续保温灭菌,管道越长灭菌时间也越长,可根据培养基的性质和灭菌要求确定管道的长度。灭菌后的培养基经过膨胀阀进入真空冷却器瞬间冷却。

喷射加热连续灭菌流程是目前常用的培养基灭菌方法,其特点是加热、冷却过程极为短暂,所以将温度升高到140℃而不引起培养液的严重破坏。因维持设备是管道,如果设计合理,则返混程度很小,可保证物料的先进先出,避免了培养基在灭菌过程中局

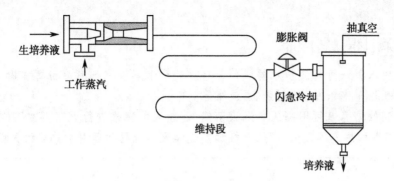

图 6-12　喷射加热连续灭菌流程

部过热或灭菌不充分的现象发生。

3. 薄板加热连续灭菌流程　图 6-13 是薄板加热连续灭菌流程,流程由 A、B、C 三个板式换热器与保温系统串联而成,物料流动路线如图所示。培养液在薄板换热器中可以同时完成预热、加热灭菌、维持及冷却过程。尽管加热和冷却灭菌的时间比喷射式连续灭菌稍长,但灭菌周期较间歇灭菌短得多,并且能节约加热蒸汽和冷却水的消耗。

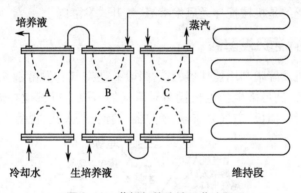

图 6-13　薄板加热连续灭菌流程

由于薄板换热器的特点是单位体积的热交换面积大,传热系数高,而且可根据需要很方便地改变换热面积的大小,拆卸清洗和设备维护都很方便,所以近年来得到广泛的应用。缺点是换热器内流体通道较狭窄,对稠厚的培养基的流动阻力较大。

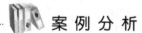　案 例 分 析

案例

某生化制品有限公司采用发酵法生产乳酸,建设了玉米淀粉制葡萄糖的糖化车间。初始采用薄板换热器加热生淀粉浆,经常发生污垢阻塞薄板事件。技改后采用喷射器加热,运行了 3 年没有污垢堵塞事件发生。

分析

玉米淀粉糊化后容易沉积在管道、器壁上形成污垢,薄板换热器孔道小,形成污垢后容易堵塞,只能停产清洗后才能使用。

喷射泵喉管口径大,且高压蒸汽的高速喷射具有冲刷的作用,即使在器壁上沉积了污垢也会被冲刷掉,从而避免了污垢堵塞事件的发生。

点 滴 积 累

　　1. 采用水解法可将淀粉水解成葡萄糖。淀粉水解催化剂有淀粉酶和糖化酶,使用的设备有糊化锅、糖化锅、喷射泵、层流塔等。

　　2. 配制的培养基可用高压蒸汽灭菌锅、连续灭菌流程进行灭菌。常用的连续灭菌流程有连消塔加热连续灭菌流程、薄板加热连续灭菌流程和喷射加热连续灭菌流程。

第三节　发　酵　罐

　　微生物反应器常常是罐式反应器,又称为发酵罐。发酵罐是微生物大量生长繁殖的空间,是一类重要的生物反应器。根据结构不同,可分为好氧式发酵罐和厌氧式发酵罐。在生物制药工业中所使用的主要是好氧式发酵罐,又叫通风发酵罐。通风发酵罐可分为机械搅拌通风发酵罐、气升式发酵罐、自吸式发酵罐、鼓泡塔式发酵罐等类型。目前应用比较广泛的是机械搅拌通风发酵罐、气升式发酵罐。

一、机械搅拌通风发酵罐

　　机械搅拌通风发酵罐利用搅拌器的搅拌作用,使空气和发酵液充分混合,促进氧在发酵液中快速溶解,满足微生物生长代谢对氧气的需要。机械搅拌通风发酵罐的主要部件有罐体、搅拌器、挡板、空气分布器、换热器、消泡器、人孔、视镜等,如图 6-14 所示。

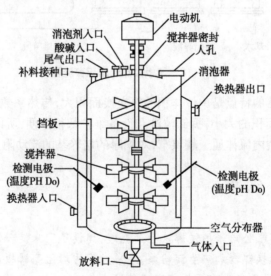

图 6-14　机械搅拌通风发酵罐

　　1. 罐体　罐体是空心圆柱体上下两底焊接封头后所构成的容器。发酵罐的罐体是长圆柱体,圆柱体高径之比在 1.7~3 的范围内,发酵罐的封头有椭圆形和碟形两种,小型发酵罐则采用法兰。发酵罐的罐体一般采用卫生级不锈钢,要求能耐受 130℃ 的高温和 0.25MPa 的绝对压力。搅拌器由电动机驱动,电动机可设置在罐体的上面或下面,经过减速箱与搅拌器相连。在罐顶的封头上设置有进料管、无菌呼吸口、接种管、人孔、视镜、压力表和取样管等。罐侧壁上设计有各种检测仪器接口以及换热器的进出口。无菌压缩空气从罐底部通入,经空气分布管进入发酵液。在罐内的上部通常还设有消泡装置。

2. 搅拌器 搅拌器安装在搅拌轴上,起着将空气分散成气泡并与发酵液充分混合,提高溶氧速率的作用。搅拌器的叶轮有多种形式,主要有涡轮式和螺旋桨式两种。

涡轮式搅拌器的结构比较简单,通常是在中央圆盘上设置六个叶片,根据叶片的形状又可分为平叶式和弯叶式,如图6-15(1)、(2)所示。前者是典型的搅拌器形式,有很好的气泡分散效果;不足的是容易在叶片后面形成气穴,影响气液传质。后者采用弯曲的叶片,减少了气穴的形成,提高了载气能力。

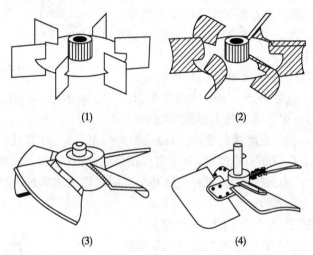

(1) (2)

(3) (4)

图6-15 常见搅拌器
(1)平叶式;(2)弯叶式;(3)MaxFlo式;(4)A315式

为减少气穴的发生,常在罐的内壁上设置挡板,促使径向的层流改变为轴向的对流,增加溶氧速率,强化传质效果。有些罐内设置的竖管换热器也有一定的挡板效果。

螺旋桨式搅拌器采用类似螺旋推进器的结构,在发酵罐内形成由下向上的轴向螺旋运动,与涡轮式搅拌器相比,混合效果较好,但气泡分散程度较差。图6-16是这两类搅拌器的搅拌效果示意图。

按照气液扩散原理,气液混合主要通过主体对流混合、涡流扩散混合与分子扩散三种方式实现。涡轮式搅拌器可产生较强的

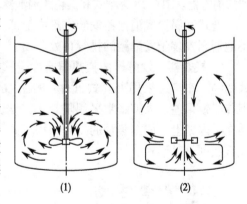

(1) (2)

图6-16 不同搅拌器的搅拌状态
(1)螺旋桨搅拌;(2)涡轮搅拌

涡流扩散效果,气泡分散性好,但主体对流混合较差,容易产生层流。螺旋桨式搅拌器可在轴向产生较好的主体对流混合,但涡流扩散效果较差,即气泡分散性较弱。在有些发酵罐中,常常将两类搅拌器组合使用,既强化气泡的分散,又增强了发酵液的整体混合效果。多级多种搅拌组合方式是目前大型发酵罐的发展方向。

3. 轴封 连接搅拌器的搅拌轴在电动机的驱动下转动,搅拌轴与罐体间的缝隙通

过轴封实现密闭。发酵罐上常采用端面机械轴封。端面机械轴封由动环和静环构成,动环和静环由耐磨材料制成。一般地,制作动环的材料是碳化钨钢,制作静环的材料是聚四氟乙烯,因而动环和静环具有耐热性能好、摩擦系数小等特性。端面机械轴封的辅助元件是动环密封圈和静环密封圈。动环通过动环密封圈固定在搅拌轴上,静环通过静环密封圈固定在机座上。动环和静环之间通过表面光滑的硬质合金端面接触,在弹簧作用下两个端面紧密贴合,即使在转动时也能达到密封效果,如图 6-17 所示。

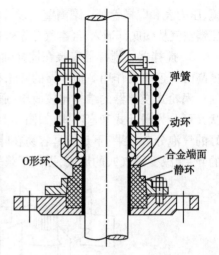

图 6-17 端面机械轴封装置

4. 空气分布器 通常有单管式和环管式两种结构,管上密布了直径为 2~3mm 的喷气孔,其作用是使空气均匀分布。前者是大型发酵罐中经常采用的形式,管口正对发酵罐的底部,与罐底距离约 40mm。环管式结构简单,由一根环形管道制成,其上也分布有喷气孔,常固定在罐体底部,其喷气孔应向下,以减少发酵液在分布管上滞留。为保护罐底,减轻气体冲击对罐底造成的腐蚀,常常在罐底中央衬上不锈钢圆板,称为补强板。

5. 消泡器 通气搅拌条件下的发酵经常会产生大量的泡沫,严重时会导致发酵液外溢,增加染菌机会。消除泡沫的方法有化学消泡法和机械消泡法。常用的机械消泡器有耙式消泡器、涡轮式消泡器和离心式消泡器。图 6-18 为耙式和涡轮式消泡器。

耙式和涡轮式消泡器安装在罐内上部,离心式消泡器则安装于发酵罐的排气口处。

6. 换热器 发酵罐的换热器有夹套式和竖管式两种。小型罐采用夹套式,以减少罐内的结构,但传热效果差。大型罐常采用竖管式,分组对称安装在罐内壁上。依据竖管的排列结构不同,又分为蛇管和列管等形式。

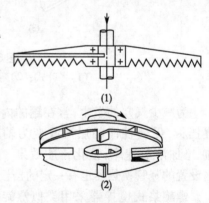

图 6-18 消泡器
(1)耙式消泡器;(2)涡轮式消泡器

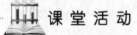 课 堂 活 动

认识小型发酵罐空气、蒸汽、上水、下水管路系统,并绘制管道平面布置图。

二、气升式发酵罐

气升式发酵罐是另一种广泛应用的生物反应器,由罐体、导流筒、循环管、空气喷嘴等部件组成。在气升式发酵罐中没有机械搅拌器及相关装置,采用高速气流和密度差带动发酵液流动、混合。常见的有环流式、鼓泡式、空气喷射式等气升式发酵罐。按发酵液流动方式,环流式发酵罐又可分为内循环和外循环两种。内循环方式中,又有中央导流筒式和双带导流式,如图6-19所示。

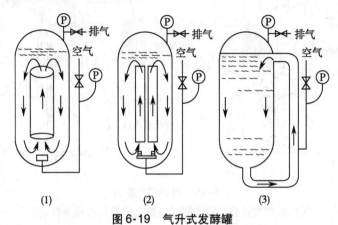

图6-19 气升式发酵罐
(1)中央导流筒内循环;(2)双带导流内循环;(3)外循环

工作时,压缩洁净空气通过喷嘴喷出,流速可达到$250\sim300m/s$,并以气泡的形式分散于液体中。含大量气泡的发酵液沿循环管上升。在上升过程中,气泡中的氧气溶解于发酵液内,过量的气泡在罐的顶部释放出来,发酵液气含率下降,形成富含溶氧和较少气泡的液体。由于发酵罐上部液体气泡少密度大,下部液体气泡多密度小,在密度差和重力作用下,上部液体沿循环管下降,下部液体上升,形成发酵液在发酵罐内的循环流动。空气喷嘴高速喷出的空气也推动发酵液沿循环管流动。发酵液的循环流动形成混合与传质,促进了氧气的溶解。

气升式发酵罐的优点是结构简单、能耗低、液体中的剪切作用小。在同样的能耗下,氧的传递能力比机械搅拌式发酵罐要高得多。气升式发酵罐不适用于黏度高或固含量大的发酵液。

三、自吸式发酵罐

这种发酵罐的特点是不需要压缩空气,利用特殊的机械搅拌吸气装置或液体喷射吸气装置,将无菌空气吸入罐中,同时实现发酵液的混合与溶氧传质。

图6-20(1)是典型的机械搅拌自吸式发酵罐。罐体组成与机械搅拌通风发酵罐相似,但机械搅拌系统设置于罐的底部。自吸式发酵罐搅拌器的关键部件是吸气转子,吸气转子由三棱空心叶轮与固定导轮组成,搅拌轴为中空,与进气管相连,在电动机的驱动下,轴上的空心叶轮快速旋转,液体被甩出,在叶轮中心形成负压,将罐外的无菌空气吸到罐内。随着叶轮的转动,吸入的气体在叶轮周围分散成细碎的气泡,形成了强烈的气液湍流,气泡中的氧气随之扩散到发酵液中,在搅拌的同时完成了氧气的溶解过程。

图6-20(2)是采用流体喷射吸气方式的文氏管自吸式发酵罐,既不用空压机,也不用机械搅拌吸气转子。其优点是气、液、固三相混合均匀,分散度高,溶氧速率高,传热性能好,结构简单,附属设施少,投资省,能耗低。

自吸式发酵罐的缺点是抽吸力不强,吸程不高,在空气过滤时,必须采用低阻力高效空气除菌装置,适用于对氧气需要量较低的醋酸和酵母的发酵生产。另外,机械搅拌自吸式发酵罐的叶轮转速较高,能在转子周围形成较强烈的剪切区,不适用于某些对剪切力敏感的微生物。

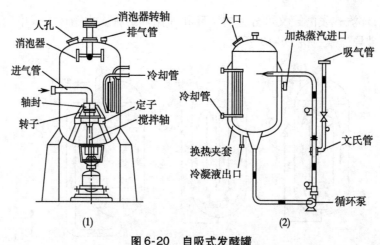

图6-20 自吸式发酵罐

（1）机械搅拌自吸式发酵罐；（2）文氏管自吸式发酵罐

四、鼓泡塔式发酵罐

鼓泡塔式发酵罐由塔体、筛板、空气分布器、降液管组成，如图6-21所示。

鼓泡塔式发酵罐的高径比约为7，罐内安装有若干块筛板，空气分布器安装在塔底部，在该种发酵罐中，降液管具有液封的作用。压缩空气由罐底导入，经空气分布器后，穿过筛板气孔，逐板上升。发酵液充满塔体。在空气泡上升的过程中，密度小的含气发酵液也随之上升，上升后的发酵液释放空气泡，密度增大，在密度差和重力作用下又沿降液管下降，从而形成循环。空气泡的上升和发酵液的循环流动，产生气液混合效果，促进了氧气的溶解。

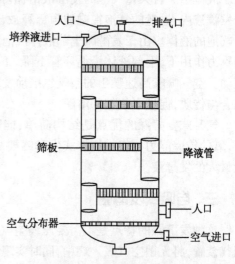

图6-21 鼓泡塔式发酵罐

鼓泡塔式发酵罐省去了机械搅拌装置，造价低，又不会产生液封导致的染菌问题，因而使用范围较广。如果培养液浓度适宜，操作得当，在不增加空气流量的情况下，基本上可达到通用发酵罐的发酵水平。

点 滴 积 累

1. 生物制药发酵罐有机械搅拌通气发酵罐、气升式发酵罐、自吸式发酵罐和鼓泡塔式发酵罐。

2. 机械搅拌通气发酵罐由封头、罐体、搅拌器、消泡器、空气分布器、夹套等组成，管路系统包含蒸汽管路、空气管路、循环水管路等。

3. 气升式发酵罐、自吸式发酵罐和鼓泡塔式发酵罐剪切力小，适合于植物细胞等易损伤的微生物扩大培养。

第四节　发酵罐信号控制系统

生物反应是一个动态的过程,随着反应的进行,营养成分在不断地消耗,新的细胞也在不断地生长,代谢过程中的分解产物也在不断地积累,各种因素都在改变。为了要获得质和量都好的产品,必须对反应过程进行监控,适时调节各参数,以使生物反应在最佳的条件下进行。监控过程包含反应系统信息的获得和工艺参数的调节。需要监控的内容有:①物理参数,包括温度、压力、搅拌速度等;②化学参数,包括液相 pH、氧气和二氧化碳的浓度;③生化参数,包括生物体的量、生物体营养和代谢产物的浓度等。

生物反应过程的参数检测可分为在线检测和离线检测两类。这里主要讲述在线检测。

一、发酵罐的信号传递

发酵过程自动化控制包括两个环节,首先是通过在线检测仪器获取发酵罐系统中的各种数据,通过变送器转换成电信号输入到数据处理器;其次是在数据处理器中,各种数据的电信号被处理成各种指令,以执行信号的形式指挥自动控制系统,完成相应的指令动作。

将检测仪器安装在系统直接测试生产中各参数的过程称为在线检测。温度传感器、pH 电极、溶氧电极、转速测定仪等是发酵过程在线检测仪器。

1. 发酵液中温度的调控　　温度传感器感应发酵罐内的水温,将信号传递至温度控制仪,与设定温度进行比较,由温度控制仪控制冷却水进罐阀门和水浴加热装置,通过罐内的换热装置来调节发酵液温度,如图 6-22 所示。

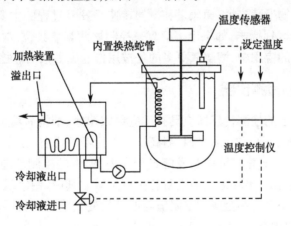

图 6-22　发酵罐温度控制系统

2. 发酵液中 pH 的调控　　发酵罐 pH 的控制是依靠向罐内滴加酸或者碱来完成的。当测得发酵液中的实际 pH 后,将电信号传递到 pH 放大控制仪,该仪器可以启动并控制酸、碱泵动作,向罐内滴加酸、碱液,通过实时地进行 pH 检测和酸、碱泵流量的调节,来实现发酵液 pH 的实时调控,如图 6-23 所示。

3. 发酵液溶氧浓度的调控　　发酵过程中影响溶解氧的因素主要有机械搅拌、通气量、罐压以及发酵液的体积和性质。由于分批培养中的发酵液体积是一定的,而发酵液性质随发酵进程而变化又是必然的趋势，因此，发酵过程中可以通过改变参数而影响溶氧的可变因素主要是搅拌转速和通气量。另外，罐压的变化也会给发酵液中氧的分压带来很大影响，进而明显影响溶氧值。而从工程操作的角度看，频繁地改变罐压是不可取的，对细胞生长也是十分不利的。在实际发酵过程中，常常通过调节通风量和搅拌转速的方法达到对溶氧浓度的调控，如图6-24所示。

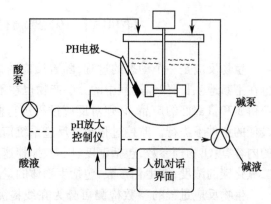

图6-23　发酵液pH控制系统

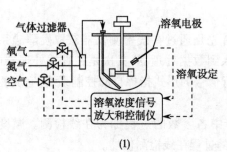 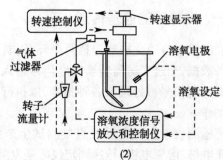

(1)　　　　　　　　　　(2)

图6-24　发酵罐的溶氧控制系统

(1)通过调节通风量控制溶氧;(2)通过调节搅拌转速控制溶氧

对大多数微生物发酵来说，通风量和搅拌转速是发酵过程的主要控制参数，也是发酵各工艺段的主要区别标志，如果用溶解氧来控制这两类参数，常常会给发酵过程带来混乱。所以在目前应用中，溶解氧更多的是被用作监测参数而非控制参数。

二、发酵罐的检测仪器

设置于发酵罐上的检测传感器应具有反应灵敏快速、结构简洁无死角、感应选择性高的特点，应同时满足耐腐蚀、耐高温、耐高压和无污染的要求。

1. 温度计　包括培养基灭菌和发酵过程在内，温度的检测范围是$0 \sim 150℃$，常用的温度传感器有热电偶、半导体热敏电阻和铂电阻等。其中，铂电阻温度传感器是当前生物反应器的标准配置。铂金属的电阻值与温度的变化成正比关系，具有精度高、稳定性强、输出线性好的优点。

2. 压力表　发酵罐的压力表一般采用隔膜式表。为了便于远距离监控，常把压力表上的压力信号转换成电信号。安装时应做到不留死角，耐热压，密封性好，以保证反应器的无菌操作环境。

3. pH电极　玻璃氢电极是发酵罐pH检测的标准配置，属于复合电极。在其柱状玻璃管内含有参比电极液，侧壁的隔膜窗可以透过离子，离子的强度通过测量极和参比极的电位差值反映出来，其结构如图6-25所示。在发酵罐上使用时，要加装不锈钢保护套，电极与发酵罐壁之间使用"O"形环密封。因pH玻璃电极不耐高温，因而采用蒸汽加热灭菌的次数有限。

pH 电极在使用前,应先将电极头部浸泡于水溶液中,以便使玻璃膜充分润湿。每次发酵(蒸汽灭菌前)前,都必须对电极进行标定。标定时分别采用酸、碱和中性标准溶液反复校准,校准方法与普通的 pH 计操作相同。

电极内的电解液容易从隔膜窗渗出而损失,应及时从填充口处补充电解液。电极不用时,应将电极头浸泡于相同的电解液中。

4. 溶氧浓度(Do)　电极发酵液中氧的浓度一般都比较低,只有通过在线检测才能准确测定溶氧浓度。溶氧电极属于电化学电极,一般分为两种——电流电极和极谱电极,两者的区别在于测量原理、电解液与电极组成不同,因而电化学反应也不相同。两者的基本结构相同:在电极头部有个仅

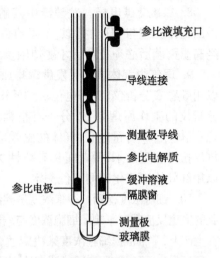

图 6-25　pH 玻璃电极的结构

允许氧分子通过的透氧膜,氧分子在阴、阳两极间产生可以测量的电流,电流的大小与参与反应的氧分子数量成正比,由此就可测得发酵液中的溶氧浓度。如图 6-26 所示。

溶氧电极在使用前,必须进行原位标定,即在发酵罐的安装位置上,取发酵过程中最大和最小的氧饱和条件作为溶氧值的零及饱和浓度条件。

5. 消泡电极　常用的消泡电极有电容电极和电阻电极。电容电极由两部分组成,分别安装于罐内反应液的上方,当泡沫出现时,在两个电极之间产生与泡沫量呈正比关系的电容变化,从而可以定量测出泡沫量;电阻电极利用泡沫与电极接触构成电流回路的特点来检测泡沫,只能定性检测泡沫的生成与否。

6. 流量计　在发酵过程中,测定酸、碱和培养基的流量时,采用椭圆齿轮流量计和科里奥利效应流量计。这两种流量计均有较高的精度。椭圆流量计的流量信号可转换成电信号而被显示。

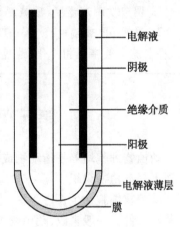

图 6-26　溶氧电极的结构

检测气体的流量计有质量流量型和体积流量型两类。体积流量型用的是转子流量计,转子流量计结构简单、测量可靠,缺点是容易受气体压力和湿度的影响,通常还配合安装有稳压阀和湿气冷凝器。转子流量计可以直接读数,不能输出电信号。

质量流量计是根据对流体的固有特性(如质量、导电性、电磁感应和导热性)的响应而设计的。在发酵罐中用的是利用导热特性设计的流量计。在没有气体流过时,沿着测量管轴向的温度分大体上是左右对称的;而有气体流过时,气流进入端的温度降低,而流出端温度升高。这种温度差通过变送器转变为与质量流量呈线性关系的电信号,从而获得精度很高的流量测定值。

7. 搅拌转速检测仪　常用搅拌转速测定方法主要有磁感应式和光感应式,利用搅拌轴或电机轴上装设的感应片切割磁场或光线而产生电信号,此信号的脉冲频率与搅

拌器转速相同,记录输出的脉冲频率就可以测定搅拌转速。

8. 二氧化碳电极　发酵液中溶解 CO_2 浓度可用二氧化碳电极测定。二氧化碳电极的工作原理与 pH 计类似,不同的是电极内装的是饱和碳酸氢钠溶液。二氧化碳电极经高温灭菌后必须校准后才能使用。

9. 尾气中气体成分　发酵罐排放气体中主要含有 O_2、CO_2 和其他气体。O_2 含量可以用顺磁氧分析仪、极谱电位法和质谱法测定,应用最广泛的是顺磁氧分析仪。顺磁氧分析仪的工作原理是 O_2 分子有很强的顺磁性,容易被磁场吸引而造成磁场强度的变化;气体中 O_2 含量越高,气体的磁效应越强。这种磁效应可以通过抗磁性物体受到的排斥扭力表现出来,两者间具有线性关系,因而可以测出气体中 O_2 含量。CO_2 含量可以用红外线二氧化碳测定仪测定。

10. 细胞浓度检测　细胞浓度是控制生物反应的重要参数之一,其大小和变化速度对细胞的生化反应都有影响。细胞浓度与培养液的表观黏度有关,间接影响发酵液的溶氧浓度。在生产上,常常根据细胞浓度来决定适合的补料量和供氧量,以保证生产达到预期的水平。发酵过程中,可以使用流通式浊度计,在线检测发酵液中的全细胞浓度。流通式浊度计的工作原理与分光光度计相同,在一定浓度范围内,全细胞的浓度与光密度值呈线性关系。

点 滴 积 累

1. 调节发酵液温度、酸碱度、溶氧浓度、搅拌器转速有利于提高发酵质量。
2. 采用 pH 玻璃电极、Do 溶氧电极、消泡电极实施在线监测发酵液中各影响因素水平,将电流与数字互相转化,通过 PLC 可编程信号转化器实现自动控制。

第五节　动植物细胞培养设备

动植物细胞培养是指动物或植物细胞在离体的条件下增殖的过程,所形成的是细胞而不是动植物组织。

动植物细胞在生长过程中,生长环境要满足恒温、弱剪切力、最适 pH、最适氧气、无杂菌等条件。一般来说,动植物细胞对剪切力比较敏感,尤其是动物细胞,很容易受到剪切力的伤害,植物细胞耐受性较动物细胞强一点,但仍然低于微生物。因此,动植物细胞培养液的混合过程中不能产生较大的剪切力。另外,动植物细胞的培养过程是一个耗氧的过程,但耗氧量不及微生物大,过量气泡和氧浓度对细胞的生长不利。因此细胞培养设备有其独特的设计要求。

一、动物细胞培养设备

动物细胞无细胞壁,耐受剪切力弱,而且,动物细胞在生长时必须要贴附在固体或半固体壁上,即具有贴壁培养的特性。因此,动物细胞培养器要能提供大面积的固体壁,在溶氧传质时不产生或产生弱小的剪切力。适合于动物细胞培养的生物反应器主要有三大类:贴壁培养反应器、悬浮培养反应器和贴壁—悬浮培养反应器。

(一) 滚瓶和膜反应器

这类设备有培养瓶和膜反应器两种形式。

1. 培养瓶　动物细胞培养瓶有扁瓶和滚瓶两种,如图 6-27 所示。扁瓶容量小,适合于实验室使用;滚瓶的容积从 4～40L 大小不等,是目前许多生物制品厂生产疫苗时的主要生产设备。

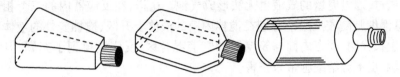

图 6-27　动物细胞培养瓶

2. 膜反应器　培养瓶的贴壁表面积与瓶体积之比约为 0.35,接种培养操作均依靠手工完成,操作劳动强度大,限制了培养规模的扩大。中空纤维膜是半透性多孔膜,氧气与二氧化碳等小分子可以自由地穿过膜进行双向扩散,细胞和其他大分子有机物则不能通过。将成束的中空纤维管以列管方式密封在一矩形容器中,再从容器的两端分别安装管程和壳程流体的进出口,由此可制成培养细胞的膜反应器。如图 6-28 所示。

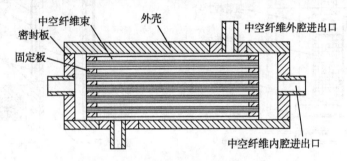

图 6-28　中空纤维细胞培养反应器

　　工作时,新鲜的、充氧的培养液不断地流入纤维管内,其中水分、氧气以及其他营养成分可穿过半透膜进入壳程,在壳程中,膜反应器的内壁和中空纤维管外壁都贴附有动物细胞,并吸收从纤维管内穿过来的氧气和营养成分。细胞代谢产物和生长成熟了的细胞则随培养液由壳程出口排出。

　　由于中空纤维管非常细小,其外壁有着巨大的表面积,平均每 $1m^3$ 的中空纤维管所提供的表面积可达数千平方米,因而可以进行大规模细胞培养。但是,膜反应器具有反应空间狭小致使细胞生长速度缓慢、贴壁生长的细胞容易堵塞管壁上的微孔而降低半透膜的通透性,以及堵塞后不易清洗和维护等缺点。特别需要注意的是,纤维管损坏后往往无法维修,常导致整台设备报废,容易带来较大的经济损失。

（二）悬浮培养设备

　　传统的机械搅拌通风式发酵罐也可以用于动物细胞的悬浮培养,但必须大幅度降低搅拌剪切力,同时避免大量气泡的产生。因此,其发酵罐搅拌器是特制的。图 6-29 是一种通气搅拌式动物细胞反应器,称为笼式通气搅拌反应器。反应器内有一个电磁驱动的圆筒状旋转搅拌笼,搅拌笼由中空的搅拌内筒、3 个中空吸管搅拌桨叶、网状笼壁组成的环状区组成,如图 6-30 所示。吸管搅拌桨叶在旋转中使内筒顶部形成负压,将反应液从内筒底部吸入。

　　经过内筒的液流上升区向上流动,由顶部的搅拌桨叶出口排出,进入搅拌笼外部的液体下降区向下流动,再从搅拌器的底部进入内筒,构成罐内反应液体的循环流动。无菌空气通过空心轴内的空气管线,在环状区内的环形气体分布管鼓泡进入反应液中,形成气液混合区。笼壁由不锈钢丝网制成,从气泡中吸收了氧的反应液通过笼壁进入到搅拌笼外的液体下降区,由于笼壁丝网的孔径很小,约200目,只能允许液体进出,所以细胞不能透过,通过笼壁的气液也无法形成气泡。这样,在反应器内的三个相互独立的区域中,悬浮细胞随着反应液分别在搅拌内筒的液体上升区、搅拌笼外的液体下降区循环流动并生长代谢,而在内筒与笼壁间的气液混合区,反应液得到了充氧,但气泡与细胞并不接触,也不会给细胞带来伤害。

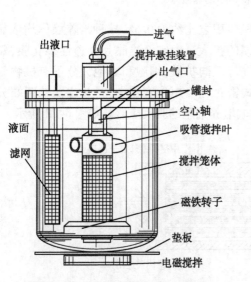

图6-29 笼式通气搅拌反应器结构

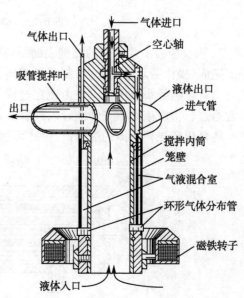

图6-30 笼式搅拌反应器剖面结构

另外,吸管搅拌桨叶的旋转很缓慢,为30~60r/min,形成柔和的搅拌,在保证反应液传质的同时,将剪切力降到了最低限度。

笼式通气搅拌反应器也可以用来进行微载体细胞悬浮培养。例如,在疫苗制备的Vero细胞培养中,就是采用了这种反应器。

(三) 微载体培养设备

针对动物细胞的贴壁生长特性,人们开发了对动物细胞有很好亲和性的微小球体,可使动物细胞贴附在微小球体上,贴附了细胞的微载体悬浮在培养液中,细胞吸收营养成分不断生长。这种培养方式结合了贴壁与悬浮两种培养方法的特点,适合于大规模动物细胞培养。

微载体可以用不锈钢、玻璃环、玻璃珠、光面陶瓷、塑料等材料做成实心载体,也可以用多孔玻璃、多孔陶瓷和聚氨酯塑料等材料制造成多孔载体。前者,细胞只生长在实心载体的表面,由于表面积不大,细胞密度不会太高,但比较经济,可反复使用。后者,细胞既可生长在表面又可生长在小孔内,可供细胞生长的表面积很大,能获得高密度培养的效果。

搅拌式通气发酵罐、气升式通气发酵罐、中空纤维培养装置、多级流化床和固定床等反应器都可以用做贴壁悬浮培养反应器。

二、植物细胞培养设备

植物细胞有细胞壁,其抗剪切性能高于动物细胞,但低于微生物。植物细胞也不像动物细胞那样有较强的贴壁生长特性,因而与微生物培养设备比较相近。植物细胞的培养设备主要有机械搅拌式、气升式、鼓泡塔式、转鼓式和固定化式生物反应器。通常将各式发酵罐的搅拌方法和通气系统改造后,即可用来进行植物细胞培养。如把圆盘涡轮式搅拌器改造成大平叶搅拌器后,发酵罐可用来进行烟草细胞的培养。

（一）机械搅拌式设备

机械搅拌式发酵罐具有混合快、氧气的渗透快、通气量大等优点。但是,搅拌器的高速转动会产生很强的剪切应力,容易损伤植物细胞。如果搅拌器是平叶式或者螺旋桨式,则需将搅拌转速控制在 50 ~ 100r/min。也可以将多个不同类型的搅拌器组合使用,或者针对植物细胞的生长特点设计不同类型的搅拌形式,如图 6-31 所示。

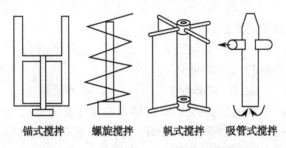

锚式搅拌　　螺旋搅拌　　帆式搅拌　　吸管式搅拌

图 6-31　植物细胞反应器的常见搅拌形式

（二）气升式设备

目前在各式植物细胞培养过程中,使用得较多的是气升式发酵罐(详见第三节)。气升式发酵罐结构简明,没有泄漏点和死角,既有较好地防止杂菌污染的性能,又能在低剪切力下达到较好的混合与较高的氧传递效果,且操作费用较低,但进行高密度培养时混合不够均匀。

（三）鼓泡塔式设备

鼓泡塔式生物反应器依靠喷嘴及多孔板实现气体渗透扩散作用,可以在很低的气速下培养植物细胞(详见本章第三节)。由于没有运动部件,操作不易染菌,同时在无机械能输入的情况下,提高了较高的热量和质量传递,因而适用于对剪切力敏感的细胞培养,放大相对容易。其缺点是流体流动形式难于确定,混合不匀,缺乏有关反应器的参考数据。

（四）转鼓式设备

转鼓式生物反应器是通过转动促进反应器内氧及营养物的混合,通过设置挡板提高氧的传递,在高密度培养时有高的传氧能力。对于高密度培养,转鼓式优于搅拌式。如在紫草的细胞培养中,转鼓式优于气升式和改良搅拌式生物反应器。其缺点是难于大规模生产,放大困难。

点 滴 积 累

1. 动物细胞无细胞壁且贴壁生长,因而采用剪切力小的滚瓶及膜反应器、笼式反应器和微载体反应器培养。

2. 植物细胞有细胞壁可承受一定的剪切力,将机械搅拌通气发酵罐的搅拌器改良后作为植物细胞的培养设备。

目 标 检 测

一、选择题

（一）单项选择题

1. 机械搅拌通风发酵罐中可代替挡板作用的是（　　）
   A. 竖管　　　　　　B. 搅拌轴　　　　　　C. 人梯　　　　　　D. 消泡器

2. 玻璃氢电极常用来检测发酵过程中哪项参数（　　）
   A. Do 值　　　　　B. pH　　　　　　C. 温度　　　　　　D. 泡沫

3. 下列不属于自吸式发酵罐的优点的是（　　）
   A. 溶氧效率高　　B. 节约投资　　　　C. 设备体积大　　D. 能耗低

4. pH 电极在不使用时，应保存于（　　）
   A. 蒸馏水中　　　B. 发酵液中　　　　C. 电解液中　　　D. 缓冲液中

5. 在手提式高压蒸汽灭菌器的操作中，错误的操作是（　　）
   A. 开始加热后，等压力升到 0.05MPa 时，打开放气阀放气
   B. 压力锅冷气放完后要关闭气阀
   C. 灭菌完毕后，等压力表上的指针指示压力下降为零时，打开锅盖
   D. 灭菌前在锅内加水至水位线标记处

6. 下列反应器中对细胞的剪切力最大的是（　　）
   A. 气升式　　　　　B. 机械搅拌式　　　C. 自吸式　　　　　D. 中空纤维式

（二）多项选择题

1. 机械搅拌式发酵罐常用的搅拌器有（　　）
   A. 螺旋桨式　　B. 平叶式　　　C. 弯叶式　　　D. 喷射式　　　E. 自吸式

2. 机械搅拌式发酵罐空气分布器的形式有（　　）
   A. 单管　　　　B. 喷射式　　　C. 环管式　　　D. 平叶式　　　E. 笼式

3. 气升式发酵罐的主要构件有（　　）
   A. 导流筒　　　B. 搅拌轴　　　C. 挡板　　　　D. 温度电极　　E. 空气分布器

4. 一般生物反应器的操作类型有（　　）
   A. 分批培养　　B. 补料培养　　C. 细胞培养　　D. 好氧培养　　E. 厌氧培养

5. 影响发酵液中溶解氧的主要因素有（　　）
   A. 搅拌速度　　B. pH　　　　　C. 通气量　　　D. 温度　　　　E. 菌体浓度

6. 下列反应器中可作为动物细胞大规模培养的是（　　）
   A. 气升式　　　　　　　B. 机械搅拌式　　　　　C. 笼式搅拌式
   D. 中空纤维　　　　　　E. 文氏管自吸式

二、简答题

1. 简述机械通风搅拌发酵罐空气管、轴封的作用及形式。
2. 简述气升式发酵罐的特点。
3. 简述高压蒸汽灭菌操作的一般注意事项。

（罗合春）

第七章 非均相分离设备

生物发酵结束后发酵液中存在着大量的悬浮颗粒，如菌体、细胞和细胞碎片等，为了获得目标产物，常常对其富集分离。由于菌体、细胞及细胞碎片具有可压缩性，因而需要通过加热、调节 pH、凝聚和絮凝等沉降处理后，采用相应的非均相分离设备进行固液分离。常用的非均相分离设备有板框压滤机、离心机、膜过滤器等设备。

第一节 沉降设备

在发酵液的预处理车间常采用重力沉降设备和离心沉降设备进行凝聚、絮凝等初级纯化分离操作。

一、重力沉降设备

（一）重力沉降速度

1. 沉降 在某种力作用下，利用连续相与分散相的密度差异，使之发生相对运动而分离的过程称为沉降。

2. 重力沉降 如果颗粒或颗粒群在流体中充分地分散，颗粒之间互不接触、互不碰撞，除承受地球引力之外无其他作用力，在这种条件下发生的沉降称为重力沉降。

重力沉降一般用于气固混合物和混悬液的分离。例如，在中药生产中浸提液的静置澄清过程就是重力沉降，它利用混悬液中固体颗粒的密度大于浸提液的密度而使颗粒沉降分离。

3. 自由沉降速度 球形颗粒在静止流体中沉降时，如果不受其他颗粒的干扰及器壁的影响，而仅受自身重力、流体浮力和两者相对运动时产生的阻力的作用，该种沉降称为自由沉降。较稀的混悬液或含尘气体中固体颗粒的沉降可视为自由沉降。

一个表面光滑的刚性球形颗粒置于静止流体中，当颗粒密度大于流体密度时，颗粒将下沉，若颗粒做自由沉降运动，在沉降过程中，颗粒受到三个力的作用：重力 F_g，方向竖直向下；浮力 F_b，方向竖直向上；阻力 F_d，方向竖直向上。如图 7-1 所示。

图 7-1 悬浮颗粒在静止流体中的受力分析

设球形颗粒的直径为 d_s，颗粒的密度为 ρ_S，流体的密度为 ρ，颗粒沉降速度 u，则重力 F_g、浮力 F_b、阻力 F_d 的大小分别为：

$$F_b = \frac{\pi}{6} d_s^3 \rho g \qquad F_g = \frac{\pi}{6} d_s^3 \rho_S g \qquad F_d = \xi A \frac{1}{2} \rho u^2$$

上式中,A 为沉降颗粒沿沉降方向最大投影面积,对于球形颗粒,有 $A = \dfrac{\pi}{4}d_{\mathrm{s}}^{2}$;$u$ 为颗粒相对流体沉降速度(m/s);ξ 为沉降阻力系数。

当颗粒沉降时,根据牛顿第二定律,得到沉降加速度表达式:

$$F_{\mathrm{g}} - F_{\mathrm{b}} - F_{\mathrm{d}} = ma \qquad\qquad 式(7\text{-}1)$$

式(7-1)中,m 为颗粒的质量(kg);a 为沉降加速度(m/s^2)。

当颗粒沉降的瞬间,u 为零,阻力也为零,加速度 a 为其最大值;颗粒开始沉降后,随着 u 的增大,阻力也随之增大。当沉降速度增大到一定值 u_{t} 时,重力、浮力、阻力达到平衡,此时加速度为零,颗粒做匀速运动。沉降颗粒匀速运动速度即为自由沉降速度,用 u_{t} 表示,单位为 m/s。此时自由沉降速度为:

$$u_{\mathrm{t}} = \sqrt{\dfrac{4d_{\mathrm{s}}(\rho_{\mathrm{S}} - \rho)}{3\rho\xi}g} \qquad\qquad 式(7\text{-}2)$$

对于微小颗粒,沉降的加速度阶段很短,可以忽略不计,因此,整个沉降过程可以视为匀速沉降过程,可直接将 u_{t} 用于重力沉降的计算。沉降阻力系数 ξ 可通过查阅文献或实验确定。

4. 影响自由沉降速度的因素

(1)颗粒形状:对于球形颗粒,颗粒直径和颗粒密度越大,自由沉降速度越快。非球形颗粒的沉降速度,当量直径和颗粒密度越大,自由沉降速度越快。

(2)壁面效应:当颗粒靠近器壁沉降时,由于器壁的影响,其沉降速度较自由沉降速度小,这种影响称为壁面效应(当容器尺寸远大于颗粒尺寸,如超过100倍以上时可忽略)。

(3)干扰沉降:当非均相物系中的颗粒较多、颗粒之间相互距离较近时,颗粒之间会发生摩擦、碰撞等影响,使沉降速度下降,这种沉降称为干扰沉降。干扰沉降速度比自由沉降小(颗粒浓度 <0.2% ,可近似为自由沉降)。

(二)重力沉降设备

1. 沉降室　沉降室是利用重力沉降从含尘气体中分离出尘粒的设备。其结构如图7-2 所示。

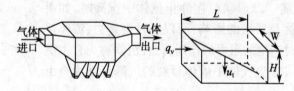

图7-2　重力沉降室

含尘气体进入沉降室后,流通截面积扩大,速度降低,使气体在沉降室内有一定的停留时间。如果尘粒能在这个停留时间内沉到室底,则尘粒就能被除去。所以,要保证尘粒从气体中分离出来,颗粒沉降至底部的时间就必须小于或等于气体通过沉降室的时间。

据计算,沉降室生产能力只与沉降室的底面积及颗粒的沉降速度有关,而与降尘室高度无关,所以沉降室一般采用扁平的几何形状,或在室内多加几层隔板,形成多层沉降室,以提高生产能力及除尘效率。

2. 连续沉降槽　借重力使悬浮液固液分离的设备称为沉降槽或增稠器。悬浮液通过沉降槽后可分离成清液和沉渣。常见连续沉降槽的结构如图 7-3 所示。

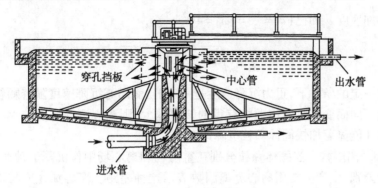

图 7-3　连续沉降槽

连续沉降槽适于处理颗粒不太小、浓度不高,但处理量较大的悬浮液的分离。这种设备具有结构简单、可连续操作且增稠物浓度较均匀等优点,其缺点是设备庞大、占地面积大、分离效率较低等。

 课 堂 活 动

　　各取石英砂、玉米淀粉 5g 分别放入烧杯中,给每个烧杯加入 100ml 蒸馏水并搅拌均匀,静置,观察澄清情况,比较沉降速度,说明原因。

二、离心沉降设备

(一) 离心沉降

重力沉降一般所使用的设备较大,占地面积大,使用不方便,工业上常常使用分离效率较高的离心分离设备。

1. 离心沉降速度　当固体颗粒处于离心场时,将受到四个力的作用,即重力 F_g、惯性离心力 F_c、向心力 F_f 和阻力 F_d,如图 7-4 所示。

固体颗粒在径直方向上所受的作用力远大于在垂直方向上所受的作用力,所以沿径向运动沉降到器壁。固体颗粒在径向上所受的作用力有离心力 F_c、向心力 F_f 和阻力 F_d:

图 7-4　颗粒在离心场中的受力情况

离心力　　　　　$F_c = \dfrac{\pi}{6} d_s^3 \rho_s \cdot r\omega^2$

浮力(向中心)　$F_f = \dfrac{\pi}{6} d_s^3 \rho \cdot r\omega^2$

阻力(向中心)　$F_d = \dfrac{1}{2} \xi \rho A \cdot u_r^2$

若这三个力达到平衡,则有 $F_c - F_f - F_d = 0$。

$$\frac{\pi}{6} d_s^3 r\omega^2 (\rho_s - \rho) - \zeta \frac{\pi}{4} d_s^2 \cdot \frac{\rho u_r^2}{2} = 0$$

此时,颗粒在径向上相对于流体的速度,就是它在这个位置上的离心沉降速度。颗粒的离心沉降速度与重力沉降速度具有相似的关系式,只是重力加速度 g 换为随径向位置 r 变化的离心加速度 a_r 而已($a_r = \dfrac{v^2}{r} = r\omega^2 = 4\pi^2 rn^2$)。

$$u_r = \sqrt{\frac{4d_s(\rho_s - \rho)}{3\zeta\rho} \cdot r\omega^2}$$

因而在一定的条件下,重力沉降速度是一定的,而离心沉降速度随着颗粒在半径方向上的位置不同而变化。固体颗粒获得的转速越大,则离心沉降速度越大。所以增加离心机的转速能显著加快固体颗粒沉降速度。

2. 离心分离因数　当固体颗粒分别在重力场和离心场中作沉降运动时,其加速度存在巨大的差别,生产上常用离心分离因数表示这种差距。离心加速度与重力加速度之比称为离心分离因数,用 K_c 表示。

$$K_c = \frac{a_r}{g} = \frac{u_r^2}{Rg}$$

离心分离因数是评判离心分离设备的性能指标,与转鼓的半径及转速的平方成正比,其值愈高,离心沉降效果愈好。常用离心机的分离因数值在 $10 \sim 10^5$ 之间,高速管式离心机的分离能力强,其 K_c 值一般为 2×10^4 左右。

（二）离心沉降设备

1. 碟片式离心机　碟片式离心机的转鼓装在立轴上端,通过传动装置由电动机驱动而高速旋转。转鼓内有一组互相套叠在一起的碟形零件——碟片。碟片与碟片之间留有很小的间隙。如图7-5所示。

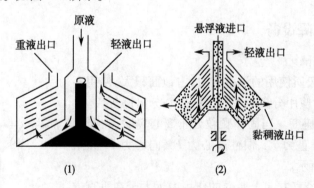

图7-5　碟片式离心机

（1）普通型；（2）喷嘴型

悬浮液由位于转鼓中心的进料管加入转鼓,当悬浮液流过碟片之间的间隙时,固体颗粒在离心力作用下沉降到碟片上形成沉渣。分离颗粒后的液体成为轻相,从轻相排出口排出;沉渣沿碟片表面滑动而脱离碟片并积聚在转鼓内直径最大的部位形成重相,在分离机停机后拆开转鼓由人工清除,或由沉渣排出机构从重相排出口排出。

转鼓中碟片的作用是缩短固体颗粒的沉降距离,扩大转鼓的沉降面积,提高分离机的生产能力。

知 识 链 接

碟片离心机工作原理

进行乳浊液分离的碟片式离心机,碟片上开有小孔,待分离液通过小孔流到碟片的间隙。在离心力作用下,重液沿着每个碟片的斜面沉降,并向转鼓内壁移动,由重液出口连续排出。而轻液沿着每个碟片的斜面向上移动,汇集后由轻液出口排出。

澄清型碟片式离心机的碟片上不开孔,只有一个清液排出口。沉积在转鼓内壁上的沉渣可间歇排出。该种机型只适用于固体颗粒含量很少的悬浮液。当固体颗粒含量较多时,可采用具有喷嘴排渣的碟式离心沉降机,例如淀粉的分离。

2. 高速管式离心机　高速管式离心机的核心部件是直筒状转鼓,其内装有三个纵向平板,以带动料液迅速达到与转鼓相同的角速度,如图 7-6 所示。

常见的高速管式离心机转鼓的内径为 75 ~ 150mm、长度约为 1500mm,转速为 8000 ~ 50 000r/min,其离心分离因数为 15 000 ~ 65 000。

高速管式离心机可用于分离乳浊液及含细颗粒的稀悬浮液。

分离乳浊液的管式离心机,转鼓由转轴带动旋转。乳浊液由底部进入转鼓内从下向上流动。在离心力作用下,由于两种液体的密度不同,乳浊液分成内、外两液层。外层为重液层,内层为轻液层,在离心机的顶部,轻液与重液分别从各自的溢流口排出。

分离悬浮液的管式离心机,悬浮液从底部进入转鼓并随着转鼓旋转。液体由下向上流动过程中,颗粒由转鼓中心径向运动到转鼓内壁形成沉渣,轻相则沿轴心线上升从轻液排出口排出。

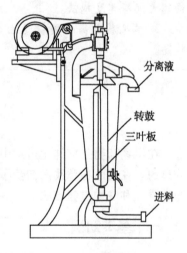

图 7-6　高速管式离心机

在分离悬浮液时应将管式离心机的重液排出口封闭,以便颗粒沉降在转鼓内壁。运转一段时间,停车卸渣,并清洗机器。

3. 冷冻离心机　冷冻离心机的结构与前面三种离心机不同,如图 7-7 所示。整机主要由驱动电机、制冷系统、显示系统、自动保护系统和速度控制系统组成,主要配件是离心转头。离心转头是用来搁置样品容器的支架,有角式转头和甩平式转头两种。角式转头设计有孔穴,与旋转轴心之间夹角在 20° ~ 45° 之间,其孔穴是用来放置样品容器。角式转头在离心机高速旋转时不会发生相对运动。甩平式转头横臂上悬挂着 3 ~ 6

图 7-7　冷冻离心机

个可自由活动的吊桶,吊桶内放置样品容器,一般是离心试管。启动后,当离心机转速达到 200~800r/min 时,吊桶从下垂状态逐渐上升并与转轴横臂持平,所以称为甩平式转头。制造转头的材料有铝合金和钛合金等,如果要求离心机中低速运转,则使用铝合金转头;如果要求高速运转,则要使用钛合金转头。

离心机的转头安装在离心室内,由制冷机输送出的制冷剂对离心室降温,离心室内的热电偶温度检测器可检测温度,其作用是将温度控制在设定的范围内,以保证离心机高速转动时料液温度始终不会高于 4℃,从而避免了药物活性损失。

高速冷冻离心机转速可达 25 000r/min,分离因数为 89 000,分离效果好,是目前生物制药工业广为使用的分离设备。

需要特别指出的是,在使用高速冷冻离心机时,为了运转平稳,每一个容器里盛装的液体质量要均等,且在盖上盖子后才能启动,否则容易发生安全事故。

点 滴 积 累

1. 固体颗粒在重力场和离心场中的沉降可看成是自由沉降,固体颗粒密度越大直径越大沉降速度越快。

2. 离心机分离速度快是因为具有强大的离心加速度,离心加速度越大分离因数越高。

第二节 过 滤 设 备

在生物药物分离纯化过程中,过滤操作非常重要,许多固液混合物都是通过过滤而分离的。在前面各章我们初步了解了过滤的基本概念,在本章我们将继续深入讨论过滤的原理和各种过滤方法。

一、基本知识

(一) 过滤

悬浮液由固体颗粒和液体组成,当悬浮液通过多孔介质时固体颗粒被截留的过程称为过滤。在过滤操作中,悬浮液称为滤浆,多孔物质称为过滤介质,通过介质的液体称为滤液,被截留的物质称为滤饼或滤渣。

1. 滤饼过滤和深层过滤

(1)滤饼过滤:当悬浮液流动通过多孔介质后,固体颗粒沉积在过滤介质表面形成滤渣层,这种过滤称为滤饼过滤。

在滤饼过滤过程中,固体颗粒比过滤介质的孔径大,在介质孔道的上方相互之间架桥,其他颗粒在桥面沉积形成滤饼层,液体从固体颗粒之间的缝隙中穿流而过形成滤液,从而实现固液分离,如图 7-8 所示。

在滤饼过滤中,随着过滤量的增大,滤饼层的厚度增加,除去颗粒的效果更好。

滤饼过滤法适用于固体颗粒直径大含量高的悬浮液,不适合于固体颗粒直径小、含量低、黏度高的混悬液体的过滤。

(2)深层过滤:当悬浮液中的固体颗粒直径小含量低时,需要采用深层过滤的方法进行分离。固体颗粒进入并沉积在多孔介质孔道内,溶液经孔道内的缝隙进入滤液的分离过程称为深层过滤。深层过滤的多孔介质可以由颗粒料堆积形成,也可由泡沫塑料、海绵、陶瓷等多孔材料制成。

用于深层过滤的介质内部具有曲折而狭长的通道,当固体颗粒直径小于过滤介质孔道直径时,颗粒将随溶液进入介质内部的孔道中,并与介质之间产生了静电引力和分子作用力,从而被吸附在孔道壁上。

由于深层过滤捕获了微小颗粒,因而被广泛地应用于稀悬浮液的澄清,所以又称为澄清过滤。

2. 过滤介质 过滤介质的作用是使滤液通过,截留固体颗粒并支撑滤饼。要求其具有多孔性、耐腐蚀性及足够的机械强度。

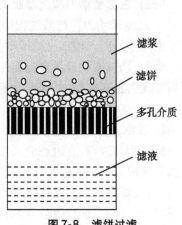

图7-8 滤饼过滤

工业上常用的过滤介质可分为织物类介质、多孔性固体介质和堆积介质三大类。织物类介质如天然纤维、化学纤维、玻璃丝、金属丝织成的滤网等;多孔性固体介质有多孔性陶瓷板、多孔性塑料板、多孔性金属陶瓷板等,此类介质能截留小至 $1 \sim 3 \mu m$ 的固体颗粒;堆积介质有石英砂、碎石、炭屑等堆积的颗粒床层及非编织纤维玻璃棉等的堆积层。其中,堆积介质常用于处理含固体微粒少的悬浮液,如水的净化。

3. 影响过滤速度的因素

(1)液体的黏稠性越大,流动阻力越大,则滤过速度越慢。由于溶液的黏性随温度的升高而降低,为此采用趁热或保温滤过。同时应先滤清液后滤稠液,以减少过滤时间。

(2)悬浮液颗粒直径越小,介质通道易堵塞,且滤饼颗粒间缝隙也越小,则过滤阻力大、过滤效率低。

(3)过滤介质的孔道越长,孔径越小,孔道数目越少,则过滤速度越慢。

(4)过滤介质上、下压力差越大则滤过速度越快,因此常采用加压或减压过滤。

(5)滤渣层越厚滤速越慢,流体中存在大分子的胶体物质时,容易引起滤孔的阻塞,影响滤速。为提高过滤效率,可选用助滤剂。

(二)助滤剂

滤饼可分为可压缩滤饼和不可压缩滤饼两种。颗粒如果是不易变形的固体,当滤饼两侧的压强差增大时,颗粒的形状和颗粒间的空隙都不发生明显变化,单位厚度恒定,这类滤饼称为不可压缩滤饼。如果滤饼是由某些类似胶体物质构成,则当滤饼两侧的压强差增大时,颗粒的形状和颗粒间的空隙便有明显的改变,单位厚度饼层的流动阻力随压强差增高而增大,这种滤饼称为可压缩滤饼。

引起过滤阻力增大的因素有以下几个方面:①压力差增大时,滤饼空隙结构变形,使滤饼中的通道缩小,流动阻力增加;②具有黏性的颗粒形成较致密的滤饼层,使流动阻力很大;③颗粒直径小将介质通道堵塞。阻力增大后过滤速度减小,此时可将质地坚硬而能形成疏松床层的固体颗粒预先涂于过滤介质表面,或掺入到悬浮液中,以形成较为疏松的滤饼,使滤液得以畅流。这种预涂或掺入的固体颗粒物料称为助滤剂。

常用的助滤剂有硅藻土、碳粉、纤维粉末、石棉等。助滤剂的用量通常为截留固相质量的1% ~10%。使用方法多用预涂法和掺滤法。

（三）过滤推动力和过滤阻力

1. 过滤推动力　过滤过程的推动力是滤饼和过滤介质两侧的压力差,可以是重力压差或其他压差。增加过滤推动力的方法有增加悬浮液柱高度提高推动力,这种过滤称为重力过滤;增加悬浮液液面压力提高推动力,这种过滤称为加压过滤;在过滤介质下面抽真空提高推动力,这种过滤称为真空过滤。此外,过滤推动力还可以用离心力来增大,称为离心过滤。

2. 过滤阻力　在过滤刚开始时,滤液流动所遇到的阻力只有过滤介质一项。但随着过滤过程的进行,在过滤介质上形成滤渣以后,滤液流动所遇到的阻力是滤渣阻力和过滤介质阻力之和。过滤介质阻力仅在过滤刚开始时较为显著,当滤饼层沉积到相当厚度时,过滤介质阻力便可忽略不计。大多数情况下,过滤阻力主要决定于滤饼的厚度及其特性。滤渣愈厚,微粒愈细,则过滤阻力愈大。当过滤进行到一定的时间后,由于滤饼形成的阻力太大,此时则将滤饼除去,重新开始过滤。

二、板框压滤机

1. 结构和工作原理　板框压滤机是由多块滤板和滤框叠合组成滤室,并以压力为推动力的过滤机。

板框压滤机的主要部件是滤板和滤框,滤板和滤框通常为矩形、正方形或圆形,用木材、铸铁、铸钢、不锈钢、聚丙烯和橡胶等材料制造。滤板的表面设计有排液沟槽,其凸出部位用以支撑滤布,沟槽用作滤液流动通道,滤框的外形与滤板相似,但中间是空的。滤框和滤板的一个对角上分别开有圆孔,若干个滤框和滤板的圆孔重叠后组成两个通道,其中上角圆孔组成悬浮液通道,另一个是下角圆孔组成滤液通道。滤框内侧上角设计有暗道与悬浮液通道圆孔相通,滤板下角开设的暗道使板面排液沟槽与滤液通道圆孔相通,当板和框装合时在滤框两侧覆盖滤布,形成了可容纳悬浮液及滤渣的滤室。为了防止泄漏,常在滤板和滤框间用橡胶密封圈密封。板和框的结构如图7-9所示。

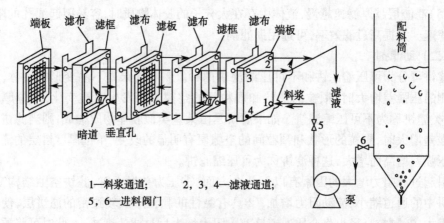

1—料浆通道;　　2, 3, 4—滤液通道;
5, 6—进料阀门

图7-9　板框压滤机的板和框

板框压滤机支架一端固定了一个不带沟槽和暗道的板,称为终板。过滤前,在终板一侧安装滤框,然后再将滤布覆盖在滤框的另一侧,再安装第二块板,接着再安装第二个滤框,如此循环将板和框装合在支架上,最后用压紧装置将板和框压紧。此时,悬浮液通道与滤室相通,滤液通道与板上沟槽相通。在泵的作用下悬浮液进入滤室,滤渣被截留在滤布上,滤液则穿过滤布沿板上沟槽进入滤液通道流出,滤液穿过滤布沿板上沟槽进入滤液通道流出,滤渣则被截留在滤室中,待框内充满滤饼后可通入清水洗涤滤饼,随后停止过滤,卸渣清理。装合后的板框压滤机如图7-10所示。

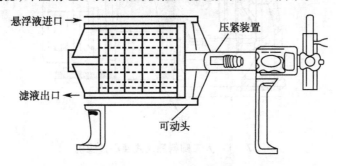

图7-10　板框压滤机

板框压滤机的操作过程可分为装合、过滤、洗涤、卸渣、整理五个步骤。其主要优点有构造简单,过滤压力高,便于用耐腐蚀材料制造,操作灵活,过滤面积大,占地省,过滤面积可根据生产任务调节。其主要缺点是间歇操作,劳动强度大,产生效率低。

2. 操作规程

(1)排板:按照滤板-框-洗板的顺序交替排列(注意各板上的孔位置要一致),中间放置好滤布,若滤浆量不大时,最后加上盲板(没有孔的平板),拧紧手轮。

(2)连接离心泵及各种管道:注意进料管道一端和离心泵相连,另一端和框上有暗孔的悬浮液孔道相连,出滤液的管道要和滤板有暗孔的滤液孔道相连,并使之和原料进口置于对角位置。

(3)过滤:打开滤液出口阀门,关闭洗涤溶液出口阀门,开启离心泵进液过滤,收集滤液。

(4)洗涤:关闭滤液出口阀门,打开洗涤溶剂出口阀门,用离心泵泵入洗涤溶剂进行洗涤,收集洗液。

(5)卸渣:松开压紧手柄,卸渣,清洗滤布,清洁设备。

三、三足式离心过滤机

1. 结构和工作原理　三足式过滤离心机是一种人工卸料间歇式离心机,其结构如图7-11所示。该机的主要部件是一篮式转鼓,壁面钻有许多小孔,转鼓内壁衬有金属丝网及滤布。整个机座和外罩及三根弹簧悬挂于三个支柱上,以减轻运转时的振动。

三足式离心机的转鼓直径一般很大,转速不高(<2000r/min),过滤面积为0.6～2.7m²。与其他型式的离心机相比,具有构造简单、灵活掌握运转周期等优点。一般可用于间歇生产过程中的小批量物料的处理,尤其适用于各种盐类结晶的过滤和脱水,晶体较少受到破损。其缺点是劳动强度大,传动机械位于机座下部,检修不方便。

2. 人工卸料三足式离心过滤机的操作规程

(1)检查转鼓的灵活性及支座的稳定性,刹车系统是否灵活,必要时可开启电源空转检测。

(2)放置好滤布、接滤液容器,封紧顶盖。

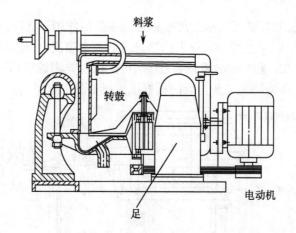

图 7-11　人工卸料三足式离心过滤机

（3）通电启动后，由进料口注入滤浆，进行离心过滤。

（4）待滤液流尽，更换容器，注入洗涤溶剂进行洗涤操作。

（5）洗涤结束，关闭电源，小心使用刹车手柄停车。

（6）取出滤布，清理滤渣，用清水洗涤滤布。

（7）清洁设备。

四、转鼓真空过滤机

图 7-12 为转鼓真空过滤机的结构和工作原理图。它有一水平转鼓，鼓壁开孔，鼓面上铺以支承板和滤布，构成过滤面。过滤面下的空间分成若干隔开的扇形滤室，各滤室有导管与分配阀相通。转鼓每旋转 1 周，各滤室通过分配阀轮流接通真空系统和压缩空气系统，顺序完成过滤、洗渣、吸干、卸渣和滤布再生等操作。在转鼓的整个过滤面上，过滤区约占圆周的 1/3，洗渣和吸干区占 1/2，卸渣区占 1/6，各区之间有过渡段。过滤时转鼓下部沉浸在悬浮液中缓慢旋转，沉没在悬浮液内的滤室与真空系统连通，滤液被吸入滤室，固体颗粒则被吸附在过滤面上形成滤渣。

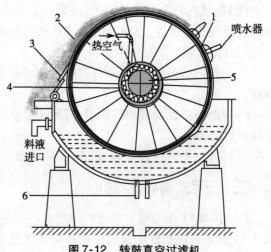

图 7-12　转鼓真空过滤机
1. 转筒；2. 滤饼；3. 刮刀；
4. 转筒盘；5. 固定盘；6. 吸滤液管

滤室随转鼓旋转离开悬浮液后，继续吸去滤渣中包含的液体。当需要除去滤渣中残留的滤液时，可在滤室旋转到转鼓上部时喷洒洗涤水。这时滤室与另一真空管道接通，洗涤水透过滤渣层置换颗粒之间残存的滤液。滤液被吸入滤室，并单独排出，然后卸除已经吸干的滤渣。这时滤室与压缩空气系统连通，反吹滤布，松动滤渣，再由刮刀刮下滤渣。压缩空气或蒸汽继续反吹滤布，可疏通孔隙，使之再生。

点 滴 积 累

1. 按照过滤方式,过滤设备分为滤饼过滤和深层过滤两大类;按照过滤推动力,过滤设备又可分为减压过滤和加压过滤两大类。

2. 板框压滤机和离心过滤机均属于加压过滤机,转鼓真空过滤机为减压过滤机,它们都属于滤饼过滤。

第三节 膜分离设备

分离青霉素发酵液中青霉菌体的传统工艺是转鼓真空过滤器过滤,采用这种工艺不仅过程繁琐,而且有效成分的收率低。采用平板膜过滤技术后能使有效成分收率提高近5%。膜过滤已经广泛应用于生物制药生产过程中。

一、膜分离概述

1. 膜分离过程　膜分离过程是用天然的或合成的、具有选择透过性的薄膜为分离介质,当膜两侧存在某种推动力时,原料侧液体或气体混合物中的某一或某些组分选择性地透过膜,以达到分离、分级、提纯或富集的目的。

目前膜分离技术在制药领域主要用于纯水制备、物料的浓缩、分离等。由于中药煎煮液中存在大量的鞣质、蛋白、淀粉、树脂等大分子物质及许多微粒及絮状物等,这些大分子一般没有药效作用且影响产品质量,用水提醇沉或醇提水沉工艺不仅难以将它们除尽,而且容易损耗有效成分并消耗大量的有机溶剂,用膜分离技术可很好地实现上述目的。选用不同种类和规格的分离膜可以得到单一成分产物,也可以是某一分子量区段的多种成分。

膜分离过程与其他传统分离方法相比具有分离效率高、能耗较低、膜组件结构紧凑、操作方便、分离范围广等优势,不仅适用于热敏性物质的分离、分级、浓缩与富集,而且适用于从病毒、细菌到微粒广泛范围的有机物和无机物的分离及许多理化性质相近的混合物的分离。图7-13给出了膜分离的应用范围。

2. 膜的分类　按照膜的制造材质,可分为有机高分子膜、无机材料膜;按照分离颗粒直径或质量的大小,膜可分为微孔膜、超滤膜、纳滤膜、反渗透膜和渗析膜等。

(1)有机高分子膜材料及特性:有机高分子膜材料有:①纤维素类:纤维素类中硝酸纤维素价格便宜,广泛用作微滤膜材料,可以在120℃30分钟热压灭菌;醋酸纤维素亲水性好、成孔性好、成本低,但耐酸碱和有机溶剂能力差,应用受到一定的限制,可以在120℃30分钟热压灭菌;再生纤维素广泛用作微滤膜、超滤膜材料。②聚酰胺类:具有高强度、耐高温的特性,适用于弱酸、稀酸、碱类和一般溶剂,如丙酮、三氯甲烷、醋酸乙酯的滤过,是制作耐溶剂超滤膜的首选材料。③聚四氟乙烯:用于滤过酸性、碱性、有机溶剂的液体,可耐200℃高温,常用于超滤微滤过程。④聚氯乙烯:不受低分子量的醇类和中等强度的酸碱的侵蚀,但耐热性差,不能加热灭菌。⑤其他膜材料:除了上述膜材料之外,还有聚砜、聚碳酸酯、聚酯、聚丙烯腈、聚乙烯醇等多种滤膜材料。

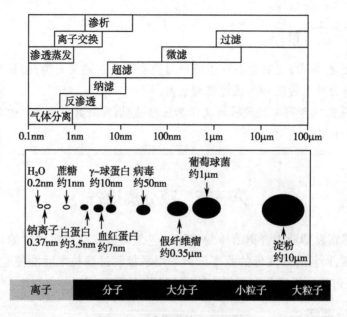

图 7-13　膜分离的应用范围

（2）无机膜材料：无机膜可分为金属膜材料和陶瓷膜材料。陶瓷膜材料包括 Al_2O_3、TiO_2、ZrO_2、SiO_2 等氧化物，以及胺化硅、碳化硅等非氧化物。

表 7-1 总结了常用膜分离过程的分类和基本特征。

表 7-1　常用膜分离过程的分类和基本特征

过程	分离目的	透过组分	截流组分	料液组分	推动力	传递机制	膜类型	进料状态
微滤	溶液、气体脱粒子	溶液、气体	0.02～10μm 粒子	大量溶剂及少量小分子溶质和大分子溶质	压力差约 100kPa	筛分	多孔膜	液、气
超滤	溶液脱大分子，大分子溶液脱小分子，大分子分级	小分子溶液	1～20nm 大分子溶质	大量溶剂、少量小分子溶质	压力差为 100～1000kPa	筛分	非对称膜	液
纳滤	溶剂脱有机组分、高价离子，软化、脱色、浓缩分离	溶剂、低价小分子溶质	1nm 以上小分子溶质	大量溶剂、低价小分子溶质	压力差 500～1500kPa	溶解扩散	非对称膜	液

过程	分离目的	透过组分	截流组分	料液组分	推动力	传递机制	膜类型	进料状态
反渗透	溶剂脱溶质,含小分子溶质溶液浓缩	溶剂	0.1~1nm小分子溶质	大量溶剂	压力差100~10 000kPa	优先吸附毛细孔流动,溶解-扩散	非对称膜	液
渗析	大分子溶质脱小分子	小分子溶质或较小的溶质	大于0.02μm截留	较小组分或溶剂	浓度差	筛分微孔膜内的受阻扩散	非对称膜或离子交换膜	液
电渗析	溶液脱小离子,小离子溶质浓缩,小离子分级	小离子组分	大离子和水	少量离子组分、少量水	电化学势	反粒子经离子交换膜的迁移	离子交换膜	液
气体分离	气体混合物分离、富集或特殊组分脱除	气体、较小组分或膜中易溶组分	较大组分(除非膜中溶解度高)	两者都有少量组分	压力差为100~1000kPa,浓度差(分压差)	溶解-扩散、分子筛分、努森扩散	均质膜、不对称膜、多孔膜	气
渗透	挥发性液体混合物分离	膜内易溶或易挥发组分	难溶或难挥发组分	少量组分	分压差	溶解-扩散	均质膜、不对称膜	液
乳化液膜	液体或气体混合物分离、富集	高溶解度组分或能反应组分	难溶解组分	少量组分、大量组分	浓度差、pH差	促进传递和溶解扩散	液膜	液、气

二、微孔膜

1. 微滤的基本原理　微滤是利用微孔膜孔的筛分作用,在静压差推动下,将滤液中大于膜孔径的微粒、细菌及悬浮物质等截留下来,达到除去滤液中微粒而得到澄清溶液的目的。通常,微滤过程所采用的微孔膜孔径在 0.05~10μm 范围内,一般认为微滤过程用于分离或纯化含有直径为 0.02~10μm 的微粒、细菌等物质。膜的孔数及孔隙率取决于膜的制备工艺,由于每平方厘米滤膜中包含 0.11 亿~1 亿个小孔,孔隙率占总体积的 70%~80%,故阻力很小,过滤速度较快。由于微滤所分离的粒子通常远大于用反渗透、纳滤和超滤分离溶液中的溶质及大分子,基本上属于固液分离,可看成是精细过滤。从微孔膜上截留微粒、絮状物等主要靠:①筛分作用,即膜孔能截留比其孔径大或相当的微粒;②架桥作用;③吸附作用,包括物理、化学吸附,吸附作用可将粒子截留于膜表面甚至于膜内部。

微滤过程有两种操作方式,即无流动操作和错流操作。

在无流动操作中,原料液置于膜的上游,在压差推动下,溶剂和小于膜孔的颗粒透过膜,大于膜孔的粒子则被截留,该压差可通过原料液侧加压或透过液侧抽真空产生。随着时间的增长,被截留颗粒将在膜表面形成污染层,使滤过阻力增加,在操作压力不变的情况下,膜渗透流率随之下降,因此无流动操作只能是间歇性的,必须周期性地停下来清除膜表面的污染层或更换膜。

无流动操作简便易行,适合实验室等小规模场合。对于固含量低于0.1%的料液通常采用这种形式;固含量在0.1% ~ 0.5%的料液则需进行预处理;而对固含量高于0.5%的料液通常采用错流操作。

微滤的错流操作发展很快,有代替无流动操作的趋势。这种操作类似于超滤和反渗透,原料液以切线方向流过膜表面,在压力作用下通过膜,料液中的颗粒则被膜截留而停留在膜表面形成一层污染层。与无流动操作不同的是,料液流经膜表面时产生的高剪切力可使沉积在膜表面的颗粒扩散回主体流,从而被带出微滤组件,使该污染层不再无限增厚而保持在一个较薄的稳定水平。因此一旦污染层达到稳定,膜渗透流率就将在较长一段时间内保持在较高的水平。

2. 微滤在分离纯化中药提取液中的应用　中药复方水提液中含有较多的杂质,如极细的药渣、泥沙、纤维等,同时还有大分子物质如淀粉、树脂、糖类及油脂等,使药液色深而浑浊,用常规的滤过方法难以除去上述杂质。醇沉工艺的不足是总固体和有效成分损失严重,且乙醇用量大、回收率低、生产周期长,已逐渐被其他精细分离方法所替代。高速离心技术通过离心力的作用,使中药水提液中悬浮的较大颗粒杂质如药渣、泥沙等得以沉淀分离,是目前应用最广的分离除杂方法之一。但对药液中非固体的大分子物质,高速离心法的去除效果并不十分的理想,同样存在一定的适应性和局限性。因此,在此基础上,微滤技术利用筛分原理分离大小为0.05 ~ 10μm的粒子,不仅能除去液体中较小的固体粒子,而且可以截留多糖、蛋白质等大分子物质,具有较好的澄清除杂效果,并为以后的超滤或更精细的分离操作创造条件。

三、超滤膜

超滤(UF)是一种膜滤法,能从周围含有微粒的介质中分离出1 ~ 10nm的微粒。这个尺寸范围内的微粒通常是流体的溶质,因此,超滤既可分离溶液中的某些溶质,又可应用于某些用其他滤过方法难以分离的胶体悬浮体。

1. 超滤的基本原理　通过滤膜流动的流体中,含有的分子体积较大的溶质可以被滤膜截留,而分子体积较小的溶质不能被滤膜截留。把流体静压施加到固定滤膜的上侧,溶剂和分子体积小的溶质就通过滤膜,而分子体积大的溶质就被滤膜截留。在滤膜的上侧聚集的是含分子体积较大的溶质的加压溶液,而滤膜下侧聚集的是含分子体积小的溶质的溶液。

在超滤过程中,被截留的大分子在膜表面上不断积累,浓度越来越高。当膜面溶质浓度达到某一极限时即形成一层近于固体的凝胶层,其阻力大于超滤膜本身,同时将分子量小于截留值的溶质也被截留,起到次级膜的作用,因而使液体透过速度与截留性能均受影响。这种现象即所谓浓度极化。

由于膜形成的这层凝胶层与其余溶液形成了一个浓度梯度。因此膜面高浓度处的溶质会同时向低浓度溶液方向扩散,直至平衡。这时,如果再增加压力,虽不再增加凝胶层的浓度,但能使凝胶层增厚,因而滤速不会因压力升高而加快。为改善浓度极化现象,必须采用增加膜面的搅拌程度,加速溶液中的溶质向外扩散,使凝胶层减薄到最低限度,才能提高滤速,在超滤时使液体在系统中不断地循环流动,利用流体的动力作用将膜面上的截留物冲洗掉,结果既能保持滤速,又可使截留物呈液体浓缩物而被回收。这是超滤与其他滤过方法不同的显著特点之一。

2. 超滤膜的选择　超滤膜是超滤系统装置中的核心部分,选择适宜的超滤膜是影响超滤质量的关键。超滤膜材质国内常用的有醋酸纤维素类、聚砜等,以及使用较少的聚四氟乙烯、尼龙等,其中醋酸纤维素滤膜常用,它具有通量大、无毒性、便于制备等优点。由于聚砜的耐热、耐酸碱性能优越,近年来也发展较快。

了解和选择适宜的膜材质可以保证所滤药液的稳定性,同时也可避免药液对膜的腐蚀所引起的膜的破损脱落。超滤膜的分离特性与膜的孔径有关,超滤膜的孔径常以截留(95%)特定物质的相对分子质量来表示。例如,分子量截留值为1万的膜,应能将溶液中相对分子质量1万以上的溶质90%以上截留在膜前。常用的特定物质有牛血清蛋白、卵蛋白、细胞色素。根据待滤物质的相对分子质量大小选择适当的孔径及截留值,应根据超滤体系的特点,通过实验选择合适的超滤膜,以保证超滤的顺利进行。表7-2列出了几种常用超滤膜的结构及其特性。

表 7-2　几种常用超滤膜的结构及其特性

结构		活性层	支撑层	pH 范围	T_{max}/℃	截留分子量/kDa
有机的	不对称/复合	PS	PP/聚酯	1~13	90	1~500
	不对称/复合	PES	PP/聚酯	1~14	95	1~300
	复合	PAN	聚酯	2~10	45	10~400
	复合	PA	PP	6~8	80	1~50
	不对称/复合	CA	CA/PP	3~7	30	1~50
	复合	PVDF	PP	2~11	70	50~200
	复合	PE	聚酯	2~12	40	20~100
	复合	FP	–	1~12	65	5~100
无机的	复合	氧化锆	碳	0~14	350	10~300
	复合	Al_2O_3/TiO_2	改性的 Al_2O_3/TiO_2	0~14	400	10~300
	不对称	Al_2O_3	Al_2O_3	1~10	300	0.001~0.1m
	复合	Al_2O_3	Al_2O_3	1~10	150	0.004~0.1m

四、陶瓷膜

1. 陶瓷膜简介　陶瓷膜是在无机膜领域内应用最为成功和广泛的。最早由日本1996年开发引入市场。陶瓷膜主要是 Al_2O_3、TiO_2、ZrO_2、SiO_2 等无机材料制备的多孔膜,其孔径为 2～50nm。具有化学稳定性好,能耐酸、耐碱、耐有机溶剂;机械强度大,可反向冲洗;抗微生物能力强;耐高温;孔径分布窄,分离效率高等特点,在食品工业、生物工程、环境工程、化学工业、石油化工、冶金工业等领域得到了广泛的应用。陶瓷膜与同类的塑料制品相比具有许多优点,它坚硬、承受力强、耐用、不易阻塞,对具有化学侵害性液体和高温清洗液有更强的抵抗能力;其主要缺点就是价格昂贵,制造过程复杂。

2. 陶瓷膜的结构及分类　装填陶瓷膜的膜组件称之为陶瓷膜组件或者为无机膜组件。陶瓷膜组件主要包括不锈钢外壳和密封两部分,它们是组件的重要组成部分。

目前,已商品化的多孔陶瓷膜的结构主要有平板、管式和多通道三种。平板膜主要用于小规模的工业生产和实验室研究。管式膜组合起来形成类似于列管换热器的形式,可增大膜装填面积,但由于其强度问题,已逐步退出工业应用。规模应用的陶瓷膜通常采用多通道结构,即在一圆截面上分布着多个通道,一般通道数为 7、19 和 37。无机陶瓷膜的主要制备技术有采用固态粒子烧结法制备载体及微滤膜;采用溶胶-凝胶法制各种超滤膜;采用分相法制备玻璃膜;采用专门技术(如化学气相沉积、无电镀等)制备微孔膜或致密膜。其基本理论涉及材料学科的胶体与表面化学、材料化学、固态离子学、材料加工等。

3. 陶瓷膜的特点

(1)分离精度高,过滤级别可选,处理效果非常稳定,长期运行截留性能无变化。根据客户不同需求,可分别选用不同过滤级别的陶瓷膜管。

(2)可维持高通量下的长期稳定运行,所得产品品质优良。一改传统过滤方式过滤的澄明度低、除菌不彻底、无法连续生产、劳动强度大、产品品质低等缺点。

(3)抗污染能力强,分离过程中无二次溶出物产生,产品品质有保障。陶瓷膜是在高温下经过特殊工艺制备而成,因此,陶瓷膜孔不会因为长期处在高温状态下或者是酸、碱体系下而发生膜本体或者膜孔的溶胀。

(4)陶瓷膜耐高温性能好,可处理高温液体,并用蒸汽反冲再生和高温原位消毒灭菌。

(5)机械强度大,pH 适用范围广,耐酸、耐碱、耐有机溶剂及强氧化剂性能好。而其他有些无机膜材质尤其不耐酸腐蚀,因而在酸体系内就很难长期工业化使用,即使工业化使用,其使用寿命和截留性能将无法长期得到保证。

(6)陶瓷膜采用的是不同于传统错流过滤的新型错流过滤方式,此种过滤方式在膜面不易形成污染,可有效减轻浓差极化这一普遍存在的现象,保持系统长期稳定的高处理通量。

(7)陶瓷膜系统通过简便的清洗,即可在短时间内完全恢复膜性能,膜再生性能极强,且清洗成本低。

(8)陶瓷膜使用寿命长,是有机膜材质制作的膜元件使用寿命的几倍甚至几十倍。

4. 陶瓷膜的发展趋势　从发展趋势来看,陶瓷膜制备技术的发展主要在以下两个方面:一是在多孔膜研究方面,进一步完善已商品化的无机超滤和微滤膜,发展具有分子筛功能的纳滤膜、气体分离膜和渗透汽化膜;二是在致密膜研究中,超薄金属及其合金膜及具有离子混合传导能力的固体电解质膜是研究的热点。已经商品化的多孔膜主要是超滤和微滤膜,其制备方法以粒子烧结法和溶胶-凝胶法为主。前者主要用于制各微孔滤膜,应用广泛的商品化 Al_2O_3 膜即是由粒子烧结法制备的。

　　当前,西方发达国家在食品工业、石化工业、环境保护、生化制药等许多领域对膜技术的应用越来越广泛,而用无机材料制成的过滤膜的发展前景有可能比有机过滤膜更好。对于面临抗生素政策性降价和抗菌药限售双重压力的国内众多抗生素生产企业而言,通过创新工艺提高产品收率和质量,不失为降低成本的明智选择,而以陶瓷膜技术改进现行抗生素分离提纯工艺有可能成为降低成本、提高效益的突破口。

点 滴 积 累

　　1. 按膜的材质,膜过滤器可分为无机膜和有机膜;按截留颗粒大小,膜过滤器分为微孔膜、超滤膜和反渗透膜。

　　2. 根据待分离物质颗粒大小和溶剂性质,选择适宜的膜组件。

　　3. 膜操作过程中要定期清洗去除污染物,避免膜堵塞。

目 标 检 测

一、选择题

(一) 单项选择题

1. 属于可压缩性的颗粒是(　　)
   　　A. 非金属颗粒　　　　B. 金属颗粒　　　　C. 矿石颗粒　　　　D. 酵母

2. 对颗粒沉降速度起重要影响作用的因素是(　　)
   　　A. 颗粒密度　　　　B. 颗粒的直径　　　　C. 所承受的加速度　　D. 沉降距离

3. 在重力场中,对颗粒沉降速度有明显影响的因素是(　　)
   　　A. 流体的密度　　　　　　　　　B. 颗粒的直径
   　　C. 颗粒的密度　　　　　　　　　D. 颗粒的表面积

4. 碟片式离心机属于(　　)
   　　A. 重力沉降设备　　　　　　　　B. 离心沉降设备
   　　C. 离心过滤设备　　　　　　　　D. 压力过滤设备

5. 高速管式离心机主要用于(　　)
   　　A. 过滤大量颗粒　　B. 过滤微量颗粒　　C. 分离重相和轻相　　D. 过滤杂质

6. 板框压滤机(　　)
   　　A. 适合于中粗颗粒的过滤
   　　B. 适合于非牛顿性流体的过滤
   　　C. 适合于过滤直径 >0.25μm 的颗粒的过滤
   　　D. 适合于纳米颗粒的过滤

7. 微孔膜的孔道结构具有(　　)
   　　A. 疏水性　　　　B. 亲水性　　　　C. 各向同性　　　　D. 各向异性

8. 陶瓷膜不具有的特性是(　　)
   　　A. 耐高温　　　　B. 耐高压　　　　C. 不耐酸碱　　　　D. 无极性选择

（二）多项选择题

1. 固体颗粒密度的描述方法有（　　　　　）
   A. 真实密度　　　　　　B. 表观密度　　　　　　C. 只有真实密度
   D. 只有表观密度　　　E. 比体积

2. 属于板框压滤机的操作过程的是（　　　　　）
   A. 装合　　　B. 脱落　　　C. 吹松　　　D. 整理　　　E. 干燥

3. 属于碟片离心机的用途的是（　　　　　）
   A. 离心过滤　　　　　　B. 澄清悬浮液　　　　　　C. 分离乳浊液
   D. 加压过滤　　　　　E. 重力沉降

4. 不属于管式离心机的设备是（　　　　　）
   A. 管式血液分离机　　　B. 叶滤机　　　　　　C. 转鼓真空过滤机
   D. 旋液分离器　　　　E. 硅藻土过滤机

5. 不属于各向同性的膜是（　　　　　）
   A. 超滤膜　　　　　　B. 反渗透膜　　　　　　C. 透析膜
   D. 微孔膜　　　　　E. 纳滤膜

二、简答题

1. 球形颗粒在静止流体中作重力沉降时都受到哪些力的作用？它们的作用方向如何？
2. 简述评价旋风分离器性能的主要指标。
3. 简述何谓饼层过滤？其适用何种悬浮液？
4. 简述工业上对过滤介质的要求及常用的过滤介质种类。
5. 何谓膜过滤？它又可分为哪几类？

三、实例分析

请分析下列情况下使用各分离设备的理论根据和使用效果。

1. 在动态中药提取浓缩生产流程中，采用碟片式离心机和高速管式离心机代替沉淀罐。
2. 在灌装注射剂之前，注射液都要进行终端过滤，现在都采用精密过滤器代替 G3 玻璃漏斗。
3. 超滤器使用后都要用氢氧化钠、乙醇和甲醛处理。

（贺　峰）

第八章 萃 取 设 备

原料液通过固液分离后去除了大部分杂质,但其组成仍然非常复杂,目标产物浓度很低,可以利用物质在不同溶剂中溶解度的差异,采取萃取的方法将其从混合物中提取出来,从而可使目标产物获得初步纯化。

第一节 萃取基本知识

萃取是指利用物质在两种互不相溶的溶剂中溶解度或分配系数的不同,使其从一种溶剂转移到另外一种溶剂的过程。萃取已广泛应用于抗生素、有机酸、生物碱等生物药物的分离纯化。

一、萃取过程

1. 萃取 如图8-1所示,现有两种溶剂A和S,两者互不相溶,目标组分在S中的溶解度大于在A中的溶解度。在含有某溶质的A溶液中加入溶剂S,经振摇静置分层后,大部分目标组分转移到了溶剂S中,发生了目标组分被转移到溶剂S的过程,即发生了萃取过程。

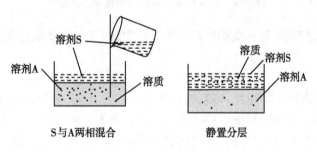

图 8-1 萃取过程

在萃取过程中,溶剂S起转移目标组分的作用,称为萃取剂,由萃取剂和组分组成的溶液叫萃取液,被萃取后的溶液称为萃余液。经萃取后,原料液中的组分分别分配到萃取液和萃余液中,但总数量不变。

2. 萃取原理 组分从溶剂A转移到溶剂S中,其推动力是组分在两种溶剂中溶解度的差异。因为组分遵守"相似相溶"的原理,即当组分的分子极性和溶剂分子极性相当时溶解度最大,如两种溶剂分子极性相差较大,组分势必要从分子极性差距大的溶剂中扩散到差距小的溶剂中。如中药的水提取液中含有挥发油,当加入石油醚后,挥发油几乎都转移到石油醚中。究其原因,水分子极性大,挥发油分子极性小,石油醚分子极性小,所以发生了挥发油转移到石油醚的现象。

3. 分配定律 在萃取过程结束后,组分的总数量不变,但在两种溶剂中进行了重新分配,目标组分在萃取液中的数量远远大于在萃余液中的数量。组分在两种溶剂中的数量分配遵守一定的规律。

如图 8-2 所示,原料液和溶剂 S 在混合器中接触传质达平衡后,静置分层并用分离器分离后得到了萃取相中萃取液 L 和萃余相中萃余液 R,且只进行一次就完成了整个萃取操作过程,属于单级萃取工艺流程。设萃取过程完成后,组分在萃取液中的摩尔浓度为 c_1,在萃余液中的摩尔浓度为 c_2,则:

$$K = \frac{c_1}{c_2} \qquad\qquad 式(8-1)$$

K 称为分配常数,是萃取液中溶质浓度与萃余液中溶质浓度的比值。经研究发现,在其他条件不变的情况下,萃取过程达到平衡后,萃取液中溶质浓度与萃余液中溶质浓度的比值是常数,这个规律叫分配定律。

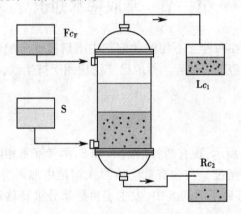

图 8-2 组分在萃取液和萃余液中的分配

在多次萃取过程中,每一次萃取都服从分配定律,且每次萃取过程的分配系数都相同,即:

$$K = K_1 = K_2 = \cdots = K_n$$

所以,随着萃取次数的增加,残留在原料液中的组分越来越少,但无论进行多少次萃取,都不可能将组分从原料液中彻底萃取出来。因此在实际生产过程中,需要考虑溶剂蒸发和成本问题,对原料只进行有限次的萃取操作。如在中药提取生产时,经过三次萃取后,可认为萃取完成。

📖📖 课堂活动

取 250ml 的分液漏斗 1 个,加入茶叶浸渍液 100ml,再加入 80ml 三氯甲烷,振荡静置分层,观察两相颜色改变情况,阐明原因。

二、萃取工艺

生物制药生产萃取过程,按照原材料性状可分为液液萃取和固液萃取;按萃取剂性质可分为溶剂萃取、双水相萃取和双胶束萃取;按重复萃取操作方式可分为单级萃取和多级萃取,后者又分为错流萃取和逆流萃取。在生产过程中可根据目标产物萃取的需要选择相应的萃取工艺。

(一) 单级萃取

只进行一次萃取操作的过程叫单级萃取,单级萃取设备只包括一个混合器和一个分离器,如图 8-3 所示。

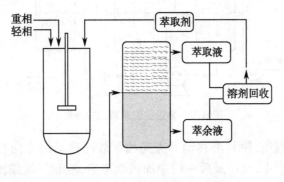

图 8-3 单级萃取流程

具体操作过程是将原料液和萃取剂都加入到混合器中,用搅拌器搅拌,促使溶质从原料液中转移到萃取剂中,经过一段时间后,静置分层,用分离器把萃取相和萃余相分离后即完成一个萃取操作周期。

(二) 多级错流萃取

在此法中,料液经萃取后,所得萃取液多次与新鲜萃取剂接触,进行多次萃取操作。图 8-4 所示的为三级错流萃取过程,第一级的萃余液作为原料液进入第二级,并加入新鲜萃取剂进行萃取;第二级的萃余液再作为第三级的原料液,也同样用新鲜萃取剂进行萃取,将三级萃取液合并送入贮存罐贮存备用。

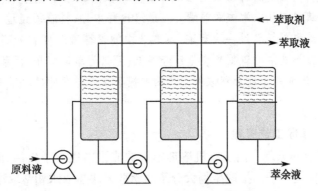

图 8-4 多级错流萃取工艺流程

在三级错流萃取中,随着萃取的级数增加,萃取液中的组分总数量增多,溶剂体积逐级增大,萃取液中的组分浓度逐级降低。此法特点在于每级中都加入溶媒,故溶媒消耗量大,后续蒸发浓缩量大,但萃取较完全。

(三) 多级逆流萃取

如图 8-5 所示,在多级逆流萃取中,在第一级加入原料液,在第三级加入空白萃取剂。在第三级萃取后所得萃取液作为萃取剂进入第二级,第一级的萃余液作为原料液进入第二级,两股流体混合萃取后,所得萃余液作为原料液进入第三级。而萃取液作为萃取剂进入第一级,在第一级对原料液萃取后,所得萃取液被送入贮罐贮存备用。

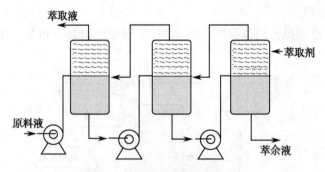

图 8-5 多级逆流萃取工艺流程

在上述萃取过程中,原料液移动的方向和萃取剂移动的方向相反,故称为逆流萃取。在三级逆流萃取中,只在最后一级中加入萃取剂,故和三级错流萃取相比,萃取剂的消耗量较少。随着级数的增加,萃取液中组分的浓度逐级升高。

 案 例 分 析

案例

发酵法生产青霉素的过程中,原来采用单级萃取工艺流程萃取发酵液中青霉素的制药企业都进行了工艺改造,采用了三级逆流萃取工艺流程。

分析

发酵液中青霉素浓度很低,仅 0.1% ~4.5%,采用单级萃取工艺进行提取,如不加大萃取剂的用量,很难提高青霉素的回收率。如果采用三级逆流萃取操作,原料液从前端流向末端,萃取剂从末端流向前端。在逆流过程中,原料液每经过一级萃取,浓度就下降一次,而萃取剂每经过一次萃取,萃取液中的青霉素浓度就升高一次。经过三级逆流萃取后,原料液中的青霉素含量已经很低,可认为萃取完毕,而萃取液中青霉素浓度达到最高。因而在不增加萃取剂用量的前提下最大限度地提取了青霉素。

（四）双水相萃取工艺流程

1. 双水相萃取的原理 由于有机溶剂容易造成蛋白质分子失活,因而溶剂萃取法不能用来提取生物大分子。提取生物大分子的萃取方法是双水相萃取法。

将亲水性聚合物加入水中会形成两相,聚合物在两相中以不同的比例分配。水分在两相中的比例为 85% ~95%,蛋白质等生物大分子在这种溶液体系中保持自然活性。

当两种聚合物的水溶液混合时,在一定条件下会形成两相而分层,从而可用来进行萃取操作。这种萃取叫双水相萃取。

用于双水相萃取的聚合物有聚乙二醇(PEG)、葡聚糖(DEX)、聚乙烯醇、聚丙二醇、羧甲基纤维素以及甲氧基聚乙二醇等。此外,还有葡萄糖、磷酸盐和硫酸盐等。

聚合物之间构成的双水相体系有聚乙二醇与葡聚糖、聚乙二醇与聚乙烯醇、聚乙烯醇与羧甲基纤维素、聚丙二醇与甲氧基聚乙二醇等体系。

聚合物与无机盐构成的双水相体系有聚乙二醇与磷酸钾、聚乙二醇与磷酸铵、聚乙二醇与硫酸钠、聚乙二醇与葡萄糖等体系。在这类双水相体系中，上相富含聚乙二醇，下相富含无机盐或葡萄糖。

由于双水相体系不损伤生物大分子的活性，因而可应用于蛋白质、酶、核酸、人生长激素、干扰素等的分离纯化。

2. 双水相萃取法的应用 目前双水相萃取工艺主要用于酶的生产过程中，该工艺流程由两级萃取组成，如图 8-6 所示。

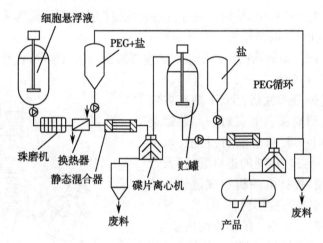

图 8-6 两级双水相萃取酶工艺流程

(1)第一级萃取：细胞悬浮液经高压均质机破碎后冷至低温，经泵输送到管式混合器中与 PEG 的盐液混合，再用碟片式离心机或管式离心机分离得萃取液，将萃取液输送到中间罐中暂存，萃余液进入废渣贮罐贮存待后续处理。

(2)第二级萃取：将中间罐中的萃取液放出并与无机盐溶液在管式混合器中混合，混合液再次经过碟片式离心机或管式离心机分离得萃取液，将萃取液打入贮存罐中贮存备用，萃余液进入废渣贮罐贮存待后续处理。

在双水相萃取中，所用过的 PEG 和无机盐类要进行回收。PEG 的回收采用盐溶蛋白质和离子交换法，无机盐的回收采用结晶沉淀法进行。

点 滴 积 累

1. 萃取是溶质从一种溶剂转移到另一种溶剂的过程，不可能将溶质从一种溶剂完全萃取到另一溶剂中。

2. 根据两相组成，可分为溶剂萃取、固液萃取；按照工艺，又可分为单级萃取、多级萃取。

3. 萃取后，萃取相溶质浓度与萃余相溶质浓度的比值是常数，称为分配定律。萃取次数根据萃取率和经济成本确定。

第二节 萃取设备

工业上萃取过程分为三个工序:①原料液和萃取剂充分混合形成乳浊液;②将乳浊液分成萃取相和萃余相;③将萃取相进行蒸馏浓缩回收萃取剂。工艺操作分为混合与分离两个环节,对应的设备有混合设备和分离设备,也可采用兼具混合和分离两种功能的设备。

一、混合设备

在生物制药生产过程中,萃取用混合设备以机械搅拌式混合罐为主,有时也用管式和喷射式混合器进行萃取混合操作。

1. 混合罐 该设备的结构类似于带机械搅拌的密闭式反应罐,由罐体、搅拌器和挡板等组成,如图8-7所示。

混合罐的罐体呈圆柱形,上、下两底各安装了椭圆形或圆形封头。上底封头起着罐盖的作用,其上设计安装有萃取剂、料液、调节pH的酸(碱)液及去乳化剂的进口管,还设计了排气孔、观察窗、搅拌电动机和减速箱的机座。下底封头固定在圆柱形筒体上,其上设计有排液管、污水排放管等。在罐体的内壁上,竖直方向设计安装了挡板,以防止中心液面下凹,起增强流体湍流程度的作用。对于大型的混合器,为了加大罐内两相间的传质推动力,可用带有中心孔的圆形水平隔板将混合罐分隔成上下连通的几个混合室,每个室中都设有搅拌器。

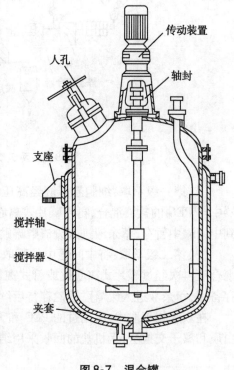

图8-7 混合罐

混合罐的搅拌器通常采用螺旋桨式搅拌器,搅拌器与传动轴相连,电动机经减速箱减速后驱动搅拌器旋转,其转速控制在400~1000r/min范围;若采用涡轮式搅拌器,其转速控制在300~600r/min范围,视情况而定。

工作时,将原料液和萃取剂送入罐体中,调节pH等参数,开动电动机进行搅拌。由于有搅拌作用,罐内料液几乎处于全混流状态。料液在罐内的平均混合停留时间为1~2分钟。待搅拌混合完毕,从罐底部放出料液并输送到分离器中。

萃取用混合罐类设备,除机械搅拌混合罐外,尚有气流搅拌混合罐。气流搅拌混合罐的操作过程是将压缩空气通入料液中,借鼓泡作用进行搅拌。气流搅拌混合罐特别适用于化学腐蚀性强的料液,但不适用于搅拌挥发性强的料液。

2. 喷射式混合器 喷射式混合器的工作原理与水力喷射泵相同,结构上相似,但体积小得多,最小型号的扩大管公称直径只有10mm。喷射式混合器结构简单,使用方便。但由于其产生的压力差小、功率低、还会使液体稀释等缺点,所以在应用方面受到一定限制(图 8-8)。

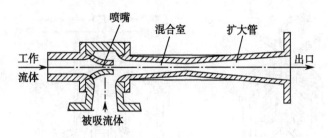

图 8-8 喷射式混合器

3. 管式混合器　管式混合器是一种没有运动部件的高效混合设备。管式混合器由分布器、直管和混合单元组成,如图 8-9 所示。

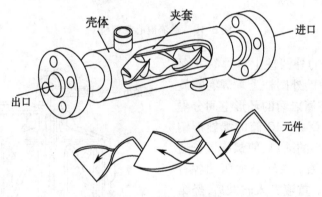

图 8-9 管式混合器

分布器是一个三通管,其两个孔分别用于原料液和萃取剂的进口,第三孔为混合液的出口。分布器出口与直管相连,起着将两股或多股流体汇集合并成一股的作用。

管式混合器的关键元件是混合单元,是一个固定在直管中的部件,依据混合液的组成不同,混合单元也不相同。萃取用的混合元件是一组精心设计的金属波纹片。它能使不同流体在三维空间内作"Z"字形流动,各自分散后彼此混合,在各种型号的静态混合器中,这种设备混合效果最好,用于乳化过程时能使液体分散成 $0.5 \sim 2 \mu m$ 的液滴,用于一般的混合过程不均匀度系数≤1%,而且没有放大效应。

管式混合器的工作原理主要是使液体在一定流速下在管道中形成湍流状态。因为液体在管道中湍流时,各液体质点的运动方向是不规则的,易于达到相互混合。管道萃取的效率比搅拌罐萃取效率高,且操作过程可连续进行。

二、分离设备

工业上溶剂萃取分离技术一般都采用离心沉降法。

离心沉降分离设备有高速离心机和超速离心机两大类。高速离心机是指碟片式离心机,超速离心机有管式离心机。它们不仅用于固液分离,而且还广泛应用于液液萃取分离。

1. 逆流离心萃取机　逆流离心萃取机是专用于萃取的特殊碟片离心机,其组成部件有转鼓、圆筒、中心管、传动轴、轻相进出口、重相进出口等。在转鼓中设置有 11 个同心圆筒,从中心往外排列的顺序为 1、2、3、…、11 同心圆筒,每个圆筒均是一端开孔,另一端封闭。单数筒的孔在下端,双数筒的孔在上端。如图 8-10 所示。

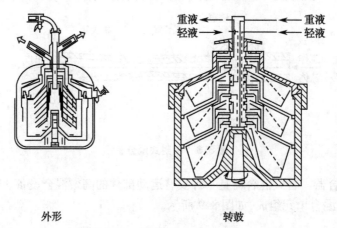

外形　　　　　　　　转鼓

图 8-10　逆流离心萃取机

第 1、2、3 筒的外圆柱上各焊有 8 条钢筋,第 4～11 筒的外圆柱上均焊有螺旋形的钢带,将筒与筒之间的环形空间分隔成螺旋形通道。第 4～10 筒的螺旋形钢带上开有不同大小的缺口,使螺旋形长通道中形成很多短路。在转鼓的两端各有轻重液的进出口。重液进入转鼓后,经第 4 筒上端开孔进入第 5 筒,沿螺旋形通道往外顺次流经各筒,最后由第 11 筒经溢流环到向心泵室,被向心泵排出转鼓。轻液由装于主轴端部的离心泵吸入,从中心管进入转鼓,流至第 10 筒,从其下端进入螺旋形通道,向内顺次流过各筒,最后从第 1 筒经出口排出转鼓。如图 8-11 所示。

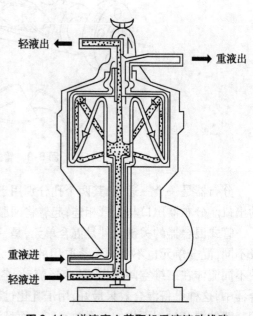

图 8-11　逆流离心萃取机重液流动线路

 知 识 链 接

超临界萃取

咖啡中含有的咖啡因多饮对人体有害,因此必须从咖啡中除去。前联邦德国 Zesst 博士开发的从咖啡豆中用超临界二氧化碳萃取咖啡因的专利技术,现已实现了工业化生产,并被世界各国普遍采用。这一技术的最大优点是取代了对人体有害的卤代烃溶剂,使咖啡因的含量可从原来的 1% 左右降低至 0.02%,而且 CO_2 良好的选择性可以保留咖啡中的芳香物质。

2. 三相倾析离心机　前联邦德国于 20 世纪 80 年代研制生产出最早的三相倾析离心

机,随后英国、日本将其用于青霉素生产。在我国,三相倾析离心机又叫三相卧式螺旋卸料沉降离心机,典型的机型有 LWS 320×1280 等,目前主要应用于青霉素、蛋白质的生产。

(1)结构与特点:三相倾析离心机是具有圆锥形转鼓的高速离心萃取分离机,它由圆柱-圆锥形转鼓及螺旋输送器、差速驱动装置、进料系统、润滑系统及底座组成,重相和轻相相对流动为逆流流动方式,如图 8-12 所示。

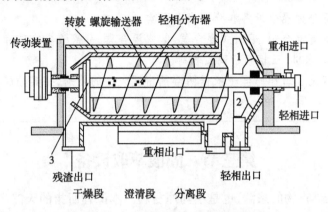

图 8-12 三相倾析离心机结构示意图
1. 向心泵;2. 调节环;3. 分离盘

作为萃取机与通常卧式螺旋离心机的不同点是:该机在螺旋转子柱的两端分别设计配置有调节环和分离盘,以调节轻、重相界面,并在轻相出口处配有向心泵,在泵的压力作用下将轻液排出。进料系统上设有中心套管式复合进料口,使轻、重两相均由中心进入。且在中心管和外套管出口端分别配置了轻相分布器和重相布料孔,其位置是可调的,通过两者位置的调节可把转鼓柱端分为重相澄清区、逆流萃取区和轻相澄清区。

倾析离心机运转过程中监测手段较齐全,自动控制程度较高:倾析离心机转鼓前后轴承温度系用数字温度显示;料液 pH 的控制靠玻璃电极,发酵液流量的控制靠电磁流量变送器;破乳剂、新鲜醋酸丁酯、低单位醋酸丁酯等料液流量的变化靠控制器控制气动薄膜阀等,从而达到要求的流量。

(2)三相倾析离心机的工作原理:图 8-13 为三相倾析离心机工艺流程示意图。

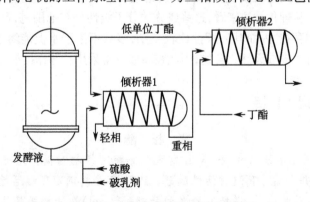

图 8-13 三相倾析离心机工艺流程

转鼓与螺旋输送器在摆线针轮行星转动的带动下,以一定的差转速同时高速旋转,形成一个大于重力场数千倍的离心力场。料液从重相进料管进入转鼓的逆流萃取区后受到离心场的作用,在此与中心管进入的轻相相接触,迅速完成相之间的物质转移和液-液-固分离,固体渣子沉积于转鼓内壁,借助于螺旋转子缓慢推向转鼓锥端,并连续地排出转鼓。而萃取液则由转鼓柱端经调节环进入向心泵室,借助离心泵的压力排出。

点 滴 积 累

1. 萃取设备分为混合设备和分离设备两类。

2. 混合设备有混合罐、喷射式混合器、管式混合器,分离设备有碟片离心机、管式离心机、逆流离心萃取机、三相倾析离心器等。

3. 离心萃取设备工作原理是依据两溶剂密度大小的差别,将其分成轻相和重相,从而达到分离效果。

第三节 固液萃取设备

动植物是天然产物的来源,也是中药原材料。本课程所指的天然产物是植物中各类有机化合物。

一、药用植物化学成分

1. 植物中的化学成分 组成植物的化学成分非常复杂,根据各类成分的结构组成和功能,可分为生物物质、天然有机化合物和金属盐等三大类。属于生物物质的有糖类、蛋白质、酶、核酸、脂类、多肽、氨基酸、果胶、纤维素、半纤维素、木质素、淀粉、树脂、鞣质等;属于天然有机化合物的有生物碱、苷类、醌、黄酮、香豆素、木脂素、萜类、甾体及其挥发油、色素等;属于金属盐的有钾、钠、钙、镁等金属形成的有机盐和无机盐。其中,天然有机化合物大多都具有药理活性,是药物提取生产中的目的产物;生物物质和金属盐多数没有药理活性,所以是天然药物提取中的非目的产物。植物提取就是将目的产物同非目的产物分离开来的操作过程。

2. 天然产物的溶解性 植物中的天然有机化合物有生物碱、苷类、醌、黄酮、香豆素、木脂素、萜类、甾体及其挥发油、色素物质等,这些物质一般都具有药理活性,是天然药物的有效化学成分。从理化性质来看,这些成分的分子极性分布范围宽,且从强极性到非极性都有相应的物质存在,因而其溶解性比较复杂,多数不溶于水但能溶于有机溶剂,特别是乙醇溶液可溶解大多数天然化合物,因此在萃取时常采用乙醇作提取溶剂。

 知 识 链 接

紫 杉 醇

1963 年美国化学家 Wani 和 Wall 发现紫杉醇粗提物对离体培养的鼠肿瘤细胞有很高的活性,并开始分离这种活性成分。1971 年分析确定了该活性成分的化学结构是一种四环二萜化合物,并把它命名为紫杉醇(taxol)。紫杉醇是红豆杉属植物中的一种复杂的次生代谢产物,主要适用于卵巢癌和乳腺癌疾病的治疗,对肺癌、大肠癌、黑色素瘤、头颈部癌、淋巴瘤、脑瘤也都有一定疗效。

二、天然产物的萃取剂

1. 溶剂极性　植物提取的产品主要用于医药或食品原料,所以在提取过程中所使用的溶剂必须满足安全、高效、价廉的原则,对人体无毒理作用,对有效成分应是化学惰性,能最大限度地溶解目的产物而最小限度地溶解非目的产物。在实际生产过程中,可以采用多种溶剂混配的方法,使所用溶剂的理化性质符合植物提取工艺的要求。

采用溶剂进行植物提取的理论依据是相似相溶原理,如果溶剂的分子极性与目的产物相近,则所使用的溶剂能够将目的产物最大限度地提取出来。

植物提取常见溶剂的极性大小排列顺序为:

水 > 乙醇 > 丙酮 > 乙酸乙酯 > 三氯甲烷 > 乙醚 > 苯 > 甲苯 > 石油醚

(1)水:极性大,溶解范围广,植物中多种成分都能被水溶解浸出。优点是无毒理作用,价格便宜。其缺点是选择性差,非目的产物被浸出量大,给纯化操作带来困难。

(2)乙醇:中强极性,能与水以任意比例混溶,乙醇浓度越高则极性越低。各种活性成分在乙醇中的溶解度随乙醇浓度的变化而变化。90% 的乙醇用来浸取挥发油、有机酸、树脂、叶绿素等弱极性成分,50% ～70% 的乙醇可用来浸取生物碱、苷类等,50% 以下的乙醇用来浸取苦味物质、蒽醌类等亲水性化合物。

(3)乙醚:乙醚是非极性溶剂,微溶于水,可与乙醇及其他有机溶剂混溶。乙醚可溶解生物碱、树脂、挥发油、某些苷类。大部分溶解于水的成分在乙醚中不溶解。乙醚的缺点是有药理副作用,易燃易爆,价格高。在提取过程中主要用于粗品的精制。

(4)三氯甲烷:三氯甲烷是非极性溶剂,在水中微溶,与乙醇、乙醚能任意混溶。可溶解生物碱、苷类、挥发油、树脂等,不能溶解蛋白质、鞣质等极性物质。三氯甲烷有强烈的药理作用,应在浸出液中尽量除去。

除此之外,丙酮和石油醚也是常用溶剂,可以用于脱水、脱脂和提取。丙酮和石油醚有较强的挥发性,且易燃易爆,并具有一定的毒性,主要应用于提取过程中粗品的精制。

2. 常用萃取助剂　为提高目的产物的溶解度,增加制剂的稳定性,除去或减少某些物质,常在提取溶剂中加入辅助剂。常用的辅助剂有酸、碱和表面活性剂。

酸类如硫酸、盐酸、醋酸、酒石酸、枸橼酸等可与生物碱等天然有机化合物反应生成盐,从而提高了在水溶液中的溶解度;同时还可使植物中的有机酸游离后,再用溶剂萃取除去。

碱类如氨水、碳酸钙、碳酸钠、碳酸氢钠等可与蒽醌等天然有机化合物发生中和反应生成盐,从而提高这些化合物在水溶液中的溶解度和稳定性,有利于目的产物的提取。在生物碱的酸提取液中加碱可使生物碱游离,便于萃取。

加入表面活性剂可降低植物材料与溶剂间的界面张力,使润湿角变小,促使溶剂和植物材料之间的润湿渗透。常用的表面活性剂有非离子型、阴离子型和阳离子型,根据植物材料和溶剂性质确定所使用的表面活性剂的型号。

三、天然产物萃取过程

植物提取的过程本质上是固液萃取过程,是用溶剂将目的产物从细胞中萃取出来的过程,萃取液又叫提取液,提取液经浓缩干燥后的提取物称为浸膏。

在植物提取过程中,当固体材料与溶剂经过长时间接触后,材料内部空隙中液体的浓度与材料周围液体的浓度相等,液体的组成不再随时间而改变,我们称固液萃取达到平衡状态。

一个完整的提取过程有以下几个阶段:

1. 浸润渗透　由于液体静压力和植物材料毛细孔作用,溶剂被吸附在植物材料表面,并慢慢渗透到植物细胞内部,这个过程叫浸润渗透。

溶剂渗透到植物细胞后使干瘪的细胞膨胀,恢复细胞壁的通透性,形成了可让活性成分从细胞中扩散出来的通道。

2. 解吸与溶解　在植物细胞中,各种成分相互之间有吸附作用,溶剂进入细胞后,破坏了吸附力,解除吸附作用,活性成分顺利进入溶剂形成溶液。

3. 扩散　活性成分从细胞中转移到提取溶剂中是通过扩散过程完成的。扩散过程可分为内扩散和外扩散两个阶段。溶剂溶解了细胞中活性成分后形成了浓度较高的溶液,在细胞内外产生了溶质浓度差,从而产生了渗透压。细胞内的活性成分在渗透压推动下穿过细胞膜和细胞壁,逐渐扩散到细胞壁外侧,并在细胞壁外侧积聚,这个过程称为内扩散过程。细胞壁外侧的活性成分浓度在逐渐升高,新鲜溶剂进入浓度已升高的液层中,将细胞壁外侧的活性成分从高浓度部位转移到低浓度部位,这个过程叫外扩散过程。

研究表明,溶剂在细胞内的溶解速度很大,但内扩散和外扩散速度较低。扩散速度是提取生产效率的制约因素。在提取液中进行搅拌产生湍流,使低浓度的溶剂置换固液界面上的浓溶液,始终保持细胞内外高浓度差,促使溶质不断转移到细胞壁外侧,并被扩散到低浓度部位,这是提高提取生产效率的途径。

 知 识 链 接

植物细胞壁

植物细胞的细胞壁是具有一定硬度和弹性的固体结构。其主要成分是纤维素,在初生壁上还有半纤维素和果胶质,它形成了细胞壁的网状框架。在萃取天然产物之前常常要将细胞进行适当的破碎。

四、天然产物萃取设备

目前植物提取方法有煎煮法、浸渍法、渗漉法、回流法等,由于提取原理上的差异,相应地所使用的设备也互不相同。现分别介绍如下。

1. 煎煮提取工艺及设备　将植物材料在水中加热煮沸提取目的产物的方法称为煎煮法,可分为常压煎煮、加压煎煮、减压煎煮等方法。煎煮法适合于在水中能够溶解、对热不敏感的目的产物的提取。常压煎煮法设备为夹层锅,如图 8-14 所示。

煎煮提取工艺操作过程是将植物材料装入煎煮锅中,用水浸没原材料,待植物材料软化润胀后,用蒸汽加热至沸腾,然后控制蒸汽加热,保持微沸状态,经过一定时间后将药渣和煎煮液一起倒入筛网过滤,将煎煮液转入中间罐贮存。再用新鲜水重复煎煮两次,合并煎煮液,静置过夜,沉淀过滤,所得滤液就是提取液,经浓缩干燥即得浸膏。

2. 浸渍提取工艺及设备 浸渍法属于静态提取,是将植物材料装入密闭容器中,在常温或加热条件下萃取目的产物的操作过程。

(1)冷浸法:是在室温或更低温度下进行的浸渍操作。一般是将植物材料装入密闭容器中,加入溶剂后密闭,于室温下浸泡,在浸泡过程中适时振动或搅拌,提高目的产物的溶出速率。浸泡时间一般为 3～5 日或更长,到规定时间后过滤,压榨残渣,使残液析出,将压榨液与滤液合并,静置过夜,滤去沉淀得浸出液,浸出液贮存备用。

(2)热浸法:在高于室温下进行的浸渍操作为热浸法。将植物材料装入密闭容器,通入蒸汽加热,保温浸渍一定时间后趁热过滤,静置过夜,过滤沉淀,其他操作与冷浸法相似。

图 8-14 煎煮锅

热浸法中如使用乙醇作溶剂,浸渍温度应控制在 40～60℃的范围内;如果是用水作溶剂,浸渍温度可以控制在 60～80℃的范围内。

热浸法可大幅度缩短浸渍时间,提高浸取效率。但热浸法提取出的杂质较多,浸取液澄清度差,冷却后有沉淀析出,需要精制。

(3)浸渍设备:浸渍法所使用的设备主要是浸渍器和压榨器。各种陶瓷缸、陶瓷罐、玻璃瓶、搪瓷玻璃罐、不锈钢多功能提取罐等都可以作浸渍器使用。

3. 渗漉提取工艺及设备 植物材料装入渗漉筒中,溶剂一边进入渗漉筒浸取目的产物一边流出提取液,这种浸取方法称为渗漉。

进行渗漉操作的设备叫渗漉筒或渗漉罐,由筒体、锥体、椭圆形封头、气动出渣门、气动操作台等组成,如图 8-15 所示。

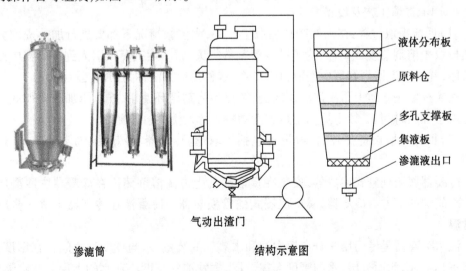

渗漉筒   结构示意图

图 8-15 渗漉罐

首先将原材料粉碎成中粗粉;其次用0.7~1倍量的溶剂浸润原材料4小时左右,待原材料组织润胀后将其装入渗漉罐中,将原材料层压平均匀,用滤纸或纱布盖料,再覆盖盖板,以免原材料浮起;随后打开底部阀门,从罐上方加入溶剂,将原材料颗粒之间的空气向下排出,待空气排完后关闭底部阀门,继续加溶剂至超过盖板板面5~8cm,将渗漉筒顶盖盖好并放置24~48小时,将溶剂从罐上方连续加入罐中,打开底部阀门,调整流速,进行渗漉浸取。

在进行渗漉操作时,溶剂从上方加入,连续流过原材料而不断溶出溶质,溶剂中溶质浓度从小增大,到最后以高浓度溶液流出。

需要注意的是,原材料颗粒不能太细,否则溶剂难以通过,浸取过程受到影响,或者不能进行。

渗漉操作过程不需加热,溶剂用量少,过滤要求低,适用于热敏性、易挥发和剧毒物质的提取。渗漉提取法类似于多次浸出过程,浸出液可以达到较高的浓度,适用于原材料含量低但要求提取液浓度高的植物提取,不适用于黏度高、流动性差的物料的提取。

 案 例 分 析

案例

提取藿香正气液时采用渗漉罐提取,所得原料液配制成口服液后治疗效果比热提取法好。

分析

提取藿香正气液的原料是由十多种中药材复方配制而成,其有效成分多数为挥发油,可溶于高浓度的乙醇溶液中。由于挥发油受热后挥发,因此热回流提取和热浸提都会损失有效成分,使得成药质量差,治疗效果不好。如果采用乙醇渗漉法提取,由于温度低无损失,所以有效成分全面,制得的口服液治疗效果好。

4. 回流提取工艺及设备

(1)回流提取过程:在天然产物提取生产中,大多数情况下都要进行加热提取。在加热提取中溶剂蒸发成蒸汽,为了减少溶剂的损失,常将溶剂蒸汽引入到冷凝器中冷凝成液体,并再次返回到容器中浸取目的产物,这种提取方法称为回流提取法。

回流提取法本质上是浸渍法,其工艺特点是溶剂循环使用,浸取更加完全彻底。缺点是由于加热时间长,故不适用于热敏性物料和挥发性物料的提取。

(2)回流提取设备:回流提取设备包括提取罐、冷凝器、冷却器、油水分离器、过滤筛等。

冷凝器属于列管式换热器,安装在提取罐的上方。溶剂蒸汽在冷凝器中冷凝成液体。冷凝器的下方有冷却器,属于沉浸式蛇管换热器。冷凝液在冷却器中进一步冷却至常温。

油水分离器是专门用来分离挥发油和水蒸气的装置,水与挥发油之间存在密度差,且互不相溶,因此而分层,水的密度大在下层,挥发油的密度小在水的上层。在容器中,当挥发油液层积累到一定高度后,就从侧边的溢流口流出,从而实现油水分离操作。

进行回流提取的容器叫提取罐。通常提取罐由罐体、上封头、出渣门、夹套、气室等部件构成,如图 8-16 所示。

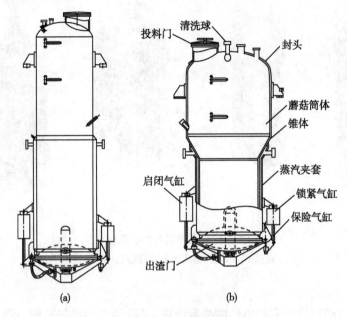

图 8-16 提取罐的结构
(a)直筒式提取罐 (b)蘑菇式提取罐

提取罐的罐体有直筒式、蘑菇式、正锥式、斜锥式等结构形式。提取罐的上封头设计有投料口、清洗旋转球、蒸汽出口、回流口、观察窗等,部分提取罐的上封头还设计有电动机的支架,支架上安装有减速箱,电动机的传动轴通过减速箱减速后带动罐体内搅拌器转动。提取罐的夹套是用来加热或冷却物料的换热器,可通入蒸汽、有机油、冷却盐水进行换热。

出渣门既是残渣出口,又是罐体的下封头。出渣门设计有启闭梁、加热鼓等部件。出渣门通过不锈钢软管与启闭气缸连接,启闭气缸是出渣门的开启和关闭装置,通过压缩空气进行控制。为了保证出渣门关闭后不至于松脱,在罐体底部还设计有锁紧气缸。当出渣门关闭后,锁紧气缸通过压缩空气将出渣门牢牢地锁住,保证提取操作的正常进行。

(3)常见的几种提取罐:图 8-17 是几种常见的提取罐。

1)直筒式提取罐:直筒式提取罐的罐体是圆筒,筒体上下同径,采用夹套和底部加热方式。直筒式提取罐阻力小出料顺畅,结构简单,造价低廉。为了提高生产效率,普遍采用小直径圆筒。

2)蘑菇式提取罐:蘑菇式提取罐筒体上大下小,上部空间大可防止提取液暴沸。顶部配有清洗球可进行全方位清洗,加热方式为夹套或底部加热。溶剂回流采取切线循环,因而动态效果好,传热速率快。缺点是制造难度大,价格高。

3)正锥式提取罐:筒体直径大,底部直径小,出料口密封性好。采用夹套加热方式。正锥式提取罐可用于小颗粒原材料的提取过程,但出渣时往往需要人工辅助出料。

斜锥式提取罐与正锥式提取罐的结构和性能基本相同,出料阻力小于正锥式提取罐,出料更容易。

4)搅拌式提取罐:搅拌式提取罐是在蘑菇式提取罐的顶部安装了搅拌器,通过搅拌器的搅动促使溶剂流动,形成动态提取,这样改善了物料和溶剂接触状态,提高了溶质

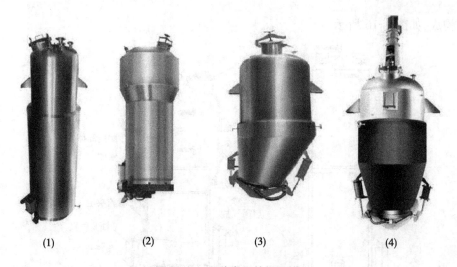

图 8-17 几种常见的提取罐

(1)直筒式;(2)蘑菇式;(3)斜锥式;(4)正锥式

浸取速度。

　　搅拌式提取罐可进行多种方法的提取操作,又称为多功能提取罐,可以用于多种形态原料的提取操作。

　　单罐回流提取设备操作控制节点如图 8-18 所示。

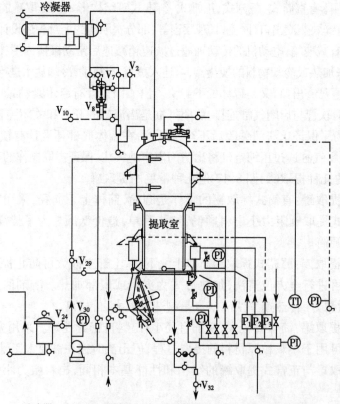

图 8-18 单罐提取控制节点

▎点▕▏滴▕▏积▕▏累▕

植物中的天然活性化学成分有生物碱、苷类、醌、黄酮、香豆素、木脂素、萜类、甾体及其挥发油、色素等,可用水或者有机溶剂进行固液萃取。有煎煮、浸渍、渗漉和回流提取等工艺,采用的设备有煎煮锅、渗漉罐和多种提取罐等。

第四节 植物提取浓缩工艺流程

一个完整的植物提取浓缩工艺流程包括预处理阶段、提取阶段、纯化阶段和浓缩干燥阶段。预处理阶段包括净选、切制、炒制、蒸制、干燥、粉碎等操作。本课程只讨论植物提取、纯化、浓缩、干燥等工艺流程。

一、典型的纯化工艺

在植物提取液中含有各种各样的杂质成分,根据杂质的理化性质,可选择有效的纯化操作将杂质分离出去。常见的纯化方法有沉淀法、膜过滤法、大孔树脂吸附法、离子交换法、结晶法等。在对提取液进行初步纯化时,通常采用水沉淀和乙醇沉淀,也可选用金属盐和其他有机溶剂进行杂质沉淀。典型的提取纯化工艺有水提醇沉法和醇提水沉法。

(一)水提醇沉法

将水提取液浓缩后,加入足量的乙醇,使杂质沉淀分离的方法称为水提醇沉法。水是极性分子,在植物提取中能萃取出多种化学成分,包括目的产物和杂质成分。植物中的蛋白质、淀粉、黏液质、树脂、果胶等生物大分子都能被提取出来。这些生物大分子在高浓度的乙醇溶液中溶解度小,极容易发生沉淀。所以,在水提取液中加入高浓度乙醇既能沉淀去除杂质,又保留了能溶于水和乙醇的有效成分,从而达到分离杂质的目的。

在实际操作中加入的乙醇量要准确,当溶液中乙醇浓度为 50%~60% 时,可去除淀粉杂质;含醇量达 75% 时,可除去蛋白质等杂质;当含醇量为 80% 时,几乎可除去全部蛋白质、多糖和无机盐类。

(二)醇提水沉法

某些目的产物分子极性不高,在水中溶解度小甚至不溶,但在乙醇中有较大的溶解度,此时应采用乙醇作提取溶剂,将所得提取液浓缩后低温冷藏过夜,滤去沉淀除去杂质,这种纯化过程称为醇提水沉法。

用乙醇提取的优点是降低了提取液中蛋白质、淀粉、黏液质、树脂、果胶等生物大分子的含量,简化了后续纯化操作。本法操作工序少,提取液受热时间短,有效成分损失小。其缺点是不能将鞣质彻底除掉,由于脂溶性色素能溶于乙醇溶液中,故提取液颜色较水提醇沉法深,需要用硅藻土或活性炭脱色。

天然药物提取液的初步纯化方法较多,除上述方法外,还有用壳聚糖、聚丙烯酰胺、明胶、石灰乳、醋酸铅等试剂作沉淀剂去杂,以及其他去杂方法,本课程暂不作深入讨论。

二、植物提取浓缩工艺流程

植物提取浓缩生产流程包括提取、纯化、浓缩、干燥四个操作单元。根据提取溶剂的流动状态,可将提取浓缩生产流程分为静态提取和动态提取两种。

(一)静态提取浓缩工艺流程

静态提取浓缩生产工艺的特点是提取罐中的原材料和溶剂处于相对静止的状态。静态提取法设备投资少、维修率低,但提取效率较低、溶剂消耗量大、后续溶剂回收工作量大。

静态提取浓缩生产线由提取罐、冷凝器、冷却器、振动筛、离心泵、中间罐、蒸发器、储罐、沉淀罐、浓缩罐、真空干燥器、乙醇回收塔、射流真空泵等设备组成,如图8-19所示。

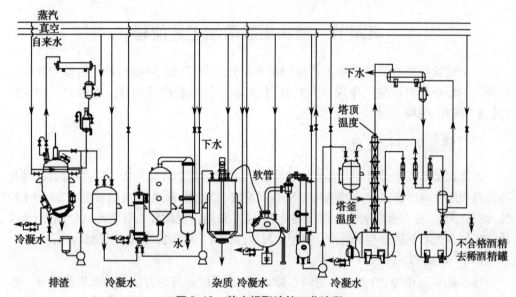

图8-19 静态提取浓缩工艺流程

静态提取浓缩生产线是传统中药生产线,正逐渐被动态提取法取代。

(二)动态提取浓缩工艺流程

植物动态提取浓缩工艺有浸提、振动筛过滤、三级离心过滤机过滤、层析柱分离纯化、解吸液蒸发浓缩、喷雾干燥等操作环节。植物动态提取浓缩生产线由多功能提取罐、板框过滤器、三足式离心机、振荡筛、碟片式离心机、管式高速离心机、层析柱、真空蒸发器、喷雾干燥器等设备组成,如图8-20所示。

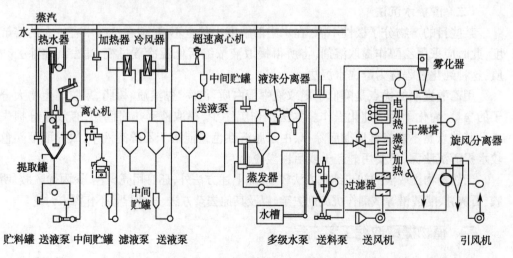

图8-20 动态提取浓缩工艺流程

点滴积累

1. 天然产物特指植物中各种有机化合物,采用水和有机溶剂将天然产物从植物细胞中提取出来的过程叫固液萃取。

2. 提取工艺有煎煮、浸渍、渗漉、回流提取,提取设备有夹层锅、渗漉罐、回流提取罐。

3. 根据提取液性质可选用直筒式、蘑菇式、斜锥式、正锥式等不同形状的提取罐提取。

目 标 检 测

一、选择题

(一) 单项选择题

1. 在萃取过程中起转移溶质作用的溶剂称为( )

    A. 萃取剂   B. 萃取液   C. 萃余液   D. 溶剂

2. 萃取反应中萃取剂为一弱酸性有机化合物,溶质在水相中以络离子形式存在,萃取时,水相中溶质的阳离子取代出萃取剂中的氢离子,称为( )

    A. 阳离子交换反应萃取   B. 物理萃取

    C. 络合反应萃取   D. 加和反应萃取

3. 下列对传统的混合设备的描述错误的是( )

    A. 间歇操作   B. 停留时间较长

    C. 传质效率较高   D. 装置简单,操作方便

4. 下列对多级逆流萃取的描述错误的是( )

    A. 在第一级中加入料液,萃余液顺序作为后一级的料液

    B. 在最后一级加入萃取剂,萃取液顺序作为前一级的萃取剂

    C. 料液的流动方向与萃取剂的流动方向相反

    D. 溶剂耗量大,萃取液浓度高

5. 下列对多级错流萃取的描述错误的是( )

    A. 每级中都加新鲜溶剂,耗量大   B. 得到的萃取液浓度低

    C. 得到的萃取液浓度高   D. 萃取完全

6. 下列物质常用于中药的是( )

    A. 树脂   B. 黏液质   C. 果胶   D. 挥发油

7. 咖啡因属于( )

    A. 苷类化合物   B. 黄酮化合物   C. 生物碱   D. 醌类化合物

8. 醌类化合物易溶解于( )

    A. 中性水溶液   B. 酸性水溶液   C. 碱性水溶液   D. 石油醚

9. 萜类化合物易溶解于( )

    A. 中性水溶液   B. 酸性水溶液   C. 碱性水溶液   D. 石油醚

10. 提取生物碱时常用(　　　)提取。
    A. 中性水溶液　　B. 酸性水溶液　　C. 三氯甲烷　　D. 石油醚

11. 热提法中只能用水作溶剂的方法是(　　　)
    A. 浸渍法　　B. 渗漉法　　C. 煎煮法　　D. 回流法

12. 热提法中有机溶剂用量最省的方法是(　　　)
    A. 浸渍法　　B. 渗漉法　　C. 煎煮法　　D. 回流法

13. 提取易挥发成分的方法是(　　　)
    A. 温浸法　　B. 渗透法　　C. 索氏提取法　　D. 压榨提取法

14. 在植物提取过程中,控制提取速度的步骤是(　　　)
    A. 浸润渗透　　B. 解吸与溶解　　C. 内扩散　　D. 外扩散

15. 蘑菇式提取罐系统没有的部件是(　　　)
    A. 冷凝器　　B. 冷却器　　C. 油水分离器　　D. 搅拌器

16. 动态提取罐罐体上安装有(　　　)
    A. 搅拌器　　B. 气液分离器　　C. 油水分离器　　D. 冷凝器

17. 水提醇沉法所得沉淀主要是(　　　)
    A. 黄酮　　B. 木脂素　　C. 多糖　　D. 生物碱

18. 中药静态提取浓缩流程没有采用的设备是(　　　)
    A. 振荡筛　　B. 管式离心机　　C. 沉淀罐　　D. 乙醇回收塔

19. 中药动态提取浓缩流程采用碟片离心机是为了(　　　)
    A. 去除药渣　　　　　　B. 去除有机溶剂
    C. 去除生物大分子　　　D. 收集药膏

(二)多项选择题

1. 常见的萃取剂有(　　　　　)
   A. 乙酸乙酯　　B. 石油醚　　C. 正丁醇
   D. 甘油　　E. 蓖麻油

2. 对萃取剂选择的原则的描述正确的是(　　　　　)
   A. 对所需成分溶解度大,其他成分溶解度小,根据相似相溶原理进行选择
   B. 萃取剂与料液的互溶度愈小愈好
   C. 毒性小
   D. 经济、安全、腐蚀性低、挥发性小、沸点不高、便于回收
   E. 以上都正确

3. 对分离因素的描述正确的是(　　　　　)
   A. 分离因素是在同一萃取体系内两种溶质在同样条件下分配系数的比值
   B. 分离因素愈小,说明两种溶质分离效果愈好
   C. 分离因素等于1,这两种溶质就分不开了
   D. 分离因素愈大,说明两种溶质分离效果愈好
   E. 以上都不对

4. 下列说法正确的是(　　　　　)
   A. 天然药物提取过程不适用物质"相似相溶"规律
   B. 乙醇可作渗漉提取用溶剂

    C. 冷浸法可最大限度地保持药物有效成分的活性

    D. 提取草本药材的有效成分时可选用直筒式提取罐

    E. 乙醚可用于提取过程

5. 植物静态提取工艺流程可采用的纯化方法有(　　　　　)

    A. 铅盐沉淀法　　　　　　B. 乙醇沉淀法　　　　　　C. 水沉淀法

    D. 硫酸盐法　　　　　　　E. 盐析法

6. 植物动态提取工艺流程采用的纯化方法是(　　　　　)

    A. 醇沉法　　　　　　　　B. 碟片离心机　　　　　　C. 高速管式离心机

    D. 水沉法　　　　　　　　E. 盐析法

7. 在水提醇沉法中除去的杂质成分是(　　　　　)

    A. 蛋白质　　　　B. 酶　　　　C. 多糖　　　　D. 树脂　　　　E. 生物碱

8. 常用提取罐出渣门的控制方法是(　　　　　)

    A. 手动控制　　　　　　　B. 液压控制　　　　　　　C. 气动控制

    D. 电磁阀控制　　　　　　E. 电机控制

二、简答题

1. 为什么在中药提取液中加入乙醇可除去生物大分子?

2. 如何回收中药提取液中的乙醇?

3. 动态提取浓缩工艺流程有哪些优缺点?

4. 澄清中药提取液的方法有哪些?

三、实例分析

  1. 在发酵法生产青霉素的过程中以醋酸戊酯作萃取剂,采用了三级逆流萃取工艺流程。试分析其合理性。

  2. 在中药藿香正气液的生产过程采用了渗漉提取法,试阐述理由。

(费建军)

第九章 色谱分离设备

色谱分离技术起源于20世纪初,50年代之后飞速发展,并发展出一个独立的三级学科——色谱学。色谱分离法已广泛应用于药品的分离纯化和分析检验。

第一节 色谱分离基本知识

色谱法是利用混合物中各组分在固定相和流动相中分布不同进行分离的过程。色谱分离设备可分为管式和釜式,常根据分离对象选择不同的分离设备。

一、色谱分离法

1. **色谱分离原理** 各种物质都有特定的物理化学性质,如分子极性、分子之间的作用力、分子形状、分子直径大小等。如固定相的物理化学性质与组分性质相当或者相近,则该组分在固定相中的分配比例大,在流动相中分配比例小;反之则疏远固定相而分配到流动相中。当分离操作时,如果组分在固定相中分配比例大,则其整体移动速度慢;如果组分在流动相中分配比例大,则组分将随流动相流动,移动速度快。经过一定时间后,各组分在固定相上移动了不同的距离,从而分离开来。这种利用各组分物理化学性质的差异,使各组分在固定相和流动相中的分布程度有差别,导致各组分移动速度不同而被分离的过程,称为色谱分离法,又叫层析分离法。如图9-1所示。

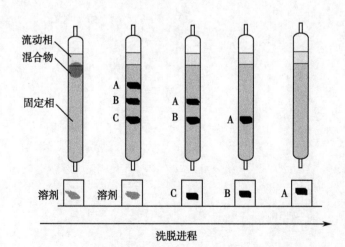

图9-1 色谱分离过程

2. **色谱分离固定相** 由固体颗粒组成的系统称为固定相,固定相不流动;由气体或液体组成的系统称为流动相,流动相可以流动。将固定相装在一个容器中,使流动相流过固定相的同时就可将杂质分离。

色谱分离的固定相有多种,如活性炭、硅胶、三氧化二铝、离子交换树脂、大孔树脂、羧甲基纤维素、凝胶等,同种固定相又有多种型号。根据物理化学性质不同又将固定相分为非极性固定相和极性固定相两大类。

3. **色谱分离流动相** 色谱分离中的流动相分为气体和液体。气体流动相多数情况下采用氮气作载体,样品液则通过高温汽化成复杂混合气体随载气流动。液体流动相分为水相和有机相两大类。水相即是水溶液作流动相,有机相则是用有机溶剂作流动相。

二、色谱分离法分类

根据固定相的构成、流动相的状态以及分配原理,可分为多种色谱分离法。

1. **按流动相状态** 流动相是气体的叫气相色谱,是液体的叫液相色谱。在生物药物生产过程中,大都采用液相色谱进行分离纯化。

2. **按作用原理划分**

(1) 吸附色谱:利用吸附剂表面对不同组分吸附性能的差异,达到分离鉴定的目的。

(2) 分配色谱:利用不同组分在流动相和固定相之间的分配系数不同,使之分离的方法。

(3) 离子交换色谱:利用不同组分对离子交换剂亲和力不同进行分离的方法。

(4) 凝胶色谱:利用不同组分分子大小的不同进行分离的方法。

(5) 亲和色谱:利用生物分子之间特异的亲和力进行分离的方法。

色谱分离法是纯化生物药物的主要方法,通过色谱分离法可将生物药物精制到要求的纯度。

3. **按流动相流速划分**

(1) 低压色谱:采用低压输送泵输送流动相,流动相压力小于0.3MPa,在色谱柱中流速缓慢。低压色谱主要用于常规药品的分离纯化。

(2) 高效液相色谱:采用柱塞式往复泵输送流动相,流动相压力高达15～30MPa,在色谱柱中流速快,进样后数分钟即可得到洗脱液。高效液相色谱主要用于快速分离纯化生物药品,也可以用于快速检验。

📖 课 堂 活 动

取装有AB-8大孔树脂的层析柱2支,1支用吸管吸取20ml红心萝卜汁上样吸附,再用蒸馏水平衡;另一支用硅胶管套在层析柱进口上,并经过蠕动泵放入盛有红心萝卜汁的烧杯中,开启蠕动泵电源,调节转速,待吸取10ml红心萝卜汁后改用蒸馏水平衡。观察比较两支色谱柱流出萝卜红色素的快慢,阐明原因。

三、色谱柱的结构

进行色谱分离的设备叫色谱柱。由于各种色谱分离法所采用的色谱柱在结构上大同小异,所以现以分配色谱柱为代表介绍有关色谱柱的结构和操作过程。

1. **色谱柱材料** 制造色谱柱的材料可以是玻璃、有机玻璃、金属和高分子塑料。其中,金属材料可分为碳钢和奥氏体不锈钢,用作离子柱时需要在内壁上用橡胶衬里;塑料材料可分为聚乙烯、聚丙烯、聚丙烯酸酯等,可以用于离子柱的制造。

2. **色谱柱的尺寸特性** 通常将色谱柱制成管式和罐式两种,大多数情况下为管式。

对于管式色谱柱的尺寸要求比较严格,最重要的指标是高径比,色谱柱的高度 L 与其内径 D 的比值,一般要求是高径比 $L/D = 10 \sim 30$。如果高径比大,则分离效果更好,但过长的色谱柱会产生较大的流动阻力且带来"壁面效应",导致色带不清晰,容易产生返混。在进行分离时要根据具体组成确定高径比。

3. **典型结构** 常见的色谱柱有玻璃色谱柱、夹套色谱柱、反转式色谱柱等,如图9-2所示。大型色谱柱的关键零部件是液体分布器,料液经分布器均匀地分散到色谱柱中,可避免扰乱固定相上方液体的层流状态。

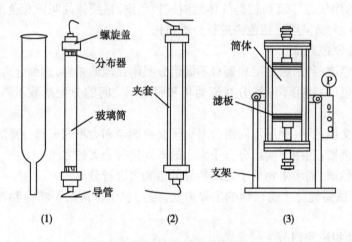

图9-2 常见色谱柱的结构
(1)普通玻璃色谱柱;(2)夹套色谱柱;(3)反转色谱柱

(1)玻璃色谱柱:玻璃色谱柱用得非常广泛,如图9-2(1)所示。玻璃色谱柱的优点是直观,可以观察柱内情况。另一个优点是惰性,玻璃一般不发生化学反应,不会污染组分,也不被酸碱和氧化剂腐蚀,所以既可以作离子柱使用又可以作硅胶柱使用。但有机玻璃柱只能用于离子柱,因为有机玻璃可溶于有机溶剂,如作硅胶柱使用,时间长后透明度降低,且污染组分。

(2)夹套色谱柱:在进行恒温分离过程中,常采用夹套玻璃柱。在普通玻璃柱外壁制作一个夹套,即构成夹套玻璃柱。通常夹套玻璃柱采用耐高温的硼玻璃制成,可耐受中等强度的压力,如图9-2(2)所示。

(3)反转式色谱柱:如图9-2(3)所示。反转式色谱柱可以是玻璃柱,也可以是不锈钢柱或聚丙烯酸酯柱,其主体结构与普通玻璃柱相同,不同的是在支柱上设计有转轴,将转轴安装在支撑架的轴承中,用手柄控制转轴的转动。当装柱或更换固定相时,可将柱体倒转,以便于操作。

点 滴 积 累

1. 色谱法是利用混合物中各组分在固定相和流动相中分布不同进行分离的过程。

2. 色谱法按流动相可分为气相色谱和液相色谱;按固定相又可分为吸附色谱、分配色谱、离子交换色谱、凝胶色谱、亲和色谱;按流动相速度可分为低压色谱和高效液相色谱。

3. 色谱分离设备有动态釜式色谱柱和静态管式色谱柱两大类。

第二节 吸附色谱柱操作技术

利用吸附剂作固定相进行分离的方法叫吸附色谱法。在吸附色谱法中所采用的吸附剂可分为非极性吸附剂和极性吸附剂两大类,所用的设备有管式色谱柱和釜式色谱柱。

一、吸附剂

1. **活性炭** 药用活性炭通常是由椰壳、果壳、核桃壳、花生壳等材料制成。制炭材料在高温高压下经热解而成活性炭。因大量的氢氧原子脱落,水蒸气升腾至外表面,所以在活化过程中,活性炭内部形成了复杂的孔隙结构,产生了数量繁多的毛细管,因活性炭内部存在巨大的表面积而产生了强大的吸附力。活性炭中毛细管的大小对吸附质有选择吸附的作用,因而具有分离纯化作用。

活性炭是由碳原子形成的分子结构而成为非极性吸附剂,不溶于水和有机溶剂,可用于吸附水中有机化合物和重金属离子,还可用于溶液的脱色。

2. **硅胶** 硅胶颗粒内部具有大量的毛细孔,毛细孔数量随制造方法不同而不同。硅胶根据其孔径的大小可分为大孔硅胶、粗孔硅胶、B 型硅胶、细孔硅胶。由于孔隙结构的不同,因此它们的吸附性能各有特点。粗孔硅胶在相对湿度高的情况下有较高的吸附量,细孔硅胶则在相对湿度较低的情况下吸附量高于粗孔硅胶,而 B 型硅胶由于孔结构介于粗、细孔之间,其吸附量也介于粗、细孔之间。

不同型号的硅胶其用途不同。在生物分离中所使用的可分为薄层层析硅胶和柱层析硅胶两大类。

薄层层析硅胶颗粒非常均匀且微小,其直径以 μm 计量,一般为 $10 \sim 40 \mu m$。薄层层析硅胶有四种类型,如表9-1 所示。

表9-1 薄层层析硅胶及性能

名称	黏合剂	性能特点
硅胶 H	无黏合剂	与多种黏合剂合用,机械强度高,不易脱落
硅胶 G	煅石膏作黏合剂	机械强度差,易脱落
硅胶 HF	无黏合剂,含荧光物质	在特定波长下显示样品成分
硅胶 GF	含煅石膏和荧光物质	制作成石膏薄层板,特定波长显示样品成分

柱层析硅胶一般都是 H 型。其中,工业级柱层硅胶的规格有20 ~ 40 目、20 ~ 60 目、

60~80目、100~200目、200~300目、300~400目和500~800目等。其中最常用的是100~200目和200~300目等两种型号。柱层析硅胶的性能见表9-2。

表9-2 柱层析硅胶的性能

指标 \ 型号	粗孔柱层层析硅胶	细孔柱层层析硅胶	大孔柱层层析硅胶	B型柱层层析硅胶
平均孔径 A	80~100	20~30	120~180	40~70
孔容 ml/g	0.75~1.0	0.35~0.4	1.05~1.25	0.6~0.8
比表面积 m²/g	300~450	650~800	240~300	450~600
常用规格	20~40目、20~60目、60~80目、100~200目、200~300目、300~400目、500~800目			

硅胶是极性吸附剂,在空气和溶液中都能强烈地吸附水分,因而主要用于有机溶剂中吸附极性化合物。

3. 大孔树脂

(1)大孔树脂的概念及分类:是由聚合单体、交联剂、致孔剂和分散剂等物质经聚合反应制备而成的高分子树脂。常用苯乙烯和丙酸酯作聚合单体,二乙烯苯作交联剂,甲苯和二甲苯作致孔剂。在聚合反应中聚合单体交联成立体网状结构,当除去致孔剂后,在树脂中留下了大大小小、形状各异、互相贯通的孔穴,孔穴直径一般在100~1000nm之间,因其孔径较大,故称为大孔树脂。如图9-3所示。

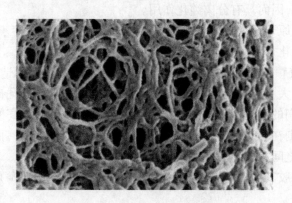

图9-3 大孔树脂的网状结构

如果大孔树脂结构中无极性基团,称为非极性大孔树脂,只用于非极性化合物的分离。如果大孔树脂结构中含有极性基团,则称为极性大孔树脂,可用于极性化合物的色谱分离。常用大孔树脂的组成和极性见表9-3。

表9-3 大孔树脂的分类

大孔树脂名称	聚合单体	交联剂	接枝基团	典型代表
非极性大孔树脂	苯乙烯	二乙烯苯	无	D101、X-5
弱极性大孔树脂	苯乙烯或甲基丙烯酸酯	甲基丙烯酸酯	硫氧、酰胺、	D201、AB-8
极性大孔树脂	乙烯、丙烯酰胺或亚砜		氮氧和吡啶	GDX-402

大孔树脂一般为白色的球状颗粒,粒度为 20～60 目,密度小,不溶于水,耐酸和有机溶剂,不受无机盐类及强极性低分子化合物的影响,对低浓度的碱具有一定的稳定性。

(2)大孔树脂的工作原理

1)筛分:大孔树脂的毛细孔孔径可控制,可以制作成多种直径的大孔树脂。在使用时,直径小于树脂直径的分子就进入到树脂内部,直径大于树脂直径的分子从树脂颗粒之间的缝隙中随流动相快速流动,利用流速差将不同大小的分子分离开。

2)吸附:进入树脂毛细孔的分子,根据其分子结构和极性,在孔道内受到大小不同的范德华引力。由于不同分子所受的吸附力不同,因而存在移动速度差,从而达到分离的目的。

(3)大孔树脂的适用范围:国内外使用的树脂种类众多,型号各异,性能差异较大。国内主要的树脂有 D 系列、H 系列、AB-8(弱极性)和 SIP 系列等。

1)同种大孔吸附树脂的吸附能力:大孔吸附树脂是一类新型的非离子型高分子吸附剂,其吸附性能的优劣是由其化学和物理结构决定的。同一型号的大孔吸附树脂对有效部位吸附能力强弱的规律为生物碱 > 黄酮 > 酚性成分 > 无机物。

2)不同大孔吸附树脂的吸附规律:不同的树脂结构对不同物质的吸附效果不同,如DM-130 吸附树脂对黄酮类化合物具有优良吸附性能;D- 及 DA- 型树脂对多糖吸附作用大于单糖和双糖;AB-8 树脂对皂苷的吸附容量大于蛋白质和糖。

非极性物质在极性介质(水)内被非极性吸附剂吸附;

极性物质在非极性介质中被极性吸附剂吸附,带强极性基团的吸附剂在非极性溶剂里能很好地吸附极性化合物;

聚苯乙烯树脂一般适用于非极性和弱极性物质的化合物,如皂苷类和黄酮类;

聚丙烯酸类树脂一般带有酯基或酰氨基,对中极性和极性化合物如黄酮醇和酚类的吸附较好。

因大孔树脂具有多种优秀的分离新能,所以大孔树脂广泛应用于天然化合物的分离纯化过程中。

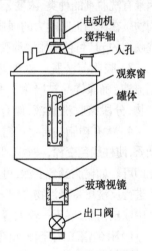

图 9-4 釜式吸附色谱柱

二、吸附色谱柱

吸附色谱柱有管式和釜式两类。管式色谱柱与普通色谱柱的结构相同,釜式吸附色谱柱的结构如图 9-4 所示。

釜式色谱柱内置搅拌器是为了搅动吸附剂和流动相。在搅拌过程中吸附剂完成了目标产物的吸附和洗脱分离,故又称为动态吸附色谱柱。

 知 识 链 接

色谱法的起源

色谱法起源于 20 世纪初,1906 年俄国植物学家米哈伊尔·茨维特用碳酸钙填充竖立的玻璃管,以石油醚洗脱植物色素的提取液,经过一段时间洗脱之后,植物色素在碳酸钙柱中实现分离,由一条色带分散为数条平行的色带。由于这一实验将混合的植物色素分离为不同的色带,因此茨维特将这种方法命名为 хроматография,这个单词最终被英语等拼音语言接受,成为色谱法的名称。汉语中的色谱也是对这个单词的意译。

三、大孔树脂色谱柱操作技术

1. 新树脂的预处理　大孔吸附树脂是由一类有机单体加交联剂、致孔剂、分散剂等添加剂聚合而成的,因而购来的新树脂要除去可能存在的毒性有机残留物。具体方法为首先使用饱和食盐水(工业用,用量约等于被处理树脂的2倍)将树脂浸泡18~20小时,然后放尽食盐水,用清水漂洗净,使排出的水不显黄色,再用2%~4%氢氧化钠(或5%盐酸)溶液(其量与上同)浸泡2~4小时(或小流量清洗),放尽碱或酸液后冲洗树脂直至水接近中性待用。实验室用常用大于95%的乙醇。

2. 使用条件的选择　吸附条件和解吸附条件的选择直接影响着大孔吸附树脂吸附工艺的好坏,因而在整个工艺过程中应综合考虑各种因素,确定最佳吸附和解吸条件。影响树脂吸附的因素很多,主要有被分离成分的性质(极性和分子大小等)、上样溶剂的性质(溶剂对成分的溶解性、盐浓度和pH)、上样液的浓度及吸附水流速等。通常,极性较大的分子适用在中极性树脂上分离,极性小的分子适用在非极性树脂上分离;体积较大的化合物选择较大孔径树脂;上样液中加入适量无机盐可以增大树脂吸附量;酸性化合物在酸性液中易于吸附,碱性化合物在碱性液中易于吸附,中性化合物在中性液中易于吸附;一般上样液浓度越低越利于吸附;对于滴速的选择,则应保证树脂可以与上样液充分接触吸附为佳。影响解吸条件的因素有洗脱剂的种类、浓度、pH、流速等。洗脱剂可用甲醇、乙醇、丙酮、乙酸乙酯等,应根据不同物质在树脂上吸附力的强弱,选择不同的洗脱剂和不同的洗脱剂浓度进行洗脱;通过改变洗脱剂的pH可使吸附物改变其分子形态,易于洗脱下来;洗脱流速一般通过试验确定。

3. 吸附与洗脱　处理好的大孔树脂上柱且用去离子水平衡后即可上样,上样时控制流速,确保样品被吸附。平衡后用去离子水洗脱水溶性杂质,再用有机溶剂洗脱目标产物,分段接收洗脱液,储存待用。

4. 大孔树脂的再生　树脂柱经反复使用后,树脂表面及内部残留许多非吸附性成分或杂质,使柱颜色变深,柱效降低,因而需要再生,一般用95%乙醇洗至无色后用大量水洗去醇化即可。如树脂颜色变深,可用稀酸或稀碱洗脱后水洗。如柱上方有悬浮物,可用水、醇从柱下进行反洗可将悬浮物洗出。经多次使用有时柱床挤压过紧或树脂颗粒破碎影响流速,可从柱中取出树脂,盛于一较大容器中用水漂洗除去小颗粒或悬浮物再重新装柱使用。

吸附色谱工艺流程如图9-5所示。

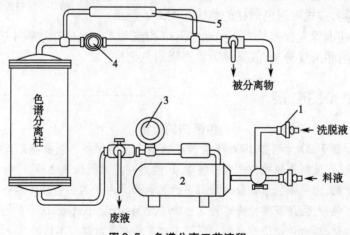

图9-5　色谱分离工艺流程

1. 洗脱剂进料阀;2. 压力平衡储罐;3,4. 减压阀;5. 管道过滤器

点 滴 积 累

1. 活性炭是非极性吸附剂,硅胶和三氧化二铝是极性吸附剂,大孔树脂有非极性和弱极性等多种型号。

2. 极性吸附剂在非极性溶剂中使用,非极性吸附剂在极性溶剂中使用,大孔树脂均可在水溶剂中使用。

3. 活性炭一般直接更新,硅胶、三氧化二铝以及大孔树脂均可再生处理后继续使用。

第三节　离子交换色谱

离子交换色谱法在生物制药工业被广泛地应用于氨基酸、抗生素以及其他生物制剂的纯化,是生物制品提取分离的主要方法之一。

一、离子交换树脂

进行阴、阳离子交换的高分子树脂称为离子交换树脂。离子交换树脂有多种型号,不同的型号用于不同成分的交换分离。

(一) 离子交换树脂的组成及性能参数

1. 离子交换树脂的组成　离子交换树脂是由聚苯乙烯与二乙烯苯交联得到的高分子有机化合物,其分子结构为多孔网状骨架结构,如图9-6所示。

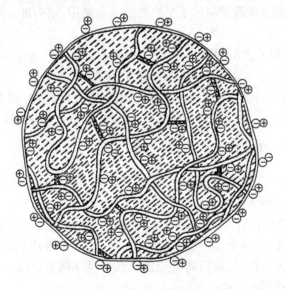

图9-6　离子交换树脂的网状结构

在离子交换树脂多孔网状结构上连接活性基团,所连接的活性基团可分为酸性基团和碱性基团两大类型。连接酸性基团的离子交换树脂称为阳离子交换树脂,连接碱性基团的树脂称为阴离子交换树脂。

常用的阳离子交换树脂的活性基团是磺酸基,阴离子交换树脂的活性基团有季铵盐等。

732 强酸型阳离子交换树脂的结构通式:$R—CH_2—SO_3^-H^+$

717 强碱型阴离子交换树脂的结构通式:$R—NR_3^+OH^-$

离子交换树脂的型号很多,可根据使用目的选择相应型号的树脂使用。

2. 离子交换树脂的性能参数　评价离子交换树脂性能的参数很多,常见的有颗粒度、交换容量和含水量等。

(1)颗粒度:多数离子交换树脂为球形颗粒,粒度过小,则堆积密度增大,溶液堵塞,直径过大,机械强度下降,且装填量小,内扩散时间延长,不利于成分的分离。常用离子交换树脂的粒径在 0.2~1.2mm 之间。

(2)交换容量:是表示离子交换树脂性能的重要参数,有质量交换容量和体积交换容量,常用体积交换容量。单位体积树脂可交换的毫摩尔数就是树脂的体积交换容量,单位为 mmol/ml。

(3)含水量:单位质量干树脂所能吸收水分的数量称为含水量。离子交换树脂的含水量一般为 0.3~0.7g/g。

(二) 离子交换树脂的工作原理

阴、阳离子交换树脂在水溶液中分别与阴离子、阳离子进行交换。

阳离子交换树脂的活性基团将与流动相中的阳离子交换,反应式如下:

$$R—CH_2—SO_3^-H^+ + Me^+ \rightarrow R—CH_2—SO_3^-Me^+ + H^+$$

阴离子交换树脂的活性基团与流动相中的阴离子交换,反应式如下:

$$R—CH_2—NR_3^+OH^- + X^- \rightarrow R—CH_2—NR_3^+X^- + OH^-$$

如果将阳离子交换树脂和阴离子交换树脂混合使用,则两种交换过程同时发生,其反应式为:

$$RCH_2SO_3^-H^+ + RCH_2NR_3^+OH^- + Me^+X^- \rightarrow RCH_2SO_3^-Me^+ + RCH_2NR_3^+X^- + H_2O$$
$$H^+ + OH^- \rightarrow H_2O$$

由此可见,如果制备去离子水,通过混合柱使离子交换进行得十分彻底,其出水水质优于阴、阳离子串联柱,出水电阻率可达 1~18MΩ·cm,获得高纯度的成品水。

二、离子交换树脂柱

离子交换法所使用的设备是离子交换柱。常用离子交换柱的类型较多,可分为单柱、混合柱等类型,如图9-7所示。

1. 单柱　常规型阴、阳离子交换树脂单柱的结构比较简单,由圆柱形壳体、承重板、水帽、分布器、进水管、出水管、进气口、反冲水进口管等部件组成。在壳体中装填阳离子交换树脂的柱称为阳柱,装填阴离子交换树脂的柱叫阴柱,在同一壳体中装填有阴、阳离子交换树脂的柱叫混合柱。

2. 混合柱　混合柱是用来制备去离子水的树脂柱,其内装填有阴离子和阳离子交换树脂。混合柱的结构与单柱有所不同,如图9-8所示,在圆筒形壳体上有上下两个封头,上封头设置有酸碱液进口和反洗水及空气排出口,中上部设置有纯化水进口,中下部开有中排孔。下封头设计安装了酸碱液进口、反冲洗水及空气进口,以及去离子水出口。

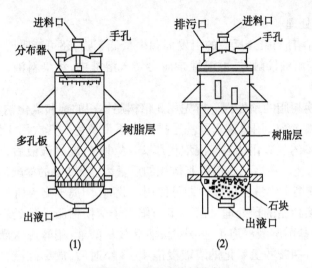

图9-7　离子交换树脂柱
（1）多孔支持板树脂柱；（2）石英支持层树脂柱

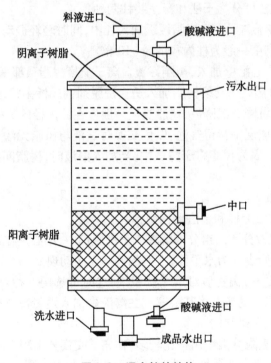

图9-8　混合柱的结构

　　用于制备去离子水的混合柱，阴离子交换树脂和阳离子交换树脂装填量是不相等的，常常是阴离子交换树脂的用量大于阳离子交换树脂的用量。

　　3. 反吸附柱　主体结构和工作过程与常规结构的单、柱相似，只是进料液管延长到树脂柱底部，料液从底部的分布管中均匀进入树脂层。

三、离子交换树脂柱的操作

　　离子交换树脂柱的操作包括树脂预处理、装柱、上样和洗脱、再生四个环节。

（一）树脂预处理

新树脂常含有溶剂、聚合反应的引发剂和少量低聚物,还可能吸附有铁、铜、铝等金属离子。当树脂与溶液接触时,可溶性杂质会转入溶液中,污染料液,所以新树脂使用前要进行预处理。

1. 阳离子交换树脂的预处理　首先用3倍树脂体积的饱和氯化钠水溶液浸泡新树脂1天,放净氯化钠溶液,用蒸馏水漂洗至排出水不带黄色。其次用3倍树脂体积的质量浓度为2%~4%的氢氧化钠溶液浸泡树脂2~4小时,放尽碱液后,用蒸馏水冲洗至排出水接近中性为止。最后用3倍树脂体积的质量浓度为5%的盐酸溶液浸泡4~8小时,放尽酸液,用蒸馏水漂洗至中性后即可使用。此时,阳离子交换树脂已转变为H型。

2. 阴离子交换树脂的预处理　第一步与阳离子交换树脂的预处理相同,第二步用质量浓度为5%的盐酸溶液浸泡4~8小时,然后放尽酸液,用蒸馏水漂洗至中性,最后用质量浓度为2%~4%的氢氧化钠溶液浸泡4~8小时后,放尽碱液,用蒸馏水洗至中性后即可使用。此时,阴离子交换树脂已转变为Na型。

（二）装柱

离子交换树脂装柱可分为干法和湿法装柱两种。

1. 干法装柱　将干离子交换树脂缓缓加入柱中,同时轻轻振动色谱柱,使离子交换树脂松紧一致,树脂高度一般为柱内径的8~10倍。

随后,将洗脱剂小心沿壁加入,至刚好覆盖离子交换树脂顶部平面。

2. 湿法装柱　将湿离子交换树脂加入适量洗脱剂调成稀糊状,然后徐徐灌入柱子,让离子交换树脂自然沉降。沉降后,树脂高度一般应在柱内径的8~10倍范围内。

装柱时应防止树脂层中存留气泡,以免交换时试液与树脂无法充分接触,还应注意不能使树脂露出水面,因为树脂露于空气中,当加入溶液时,树脂间隙中会产生气泡,而使交换不完全。

（三）上样和洗脱

1. 上样　分为湿法上样和干法上样两种。

（1）湿法上样:把被分离的组分溶解在少量洗脱剂中,小心加在离子交换树脂顶部,注意保持离子交换树脂表面为水平面,上面的液体无湍动现象。

（2）干法上样:当被分离物质难溶于洗脱剂,这时可选用一种对其溶解度大而且沸点低的溶剂,取尽可能少的溶剂将其溶解。在溶液中加入适量离子交换树脂,搅拌交换一定时间,收集树脂装入树脂柱。

干法上样方法在吸附分离中用得比较多,在离子交换分离法应用得少。

2. 洗脱　在色谱柱中缓缓加入洗脱剂进行洗脱,各组分则先后被洗出。洗脱液合并后,回收溶剂,得到某单一组分。整个操作过程必须保持树脂表面的溶液无湍动现象,液面恒定,不流干。

（四）阴、阳离子交换树脂的再生

当离子交换树脂达到交换终点后,需要进行离子交换树脂的再生操作。离子交换树脂的再生分为同时再生和适时再生两种方式。所有树脂都同时达到交换终点则可同时进行再生。但实际生产过程中,离子交换柱一般不会同时失效,再生工作随时都有可能进行。

阴、阳离子交换树脂的再生操作过程有反洗、排出积液、进再生液、置换清洗、正洗等步骤。

1. 反洗 用自来水逆流反冲洗离子交换树脂,将覆盖在树脂上的污物冲洗掉,直到排出清晰透明的水为止。

2. 排出积液 打开排气阀和下排阀,将柱内积液排出干净,以免再生液被稀释和污染。

3. 进再生液 关闭下排阀,打开酸阀或碱阀,将酸或碱输入到离子交换柱内浸泡。再生液的用量以树脂刚好均匀吸收完为度。

4. 置换清洗 当再生液被树脂吸收后,可用蒸馏水冲去管道内及柱体内残留的再生液,直至阳离子柱的流出液 pH 为 2.30 ~ 2.52,阴离子柱流出液的 pH 为 10 ~ 11 时为止。

5. 正洗 关闭酸碱阀,打开进水阀,待排气阀出水,打开下排阀,关闭排气阀,以一定的流速进行冲洗,以出水质量达到控制指标即可转入正常运行。

柱体正常出水时,阳柱的出水呈酸性,其 pH < 3.4;阴柱的出水呈微碱性,其 pH = 7~8。

(五) 混合柱的再生

混合柱的再生操作包括反洗分层、排出积液、进再生液、置换清洗、混合、正洗等操作步骤,与单柱操作不同的是增加了反洗分层和混合过程。

1. 反洗分层 先从底部向柱内通入压缩空气将树脂吹松,然后再逆向通入清水进行冲洗,清水的流量要大,能够将树脂层冲散并悬浮在水中。反冲一段时间后即可停止进水,让树脂自由沉降。由于阳离子交换树脂的密度大于阴离子交换树脂的密度,因而沉降后将会自然分层,阳离子交换树脂在下层,阴离子交换树脂在上层。反冲分层后应有清晰的分界面,否则需重新反冲,直至分层清楚。

2. 排出积液 将柱内积水排出到树脂层面以上,避免不必要的再稀释。

3. 进再生液 关闭下排阀,同时打开进酸阀、进碱阀、中排阀,以同样的流量分别从上部进碱、下部进酸,待树脂均匀吸收酸碱后,控制中排阀,以保持柱内液面恒定。

4. 置换清洗 当树脂吸满再生液后,关闭进酸、进碱阀,以同样的流量从上下部通入蒸馏水,并从中排阀排出,以冲去管道中的残留再生液。以出水的酸碱度确定冲洗终点。

5. 混合 待树脂清洗合格后,反冲使树脂层松动,使树脂有充分的空间可以运动。再从底部通入氮气使树脂呈沸腾状以达到充分混合。当混合均匀后立即从进水阀进水,从排出阀排水,使树脂迅速沉降,防止树脂分层和产生气泡。

6. 正洗 用进水进行正洗,以排出符合水质指标的水为终点,然后转入运行生产去离子水。

点 滴 积 累

1. 离子交换树脂是由聚合单体聚合成高分子,再接枝极性基团形成类离子化合物的树脂。

2. 离子交换树脂有多种型号,在水溶液中交换吸附阳离子的叫阳离子交换树脂,交换吸附阴离子的叫阴离子交换树脂。

3. 离子交换树脂吸附大量杂质后经再生处理可继续使用。

目 标 检 测

一、选择题

（一）单项选择题

1. 利用混合物中各组分的物理、化学性质的不同,使各组分以不同的程度分布在两相中而达到分离的技术称为(　　)

 A. 沉淀分离技术　B. 电泳分离技术　C. 分光光度技术　D. 色谱分离技术

2. 原理为分子筛的色谱分离法是(　　)

 A. 离子交换树脂法　　　　　　B. 硅胶吸附分离法

 C. 聚酰胺色谱法　　　　　　　D. 氧化铝色谱法

3. 在吸附色谱分离中,样品各组分的分离基于(　　)

 A. 样品组分的电荷性质不同　　B. 溶解度的不同

 C. 在吸附剂上吸附能力的不同　D. 挥发性的不同

4. 硅胶吸附柱色谱常用的洗脱方式是(　　)

 A. 乙醇水溶液洗脱　　　　　　B. 极性梯度洗脱

 C. 极性等度洗脱　　　　　　　D. pH 梯度洗脱

5. 在吸附色谱中,首先流出色谱柱的组分是(　　)

 A. 吸附能力小的　B. 吸附能力大的　C. 溶解能力大的　D. 溶解能力小的

6. 判断大孔树脂预处理结束的标准是(　　)

 A. 乙醇洗脱液无色　　　　　　B. 乙醇洗脱液无沉淀

 C. 乙醇洗脱液遇水为澄清液　　D. 乙醇洗脱液遇水呈乳白色

7. 将大孔树脂装柱后,常用(　　)柱床体积的去离子水进行平衡。

 A. 0.5 倍　　　　B. 1 倍　　　　C. 2.5 倍　　　　D. 5.0 倍

8. 在酸性条件下用下列哪种树脂吸附氨基酸有较大的交换容量(　　)

 A. 羟型阴　　　B. 氯型阴　　　C. 氢型阳　　　D. 钠型阳

9. 混合离子交换树脂柱的成品水出口在(　　)

 A. 柱顶　　　　B. 柱底　　　　C. 柱高中间　　　D. 污水出口

10. 对高效液相色谱分离法不正确的描述是(　　)

 A. 对植物色素的分离　　　　　B. 采用了高效固定相

 C. 固定相的毛细孔面积大　　　D. 使用高压流动相

（二）多项选择题

1. 色谱分离技术中常用的固定相有(　　　　)。

 A. 滤纸　　　B. 纤维素　　　C. 硅胶　　　D. 凝胶　　　E. 硅藻土

2. 下列各符号所表示的树脂属于离子交换树脂的有(　　　　)

 A. 717 型树脂　　　　　　B. 732 型树脂　　　　　C. D101 树脂

 D. AB-8 树脂　　　　　　E. X-5 树脂

3. 工业离子交换树脂柱的制造材料可以是(　　　　)

 A. 玻璃　　　　　　　　B. 聚苯乙烯　　　　　　C. 不锈钢

D. 橡胶衬里不锈钢　　　　E. 玻璃钢

4. 属于色谱分离操作环节的有(　　　　)

A. 装柱　　　B. 柱平衡　　　C. 浓缩　　　D. 洗脱　　　E. 蒸发

5. 高效液相色谱分离技术具有(　　　　)的特点

A. 高压力　　　B. 高产率　　　C. 高速　　　D. 高灵敏度　　E. 高效

二、简答题

1. 简述强酸性阳离子交换树脂 732 的再生过程。

2. 简要说明大孔树脂的工作原理。

3. 凝胶层析柱与离子交换树脂柱有什么异同?

三、实例分析

在研究毛发水解液中混合氨基酸的分离方法时发现,采用离子交换法分离所得成品纯度大于 99%,回收率为 54.21%。试分析其理论依据。

(董丽辉)

第十章 蒸发浓缩设备

原料液经溶剂萃取和色谱分离后,萃取液和洗脱液体积增大,目的产物浓度降低,不利于后续工艺的进行,需要将溶剂移出,提高目的产物浓度。将溶液中的溶剂以蒸汽形式移出的过程叫蒸发。

蒸发是发生在液体表面的汽化,是物质从液相转变为气相的一种方式。蒸发过程是一个动态的过程,一方面液体以蒸汽形式逸出,另一方面蒸汽分子返回到液体中,当逸出速度与返回速度相等时,蒸发过程达到平衡,此时各组分在气液两相中的分数不改变。

蒸发速度决定于液体性质、液体温度、表面面积、表面污染物和表面附近气体的压强。当沸腾时,料液大量汽化,蒸发速度最快。料液沸腾受大气压强的影响,大气压越高沸点越高,大气压越低沸点越低。为了使溶液在低温下沸腾,可以采取抽真空的方法降低沸点。此即为蒸发操作的理论基础。

进行溶剂蒸发的设备叫蒸发器。蒸发器的种类很多,按料液在蒸发器中的流动情况,可分为循环型蒸发器和单程蒸发器。按加热方式,还可分为内加热蒸发器和外加热蒸发器。

第一节 循环型蒸发器

在蒸发过程中,原料液蒸发浓缩,浓缩液再蒸发再浓缩的过程称为蒸发循环。进行蒸发循环的蒸发器称为循环型蒸发器。按产生循环的动力类型,循环型蒸发器又可分为自然循环蒸发器和强制循环蒸发器,前者是因料液受热后产生了密度差而引起的循环流动,后者是外在动力推动的循环流动。

一、中央循环管式蒸发器

典型的中央循环管式蒸发器是一个圆筒状容器,由加热室和气液分离器室组成。在分离室顶部安装有除沫器,蒸发器的下底采用封头密封,封头上设计有浓缩液出口和冷凝液出口。

在两块多孔管板间,焊接若干根直径为 25~75mm、长度为 1~2m 的金属列管,列管与管板上小孔相通,其中央管道孔径大于其余列管的孔径,这样就构成一个加热器。将加热器焊接到蒸发器的下部即构成密闭的蒸发室。在蒸发室外壁上、下方各开一小口并焊接一段金属管道,即构成加热蒸汽的进出口。

在列管中直径较小的叫加热管,直径大的称中央循环管,又叫降液管。降液管既是循环流动的回流通道,又是原料液进入加热室的进口管道。

中央循环管式蒸发器的结构如图 10-1 所示。

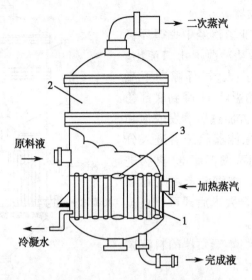

图 10-1 中央循环管式蒸发器
1. 加热室;2. 分离室;3. 中央循环管

在进行蒸发操作时,原料液从中央循环管下降到蒸发器底部,再从底部往上进入加热管。加热用的工业蒸汽从上方进入加热室的壳程,并通过加热管对管程中的原料液加热。加热管内温度很高,原料液进入后即被迅速汽化,产生了饱和蒸汽。饱和蒸汽夹带泡沫和部分液体升入分离室,液体受重力作用沉降,经降液管回流到加热室,泡沫被除沫器粉碎后除去,蒸汽则继续上升进入冷凝器,在冷凝器中与冷水直接混合形成冷凝液。浓缩液集中贮存在加热室底部,当浓度符合要求后即可停止蒸发,从浓缩液出口放出。

由于中央循环管直径大,液体受热不均匀,因而密度大;加热管直径小温度高,其中的料液受热汽化后密度减小,与中央循环管中的料液形成密度差,在重力作用下产生循环流动,循环速度一般为 0.4 ~ 0.5m/s。

由于加热管束直径小,表面积大,所以这种蒸发器的传热面积可达几百平方米,传热系数可达 600 ~ 3000W/($m^2 \cdot$ ℃)。

由于加热管束直径小,又是固定安装,管内结垢后清洗困难,因此中央循环管式蒸发器只适用于蒸发结垢不严重、只有少量结晶析出和腐蚀性小的料液。

二、悬框式循环蒸发器

悬框式循环蒸发器与中央循环管式蒸发器的结构相似,但加热器的结构不同。

如图 10-2 所示,用金属薄板将加热器两管板之间的空间密封,即构成一个列管式换热器。在此换热器一端的管板边缘处开一圆孔,用金属管道引出则形成加热蒸汽冷凝液出口,另一端管板的中央循环管孔为加热蒸汽进口。将中央循环管底部密封,管壁开孔与壳程相通,则构成加热蒸汽通道。由于加热器管板直径小于蒸发器的内径,由此形成的环隙就构成了料液下降循环通道,起着降液管的作用。

在安装时,用吊车将加热器放进蒸发器中,将加热工业蒸汽管道与中央循环管孔对接,将料液管连接到加热器料液进口,即构成一台悬框式循环蒸发器。

在蒸发操作时,工业蒸汽经中央循环管进入壳程,释放热量后从冷凝液出口流出,原料液从加热室上方进入,沿环隙向下流动。由于存在密度差的影响,下降到底部的料液沿加热管束上升,被加热后蒸发成饱和蒸汽。上升的气体经除沫器除沫后进入分离室,液体沉降流回到蒸发器底部,再次进入加热管束受热蒸发。浓缩液集中贮存在加热室底部,当浓度符合要求后即可停止蒸发,从浓缩液出口放出。

由于环隙截面积大,本蒸发器的料液循环速度可达 1~1.5m/s。

由于加热器是活动的,因此,在进行清洗时,可用另一台加热器替换,不仅有利于污垢的清洗,同时缩短了等待时间,提高了生产效率。

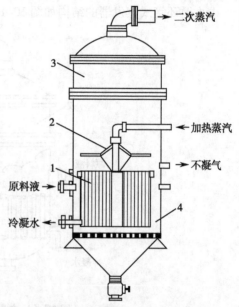

图 10-2　悬框式循环蒸发器
1. 加热室;2. 支架;3. 分离室;4. 环隙

三、外加热式循环蒸发器

外加热式循环蒸发器由独立的加热室、分离室和循环管组成,加热室和分离室之间用循环管连接。加热器是一列管式换热器,无中央循环管,列管直径相同。加热蒸汽进口和冷凝水出口都设置在列管式换热器的壳体上,料液进口和浓缩液出口都设置在加热室底部,如图 10-3 所示。

工作时,待蒸发料液在加热室中加热后,沿加热管上升,经除沫器除沫后进入分离室,进行大量汽化。产生的二次蒸汽进入冷却器与冷水直接混合形成冷凝液,由于循环管内浓缩液温度低,密度大,在重力作用下,沿循环管下降再次进入加热室受热汽化,形成蒸发循环运动,循环速率可达 1.5m/s。浓缩液集中贮存在加热室底部,当浓度符合要求后即可停止蒸发,从浓缩液出口放出。

由于加热室的大小不受限制,所以外加热式蒸发器的加热面积很大,有的可达几千平方米。同时,因加热管束的清洗和维修方便,所以外加热式蒸发器广泛地应用于易结垢和易结晶料液的蒸发浓缩过程。

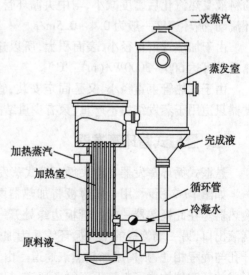

图 10-3　外加热式循环蒸发器

四、强制循环蒸发器

稀溶液的蒸发浓缩过程是一个渐次提高浓度的过程,从稀溶液到浓溶液需要反复的蒸发才能实现。反复的次数可根据料液和蒸发器性能而定。在药物生产过程中常常要浓缩黏度较大、浓度较低的溶液,需要反复蒸发。如果采用自然循环,其蒸发速率不高,甚至难以进行,必须施加外力推动料液循环才能提高蒸发速率。强制循环蒸发器可适用于这类料液的蒸发浓缩。

如图10-4所示,在外加热蒸发器的循环管与加热室之间安装一台循环泵,将浓缩液出口设置在分离室底部,如此就构成了强制循环蒸发器。强制循环蒸发器的其他结构与外加热蒸发器相同。

料液蒸发过程与外加热循环蒸发器相同,浓缩液回流过程主要靠循环泵推动,通过循环泵输送实现料液循环。由于有动力输送,强制循环蒸发器中浓缩液的循环速度大,一般为2～3.5m/s,生产中根据料液性质,可将循环速率调节在适宜的范围内。

强制循环蒸发器广泛用于黏度大、易结晶、易结垢料液的蒸发。

强制循环蒸发器传热面积大,能量消耗大,每平方米加热面积消耗的功率为0.4～0.8kW。

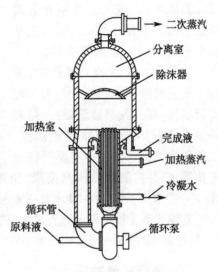

图10-4　强制循环蒸发器

（图中标注：二次蒸汽、分离室、除沫器、完成液、加热蒸汽、冷凝水、循环泵、原料液、循环管、加热室）

点 滴 积 累

1. 蒸发是移除溶剂的过程,发生在液体表面,可分为常压蒸发和减压蒸发。减压蒸发沸点低、速度快。

2. 制药工业常用的蒸发器是外加热循环蒸发器。循环式蒸发器常用于浓缩稀溶液,物料受热时间长,容易氧化变质。

第二节　单程蒸发器

溶液在蒸发器中不作循环流动,只加热蒸发一次即达到所需浓度,这种蒸发过程叫单程蒸发。进行单程蒸发的设备叫单程蒸发器,又叫膜式蒸发器。根据液膜的形成过程和流动状态,又可分为升膜式蒸发器、降膜式蒸发器、刮板式薄膜蒸发器等。

一、升膜式蒸发器

如图10-5所示,升膜式蒸发器由加热器、除沫器、分离室等部件构成。加热器是一组列管式换热器,列管直径为25～50mm,管长3～10m,管径比为100～150,无中央循环管设置。该蒸发器的加热蒸汽和原料液进口均设置在加热室的下部,浓缩液出口设置在分离室的下部。

原料液预热到沸点或接近沸点后,从蒸发器底部通入,进入列管受热后迅速沸腾汽化,生成的蒸汽快速上升,同时带动原料液沿管内壁成膜状上升,并在上升过程中不断汽化成蒸汽。蒸汽和部分料液经过除沫器除沫后,进入分离室并分离成二次蒸汽和浓缩液,二次蒸汽从顶部导出,浓缩液从底部排出。

在升膜式蒸发器的操作中,关键是要使料液成膜状上升。为了使料液成膜,有三点非常重要:一是要将原料液预热到沸点或接近沸点;二是列管的长径配置一定要严格遵守比例;三是控制加热蒸汽流量,使得列管内蒸汽冲出管口时的速度在加压下大于10m/s,在常压下为20~50m/s,在减压下为100~160m/s。

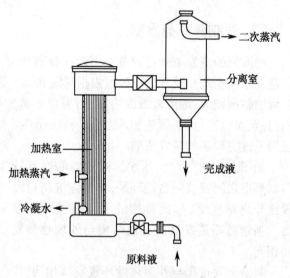

图 10-5　升膜式蒸发器

升膜式蒸发器适用于蒸发量大、热敏性及易产生泡沫的料液,不适用于处理浓度较大、易结晶、易结垢和黏度大于 0.06Pa·s 的料液。

二、降膜式蒸发器

如图 10-6 所示,降膜式蒸发器由蒸发室、分离室、分布器组成,其蒸发室和分离室的结构与升膜式蒸发器相似,但连接方式不同。在该蒸发器中,原料液和加热蒸汽进口均设置在加热器顶部,浓缩液出口设置在分离室的下部。

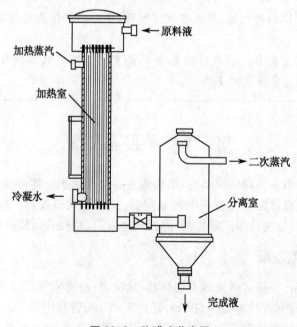

图 10-6　降膜式蒸发器

分布器起着在加热列管间均匀分布原料液的作用,促进液膜的形成,并具有防止蒸汽从加热管上部窜出的液封作用。分布器有多种结构形式,常见的分布器结构如图10-7所示。

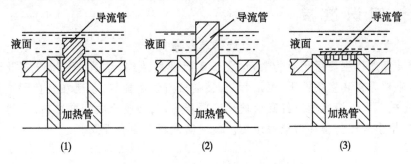

图10-7 降膜式蒸发器分布器结构
(1)沟槽形;(2)扩尾形;(3)齿缝形

原料液从蒸发器顶部加入,通过分布器均匀地分布到加热管内壁,在重力作用下沿管壁成膜状下降。在下降过程中被加热管加热而不断蒸发,产生的蒸汽和料液都从加热室底部进入气液分离室,并分离成二次蒸汽和浓缩液。二次蒸汽从上部引出,浓缩液从底部排出。

降膜式蒸发器传热系数比升膜式蒸发器小,适用于浓度高、黏度大、热敏性物料的蒸发浓缩,但不适用于易结晶、易结垢的料液。

三、刮板式薄膜蒸发器

目前,在原料药生产过程中,常常采用刮板式薄膜蒸发器进行稀溶液蒸发浓缩和回收有机溶剂的操作。

刮板式薄膜蒸发器由外壳、刮板、分布器等部件组成。外壳内和外壁之间的夹套是加热蒸汽的流道,从下向上采用分段式夹套,通过壳体对料液加热。由电动机传动的转动轴顺壳体中轴线安装,轴上安装有3~8片规则排列的刮板,刮板边沿与壳体内壁之间有一定距离的缝隙,缝隙的大小可根据需要调节。一般地,固定式刮板与壳体内壁的间隙为0.75~1.5mm,转子式刮板与壳体内壁的间隙由转子转数的变化来调节。原料液进口和二次蒸汽出口,以及料液分布器均安装在壳体的顶部,浓缩液出口设置在壳体的底部,如图10-8所示。

原料液由蒸发器上部沿切线方向加入,在刮板的旋转带动下,料液均匀地分布在壳体内壁上,并形成下旋的液膜。液膜在下降过程中不断被加热、蒸发和浓缩,产生的蒸汽沿壳体向上,在二次蒸汽出口排出,浓缩液从底部排出。

刮板式薄膜蒸发器具有传热速率高、溶液停留时间短、适应的物料广等优点,可用于高黏度、易结晶、易结垢和热敏性料液的蒸发浓缩,尤其对热敏性中药提取液处理效果良好。缺点是结构复杂、不易维修、动力消耗大、传热

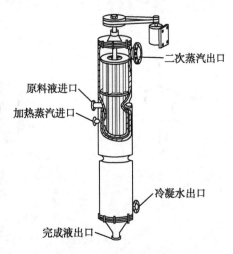

图10-8 刮板式薄膜蒸发器

面积小、产量低。

知 识 链 接

旋转蒸发器

旋转蒸发器主要用于生物制药、化工等行业的浓缩、结晶、干燥、分离及溶媒回收。其原理为在真空条件下,恒温加热,使旋转瓶恒速旋转,物料在瓶壁形成大面积薄膜,高效蒸发。溶媒蒸汽经高效玻璃冷凝器冷却,回收于收集瓶中,大大提高蒸发效率,适用于天然药物稀溶液的浓缩。旋转蒸发器前面未提及。

四、蒸发器辅助设备

蒸发器的辅助设备有冷凝器、形成真空的装置和除沫器。

1. 冷凝器　蒸发过程产生的二次蒸汽含有热量,需要回收。如果二次蒸汽具有价值高,或者直接排放会造成空气污染的特点,则需要采用管式换热器进行冷凝,其他类型的蒸汽可用高位逆流混合冷凝器直接冷凝。

2. 真空泵　当蒸发过程需要在减压条件下进行时,要采用真空泵装置,利用真空泵将蒸发产生的气体抽出,促进蒸发速度加快。常用真空泵有水力喷射器、旋片真空泵和水循环真空泵等,这些设备已在第二章作了介绍,此处不再重述。

3. 除沫器　蒸发操作中易产生大量的泡沫,为了防止损失有价值的产品或污染冷凝器,必须在蒸发器内部或外部设置除泡沫装置。除沫器种类很多,图 10-9 所示的为经常采用的几种除沫器,其中,(1)~(4)为安装在蒸发器顶部的除沫器,(5)~(7)为安

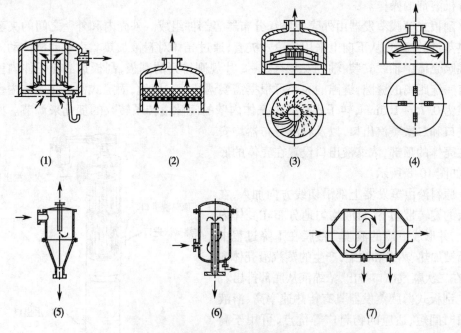

(1)　　　　　(2)　　　　　(3)　　　　　(4)

(5)　　　　　(6)　　　　　(7)

图 10-9　常见除沫器
(1)折流式;(2)丝网式;(3)离心式;(4)球形式;
(5)旋风式ⓐ;(6)旋风式ⓑ;(7)隔板式

装在蒸发器外部的除沫器。

点 滴 积 累

1. 单程蒸发器有升膜式蒸发器、降膜式蒸发器和刮板式薄膜蒸发器。
2. 单程蒸发器的蒸发效率高、物料受热时间短,常用于热敏性溶质稀溶液的蒸发浓缩。

第三节 蒸发工艺流程

蒸发操作一般是在萃取或解吸过程之后进行。根据生产过程中萃取液或洗脱液的流量,可选择连续蒸发操作或间歇蒸发操作。根据溶剂的沸点和目的产物对热的敏感程度,可选择常压蒸发、加压蒸发或减压蒸发。在蒸发过程中,二次蒸汽的温度较高,热量可以被回收利用。如果二次蒸汽不作为加热蒸汽使用,这种蒸发叫单效蒸发。将多个蒸发器组合起来,并把二次蒸汽作加热载体利用,这种蒸发叫多效蒸发。在制药工业上最常见的是两效或三效蒸发。

一、单效蒸发工艺流程

单效蒸发流程比较简单,在蒸发器中,加热蒸汽在壳程管间冷凝并放热,热量通过管壁传给管程的料液,放热后的蒸汽冷凝成液体水经气液分离器排出。原料液蒸发后成为浓缩液从蒸发器排出。料液蒸发产生的二次蒸汽,经除沫器分离出液沫后,进入冷凝器内与冷却水直接混合成冷凝液。

单效蒸发流程操作简单,工艺条件易于控制。适合于蒸发黏度较高的溶液,也可以用于易结垢和易结晶料液的蒸发。

缺点是耗用加热蒸汽量大,能量利用率低,需要反复蒸发浓缩才能达到预定浓度指标。

案例分析

案例
在天然色素提取工艺流程中采用了刮板式薄膜蒸发器后,能效得到提高。

分析
天然色素的生产流程由提取、色层分离、蒸发浓缩、喷雾干燥四个工段组成。天然色素热稳定性不高,如果采用循环蒸发器蒸发浓缩,由于温度高且加热时间长,所以部分色素在蒸发段就被氧化分解,最后回收率不高。由于刮板式薄膜蒸发器是单程蒸发器,料液受热时间短,易氧化变质的成分还来不及反应就离开了加热器,因而保质效果好。而且刮板式薄膜蒸发器属于高效蒸发器,所以,采用之后取得能耗降低、回收率升高、能效都好的结果。

二、多效蒸发工艺流程

对于给定的原料液,依据原料液性质,可将原料液和加热蒸汽组合成并流、逆流和平流三种相对流动方式,相应构成了三种蒸发流程。由于在药物生产中最常用的是三效蒸发,故本章只讨论三效蒸发器的组合问题。

(一)并流三效蒸发工艺流程

如图 10-10 所示,在并流三效蒸发流程中,原料液和加热蒸汽的流动具有相同的方向。原料液进入第一效蒸发器,蒸发后浓缩液被输送进入第二效,经蒸发后,第二效浓缩液进入第三效蒸发,最后所得浓缩液又称为完成液,从蒸发器底部放出,进入贮存罐贮存备用。

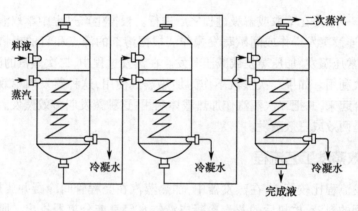

图 10-10 并流三效蒸发工艺流程

热载体的流动方向与原料液相似,工业蒸汽进入第一效释放潜热后以冷凝水排出,第一效产生的二次蒸汽温度很高,是过热蒸汽,用管道引入到第二效的加热室,在对来自第一效的浓缩液加热后,以冷凝水从底部排出。第二效所产生的二次蒸汽温度仍然很高,被导入到第三效加热室,在对第二效浓缩液加热后,以冷凝水排出。第三效产生的二次蒸汽可用来预热原料液或生活用水,以最大限度地回收废热,降低能源成本。

在并流三效蒸发流程中,前效料液温度和罐内蒸汽压力高于后效,因此各效间的压力差可将原料液输送到下一效,无需安装流体输送设备。同时,第三效产生的二次蒸汽温度较高,也可以用来对原料液进行预热,所以不设预热器。

并流三效蒸发流程辅助设备少,温度损失小,操作简便,工艺稳定,设备维修量少。其缺点是后效温度低,浓缩液的黏度逐效增大,降低了传热系数,因此需要增加较大的传热面积进行换热。

(二)逆流三效蒸发工艺流程

如图 10-11 所示,在逆流三效蒸发流程中,原料液与蒸汽走向相反。原料液从末效加入,经蒸发后,浓缩液从底部排出并用泵送入到第二效蒸发器的加热室受热蒸发,所得浓缩液从底部排出,用泵输送到第一效蒸发器加热室受热蒸发,此时所得到的浓缩液浓度很高,被输送到贮罐保存。

与原料液走向相反,工业蒸汽进入第一效加热室放热后冷凝成液体,从底部排出。在第一效产生的二次蒸汽被引入第二效加热室,在对第一效浓缩液加热后冷凝成液体

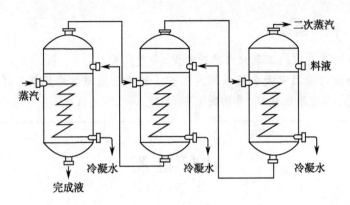

图 10-11　逆流三效蒸发工艺流程

而排出。第二效产生的二次蒸汽进入第三效对第二效浓缩液加热,释放热量后冷凝成液体排出蒸发器。

在逆流三效蒸发流程中,因浓缩液浓度和温度都逐渐升高,所以各效的黏度相差较小,传热系数大致相同。由于第一效是由高温工业蒸汽加热,所以浓缩液排出温度较高,可在减压下进一步闪蒸浓缩。由于充分利用了各效二次蒸汽的余热,故需要的工业蒸汽量不大,降低了能源成本。但是,浓缩液的输送需要安装流体输送设备。另外,由于各效进料温度低于沸点,故必须设置预热器。

(三)平流三效蒸发工艺流程

如图 10-12 所示,在平流蒸发流程中,原料液分别加入到各效蒸发器中,浓缩液分别从各效引出并汇集到贮存罐。工业蒸汽从第一效进入,放热后形成冷凝液从底部排出,产生的二次蒸汽进入第二效加热室,释放热量后形成冷凝液排出,第二效产生的二次蒸汽进入第三效,在第三效释放热量后形成冷凝液排出。

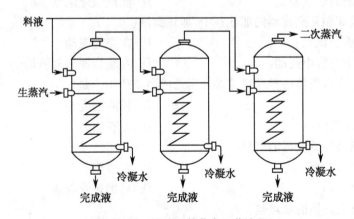

图 10-12　平流三效蒸发工艺流程

平流三效蒸发流程主要用于黏度大、易结晶的料液,也可以用于两种或两种以上不同原料液的同时蒸发过程。

多效蒸发工艺流程只有第一效使用了工业蒸汽,故节约了工业蒸汽的消耗量,有效地利用了二次蒸汽中的热量,降低了生产成本,提高了经济效益。

点 滴 积 累

1. 稀溶液的蒸发浓缩工艺分为单效蒸发、多效蒸发。

2. 制药企业常采用双效和三效蒸发工艺。逆流三效蒸发应用最广泛,浓缩液浓度高,蒸汽耗量小,具有降低能耗、节约成本等优点。

目 标 检 测

一、选择题

(一) 单项选择题

1. 蒸发是溶剂汽化的过程,发生在(　　)

    A. 溶液的内部 　　　　　　　　　B. 溶液的表面

    C. 容器的内壁 　　　　　　　　　D. 容器的底部

2. 沸腾时溶剂大量汽化,蒸发过程发生在(　　)

    A. 溶液的内部和表面 　　　　　　B. 溶液内部

    C. 容器的内壁 　　　　　　　　　D. 容器的底部

3. 浓缩高黏度的中药提取液,常采用的蒸发器是(　　)

    A. 中央循环管式蒸发器 　　　　　B. 悬框式循环蒸发器

    C. 文氏蒸发器 　　　　　　　　　D. 强制外加热循环蒸发器

4. 中央循环管式蒸发器推动料液循环运动的是(　　)

    A. 二次蒸汽 　　　　　　　　　　B. 原料液的出口压力

    C. 料液的密度差 　　　　　　　　D. 蒸汽快速运动

5. 在悬框式循环蒸发器的加热室中,加热蒸汽(　　)

    A. 在管程流动 　　　　　　　　　B. 在壳程流动

    C. 在中央管中流动 　　　　　　　D. 在蒸发器底部流动

6. 强制循环蒸发器中推动料液循环运动的主要作用力是(　　)

    A. 泵 　　　　　　　　　　　　　B. 料液密度差

    C. 二次蒸汽压 　　　　　　　　　D. 万有引力

7. 外加热循环蒸发器的料液(　　)

    A. 不参加循环 　　　　　　　　　B. 要预热

    C. 不预热 　　　　　　　　　　　D. 沿加热管降落

8. 循环型蒸发器的缺点是(　　)

    A. 处理量不大 　　　　　　　　　B. 循环速度慢

    C. 加热时间长 　　　　　　　　　D. 体积庞大

9. 降膜式蒸发器液体分布器的关键作用是(　　)

    A. 将料液平均分布到各加热管中 　B. 将加热管内的蒸汽导出

    C. 增加料液的湍流程度 　　　　　D. 增加料液进入加热管的压力

10. 刮板式薄膜蒸发器的料液(　　)

  A. 从下部进入   B. 从上部进入

  C. 从中下部进入   D. 在露点进入

11. 用刮板式薄膜蒸发器蒸发乙醇溶液时,在(　　　)

  A. 真空下进行   B. 常压下进行

  C. 76.5℃下进行   D. 蒸汽蛇管中冷却

12. 最浪费能源的蒸发工艺是(　　　)

  A. 单效蒸发   B. 三效并流蒸发

  C. 三效逆流蒸发   D. 三效平流蒸发

（二）**多项选择题**

1. 制药工业常用于浓缩中药提取液的蒸发器有(　　　　　)

  A. 中央循环管式蒸发器   B. 外加热式循环蒸发器   C. 升膜式蒸发器

  D. 降膜式蒸发器   E. 旋转蒸发器

2. 适合于蒸发浓缩热敏性中药提取液的蒸发器有(　　　　　)

  A. 刮板式薄膜蒸发器   B. 中央循环管式蒸发器   C. 降膜式蒸发器

  D. 升膜式蒸发器   E. 旋转蒸发器

3. 不适用于浓缩高黏度中药提取液的工艺流程有(　　　　　)

  A. 三效平流蒸发工艺流程

  B. 单效蒸发工艺流程

  C. 三效逆流蒸发工艺流程

  D. 三效并流蒸发工艺流程

  E. 升膜蒸发流程

4. 具有分布下降液体功能部件的蒸发器有(　　　　　)

  A. 悬框式中央循环蒸发器   B. 升膜式蒸发器   C. 降膜式蒸发器

  D. 刮板式薄膜蒸发器   E. 旋转蒸发器

5. 用刮板式薄膜蒸发器蒸发浓缩稀乙醇的工艺流程中,为了提高乙醇回收率,常采用(　　　)的办法。

  A. 增大冷凝水的流量   B. 增大真空度,降低沸点

  C. 增设冷冻盐水辅助设备   D. 缓慢蒸发

  E. 冷冻蒸发

二、简答题

1. 简述降膜式蒸发器的蒸发工艺过程。
2. 简述刮板式薄膜蒸发器的工艺过程。
3. 比较三效逆流蒸发工艺流程与三效平流工艺流程的使用范围。

三、实例分析

  在天然植物有效药用成分的提取分离研究过程中,经常采用旋转蒸发器进行溶剂回收,请分析旋转蒸发器的工作原理。

（费建军）

第十一章 蒸馏设备

生物制药过程中的料液是多种组分体系,从中可提取原药或中间体。在提取时,有效成分从复杂的混合体系转移到组成比较单一的新体系中,发生了相际间的宏观位移。通常把物质在相际间的宏观位移称为传质过程。使物质发生传质过程所采用的方法有吸收、干燥、蒸馏、萃取等单元操作。本章将介绍有关蒸馏传质的一般原理及蒸馏设备基本知识。

第一节 蒸馏基本知识

蒸馏是将不同挥发度的多组分溶液加热至沸腾,并收集易挥发组分蒸汽冷凝液的过程。在制药工业中蒸馏操作广泛用于溶剂的回收。

一、蒸馏的概念

(一) 基本概念

蒸发是液体在任何温度下都能发生的汽化现象。液体物质的蒸发性能由其分子结构所决定。通常,低沸点小分子物质蒸发能力强,称为易挥发成分;而高沸点大分子量物质蒸发能力弱,称为难挥发成分。物质的蒸发能力可用挥发度和相对挥发度来衡量。

1. 挥发度 在料液中,各组分在纯净状态时的饱和蒸汽压就是该液体物质的挥发度,用 ν 表示。对于双组分体系,易挥发组分 A 和难挥发组分 B 的挥发度分别为:

$$\nu_A = p_A^0 \qquad \nu_B = p_B^0$$

2. 相对挥发度 溶液中两组分挥发度之比称为相对挥发度 α。对于由易挥发组分 A 和难挥发组分 B 组成的双组分体系,相对挥发度为:

$$\alpha = \frac{\nu_A}{\nu_B} = \frac{p_A^0}{p_B^0}$$

当相对挥发度 $\alpha = 1$ 时,表明两组分蒸发能力相当,不能通过蒸发将两组分分离开来。

当 $\alpha > 1$ 时,表明两组分的蒸发能力有差别,可以用蒸发的方法将易挥发组分 A 同难挥发组分 B 分离开来。

实际上,α 值差距越大,分离效果越好。

3. 饱和蒸汽压 由于分子的热运动,易挥发成分的分子从液体表面逸出,并汽化为蒸汽,逸出速度随着温度的升高而增大。随着蒸发的进行,气相中部分蒸汽分子凝结返回到液体中,当逸出速度与冷凝速度相等时,液面上的蒸汽数量不再增加,达到饱和状态,此时蒸汽对液面所施加的压力称为饱和蒸汽压。

当外界压力一定,液体在不同温度下有不同的蒸汽压,温度越高,蒸汽压越大。例如常压下,H_2O 在 293K 时蒸汽压为 2.338kPa,在 353K 时为 47.343kPa。

4. 汽化热 液体蒸发过程需要从环境吸收热量,液体变为同温度的气体所吸收的热量叫汽化热,常用 r 表示,单位是 J/kg。

环境给液体提供的热量越多,则蒸发速度越快,产生的蒸汽压力越大。如果外界给蒸汽施加的压力小,液体产生的蒸汽压达到临界蒸汽压的温度低,所以导致液体沸点降低。反之,如果外界施加在蒸汽上的压力大,则液体需要在较高的温度下才能达到临界蒸汽压,因而液体的沸点升高。

在大气层环境下,大气压越高沸点越高,大气压越低沸点越低。所以,在浓缩提取液时,为了使溶液在低温下沸腾,可以采取抽真空的方法降低沸点。

蒸发和沸腾是液体汽化的两种方式,蒸发是液体在任何温度下都能在液体表面发生的缓慢的汽化现象;而沸腾是在特定温度(沸点)下,在液体表面和内部都同时发生的剧烈的汽化现象。

(二)蒸馏过程

将料液加热到沸点,使易挥发成分大量汽化,蒸汽经冷凝后形成冷凝液,从而与难挥发成分分离的过程称为蒸馏。蒸馏过程包含了料液沸腾和蒸汽冷凝两个环节。

1. 沸腾 料液在室温下就能蒸发,但只是发生在料液的表面。当输入热量提高料液温度后,表面蒸发速度会迅速提高,因受热提高了分子的内能,料液内部的分子运动速度加快,分子之间的间隙增大,随着料液温度的升高,分子之间的距离越来越长,形成了一个肉眼就能看见的空间,这个空间就是气泡。当料液中产生第一个气泡时,其温度称为泡点温度。到达泡点温度后,料液大量汽化,汽化过程在不断加速,料液处于沸腾状态。

2. 冷凝 随着料液的沸腾,气相中蒸汽数量越来越多,部分蒸汽分子将自身的热量释放给环境,由于内能降低后其运动距离缩短,形成的分子间空隙减小。当分子间空隙缩小到一定程度时,若干个蒸汽分子聚集在一起形成一颗露珠,此即表明气态开始转变成液态,此时的温度称为露点温度。我们把蒸汽将热量传递给低温物质,由气态转变成液态的过程称为冷凝。

蒸汽的冷凝过程是一个放热过程,所放出的热称为潜热,在数值上等于液体的蒸发热。所以,蒸汽的冷凝过程是一个等温相变过程,即蒸汽冷凝时的温度等于冷凝后液体的温度。因此,在中药提取罐上方的管式冷凝器后,还设计安装了沉浸式蛇管换热器,其目的就是将冷凝液冷却成常温液体。

当蒸汽处于露点温度时,部分蒸汽发生了冷凝,但气相中仍然存在一定数量的蒸汽。

蒸馏的目的就是将易挥发组分大量汽化,再将蒸汽冷凝成液体,从而得到纯度较高的易挥发组分。

知识链接

分子蒸馏技术

分子蒸馏是一种特殊的液液分离技术,它是靠不同物质分子运动平均自由程的差别实现分离。

当液体混合物沿加热板流动并被加热时,轻、重分子会逸出液面而进入气相。由于轻、重分子的自由程不同,分子从液面逸出后移动距离也不同,轻分子达到板式冷凝器被冷凝排出,而重分子达不到冷凝板随混合液排出。

分子蒸馏技术是一种高新分离技术,具有其他分离技术无法比拟的优点:操作温度低、真空度高(空载≤1Pa)、受热时间短(以秒计)、分离效率高等,特别适宜于高沸点、热敏性、易氧化物质的分离。

二、蒸馏操作方式

在相同操作条件下,料液中各组分的挥发程度不同,沸点有高有低。通常将低沸点组分称为易挥发物质,将高沸点组分称为难挥发物质。将料液加热至沸腾,则易挥发组分首先沸腾并大量汽化,待低沸点组分汽化完后,升高温度可使高沸点组分汽化。因此,将料液温度控制在易挥发组分的沸程范围,即可将易挥发组分同难挥发组分分离开来。

根据工作原理,蒸馏可分为简单蒸馏、平衡蒸馏和精馏等基本类型。

(一)简单蒸馏

简单蒸馏又称微分蒸馏,是一种间歇、单级蒸馏过程。图11-1所示的是简单蒸馏装置。先给蒸馏釜内加入欲分离的料液,然后向蒸馏釜夹套或蛇管内通入蒸汽进行加热,料液的温度逐渐升至沸点,液体沸腾并部分汽化,生成的蒸汽经冷凝器冷凝成液体后,用接收器分别接收不同沸点的组分。

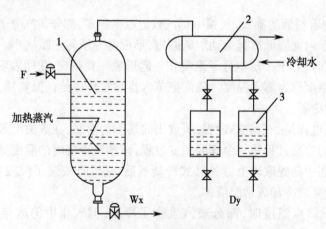

图11-1 简单蒸馏流程图
1. 蒸馏釜;2. 冷凝器;3. 储罐

在蒸馏过程中,接收的蒸汽冷凝液称为馏出液,从蒸馏釜内排出的残液叫釜液。

在简单蒸馏过程中,易挥发组分在釜液中的浓度不断下降,在馏出液中的浓度随之升高,但两者总数量始终不改变,与料液中的数量相等。

简单蒸馏可以在常压下,也可在减压下进行。由于受相平衡比例的限制,简单蒸馏的分离程度不高,它不能将混合物进行彻底的分离。通常简单蒸馏只用于混合液的初步分离,如用于处理组分间相对挥发度很大的混合物、作为回收的手段回收溶剂、作为精馏前的预处理等。

(二)平衡蒸馏

将料液在蒸馏釜中加热增压后,经节流降压形成过热液体,致使部分液体突然汽化而实现气液两相分离的过程,称为平衡蒸馏。

平衡蒸馏又称闪蒸,是一个连续稳定的传质过程,既可以间歇操作又可以连续操作。图 11-2 是连续进行的平衡蒸馏流程示意图。

将原料液不断地加入加热釜,将其加热至指定的温度(通常指定的温度高于分离室压强下的泡点温度),然后用节流阀降压后送入分离室。在分离室中,由于压强降低,使得由加热釜进来的液体处于过热的状态,致使液体突然蒸发,液体大量汽化,直至气液两相达到平衡。由易挥发性组分组成的气流沿分离器上升至塔顶冷凝器,全部冷凝成塔顶产品。液相中未汽化的难挥发组分浓度升高,沿分离器下降至塔底后引出,成为塔底产品。

在分离室,过热液体大量汽化所需要的汽化热由其本身的显热提供,所以汽化后液体的温度下降。

平衡蒸馏分离室又叫闪蒸罐,节流阀起减压的作用。

平衡蒸馏的分离精度不高,一般用于混合原料液的初步分离。

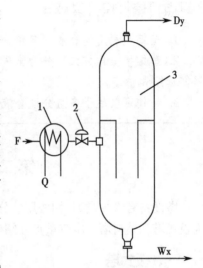

图 11-2 平衡蒸馏工艺流程图
1. 加热器;2. 减压阀;3. 分离室

(三)精馏

通常料液由低沸点组分和高沸点组分组成。通过加热的方法,使料液大量汽化,分步收集不同沸点组分的冷凝液,这种操作过程称为精馏。

进行精馏操作的装置由精馏塔、再沸器、冷凝器等组成,如图 11-3 所示。用再沸器加热料液使部分汽化,蒸汽沿塔上升,余下的液体作为塔底产品。进料口设计在精馏塔的中部,原料液进入塔内后与上升到塔段的气体接触,气体部分冷凝后与原料液一起沿塔下降,原料液中的蒸汽和升上塔段来的蒸汽继续沿塔上升,并在不同的塔段冷凝成液体,沸点最低的组分将一直上升到塔顶,在塔顶冷凝成液体,部分冷凝液回流从塔顶返回塔内,其余馏出液成为塔顶产品。

在精馏操作过程中,用再沸器加热时,各组分

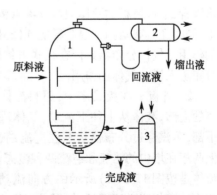

图 11-3 精馏工艺流程图
1. 蒸馏釜;2. 再沸器;3. 冷凝器

都能汽化成蒸汽。由于低沸点的组分在较低温度下就能沸腾并大量汽化,所以高沸点组分汽化量较小,气相中的主要成分是低沸点组分。

在精馏塔中,气液两相逆流接触,进行相际传质。液相中的易挥发组分进入气相,气相中的难挥发组分转入液相。达到气液平衡时,低沸点组分已从高沸点混合体系中分离出来。

如果温度条件控制恰当,通过精馏,气相中低沸点组分可达到99%以上的纯度。

精馏过程又叫做分馏过程。由于可以采用多次分馏的方法把混合物中各组分进行较为彻底的分离,所以常把精馏又称为精密蒸馏。

点 滴 积 累

1. 蒸馏是利用混合液中各组分挥发度的不同进行分离的过程。

2. 蒸馏按操作方式可分为常压蒸馏和减压蒸馏;按气液分离特点又分为简单蒸馏、平衡蒸馏和精馏。

3. 精馏可以用于多组分混合液中不同沸点组分的分离纯化。

第二节 塔 设 备

塔设备有多种类型,如按用途分则有萃取塔、蒸馏塔、吸收塔等,如按结构划分可分为板式塔和填料塔。本节重点介绍作为气液传质用的塔设备。

一、板式塔

(一) 板式塔的结构

1. **板式塔** 板式塔由壳体、封头、塔板、围堰、降液管、气体分布器等部件组成,如图11-4所示。

板式塔的壳体呈圆柱形,上、下各有一个封头将筒体密封。在筒体中,从下向上每间隔一定的距离安装了塔板。塔板上开有气孔,根据气孔装置的结构,可将塔板分为筛孔式、泡罩式、浮阀式等多种类型。塔板上的围堰起着阻滞液体流动的作用,使液体在塔板上保留一定的时间。在塔板与塔板之间设计有降液管,上层塔板的液体通过降液管溢流到下层塔板上,同时还具有阻挡下层塔板的泡沫升入到上层塔板的作用。气体分布器设计在板式塔体的下部,起均匀分布进入塔内气体的作用。

2. **塔板** 在板式塔中,原料液体的进口设计在塔的上部,液体从上往下流动,气体进口设计在塔的下部,蒸汽穿过分布器从下往上流动,从而形成了气液两相在塔内的错流和逆流两种流态。如果气、液两流体是按图11-5(1)所示的方向流动,则称为逆流,相应的塔板叫逆流塔板;如果是按图11-5(2)所示的方向流动则称为错流,对应的塔板称为错流塔板。

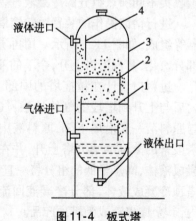

图11-4 板式塔
1. 塔板;2. 降液管;3. 壳体;4. 溢流堰

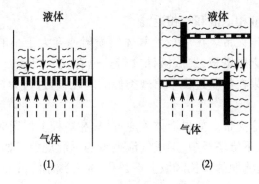

图11-5　板式塔上的逆流和错流
（1）逆流；（2）错流

（二）塔板上气液两相的流动

1. 塔板上气液两相的理想流动　在板式塔中,气体通过筛孔的速度称为孔速。不同的孔速可使气液两相在塔板上呈现不同的接触状态,如图11-6所示。

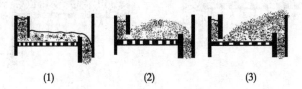

图11-6　板式塔中气液接触状态
（1）鼓泡式；（2）泡沫式；（3）喷射式

（1）鼓泡接触状态:当气体以很低的孔速通过筛孔后,将以鼓泡的形式穿过塔板上的液层,气液两相呈现鼓泡状态。在这种情况下,传质面积仅为气泡表面,且气泡的数量较少,所以传质面积小,加上液层湍动程度不够,传质阻力较大,因而传质效率差。

（2）泡沫接触状态:如果提高气体的孔速,当达到某一数值时,塔板上气泡数量大增,气泡之间在不断地合并与破裂,此时,塔板上液面形成一片的气泡表面,传质面积增大。同时板上大部分液体均以高度湍动的泡沫形式存在,这种高度湍动的泡沫层为气液两相创造了良好的传质条件,因而在泡沫接触状态下的气液传质效率高。

（3）喷射接触状态:当气体的孔速继续增大时,气体将从孔口高速喷出,而将板上液体破碎成大小不等的液滴,并将液滴抛至塔板的上部空间。液滴返回至板上汇成很薄的液层,由于气体连续不断地喷射,从而再次将液层破碎并被喷出。在喷射接触状态传质过程中,气液两相接触的时间长,传质面积大,传质效率高,但条件控制不好时容易转化成非理想流动。

在板式塔中,气体由下而上,液体由上而下,在塔板上充分传质的过程模式叫理想流动状态。由上述分析可见,在精馏塔塔板上,泡沫接触和喷射接触两种模式为气液两相的理想流动方式,气液传质效果最好。

2. 塔板上气液两相的非理想流动　在板式精馏塔操作过程中,塔板上两相接触方式比较复杂,部分方式不利于气液传质操作。

（1）返混:如果大部分气体由下而上,少部分气体由上而下,或者大部分液体由上而下,少部分液体由下而上,这种现象称为返混。

返混现象可分为液相返混和气相返混。

液相返混又称液沫夹带。在塔板上气体的喷射速度大于小液滴的沉降速度,部分液滴被上升气流带入上层塔板,造成液沫夹带。也有较大液滴因弹溅到上层塔板造成液沫夹带的情况。如果在传质过程中出现类似的问题,通过增大板间距、降低气速来减轻或消除液沫夹带。

气相返混又称气泡夹带。如果液体流速过快,在塔板上保留时间太短,则所含气泡来不及解脱,将被卷入下层塔板中,形成气泡夹带的返混现象。如果在生产过程出现类似问题,可以在靠近溢流堰的狭长区域上不开孔,或者减小降液管通道,延长停留时间,以消除气相返混现象。

(2)乱流:气相在塔板上的分布情况如图 11-7 所示。

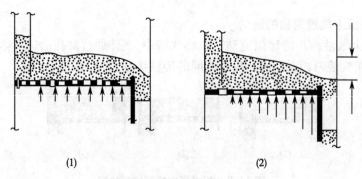

图 11-7　气体沿塔板上的分布
(1)均匀分布;(2)不均匀分布

在图 11-7 中,板上气液两相为错流流动,液体横向流过塔板,气体由下而上穿过塔板。由于塔板进出口之间有液面落差,液体从塔板进口流向塔板出口的过程中所受阻力大小有所差异,板上液体的厚度不均匀,从而引起气流的不均匀分布,导致进口处液层厚,对气体穿孔流动有较大阻力,液体中含气量小;而出口部位液层薄,对气体穿孔流动阻力小,液体中含气量大。在上述情况下,气相与液相之间传质不均匀,浓度增加不足以补偿浓度的降低,不利于传质。

图 11-8 是液体沿塔板的分布示意图。由于塔板的进口到出口之间,液体流动的路线不同,所受的阻力不同,导致液体的流动速度不一致,沿塔板的速度分布不均匀。在塔板的部分区域液体流动速度很低,形成了塔板上的滞流区域,同时还存在一些小尺度的反向流动。这些都对传质不利。当液体流量很低时,在塔板上造成很大的死区,传质效率很低。

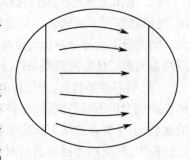

图 11-8　液体在塔板上的分布

(三)板式塔的不正常操作

1. 液泛　在板式塔的传质过程中,由于塔板的结构、降液管的高度、气体的流速等多种因素的影响,使得降液管中液体的下降受阻,管内液体逐渐积累而增高,当液面增高到超越溢流堰时,上下两塔板上的液体连成一片,并依次向上,层层延伸直至全塔被淹没,从而破坏了塔的正常操作,这种现象称为液泛,又称淹塔。

引起液泛的原因可以分为两类：

（1）降液管液泛：液体流量和气体流量都过大。当液体流量过大时，降液管截面不足以使液体通过，管内液面升高。当气体流量过大时，相邻两块塔板的压强差增大，使降液管内液体不能顺利下流，管内液体累积使液位不断升高，直至管内液体升高到越过溢流堰顶部，两板间液体相连，最终导致液泛。

（2）夹带液泛：当液体流量一定时，气速过大，气体穿过板上液层时将形成液沫夹带。在单位时间内，塔板液沫夹带量越大，液层就越厚，如果形成恶性循环，最终会导致液体充满全塔，造成液泛。

2. 漏液　一部分液体从筛孔直接流下，这种现象称为漏液。气速太小和板面上气流分布不均匀是造成漏液的主要原因。

由于产生漏液，气液两相在塔板上的接触不充分，造成塔板效率降低。当从孔道漏下的液体量占液体总流量的10%以上时，称为严重漏液。形成严重漏液后，塔板不能积液，传质不能正常进行。在生产过程中，将漏液量控制在液体流量的10%以下，才能保证塔的正常操作。

由于气体分布不均匀，在塔板入口侧的液层较厚，气体流动阻力大，流速下降，容易出现漏液现象，所以常在塔板入口处留出一条不开孔的安定区，以避免塔内严重漏液。

从塔顶回流入塔的液体量与塔顶产品量之比称为回流比。回流比是精馏操作的一个重要控制参数，回流比数值的大小影响着精馏操作的分离效果与能耗。回流比可分为全回流、最小回流比和实际操作回流比。

全回流时由于回流比为无穷大，当分离要求相同时比其他回流比所需理论板要少，故称全回流时所需的理论板为最少理论板数。对于一定的分离要求，减少回流比，需增加理论塔板数，当减到某一回流比时，需要无穷多个理论板才能达到分离要求，这一回流比称为最小回流比。可以根据平衡线作图求出最小回流比。

全回流是一种极限情况，此时精馏塔不加料也不出产品，塔顶冷凝量全部从塔顶回到塔内，这种操作有利于提高塔顶产品纯度，虽对精馏产量没有意义，但是容易达到稳定，故在精馏操作开始阶段和科学研究中常常采用。

二、填料塔

1. 填料塔的结构　填料塔由壳体、封头、承重板、填料压板、分布器等部件组成，如图11-9所示。

填料塔的壳体呈圆柱形，上、下各有一个封头将筒体密封。在筒体中，从下向上每间隔一定的距离安装了承重板，承重板上开有孔道以便于液体向下流动。在填料塔顶安装有液体分布器，在下部安装有气体分布器。分布器起着均匀分布流体的作用。

在填料塔的承重板之间装有形状各异的填料，可分为颗粒形、规整形两大类。其中，颗粒形有拉西环、鲍尔环、阶梯环、鞍马环、球形

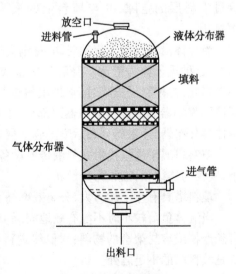

图 11-9　填料塔

等填料。规整形有波纹形填料。波纹形填料有波纹板和波纹丝网两种。波纹板由陶瓷、塑料、金属材料制造,属于实体填料;波纹丝网由金属丝网制成,属于网体填料。图11-10 是常见的几种填料,图 11-11 为波纹填料。

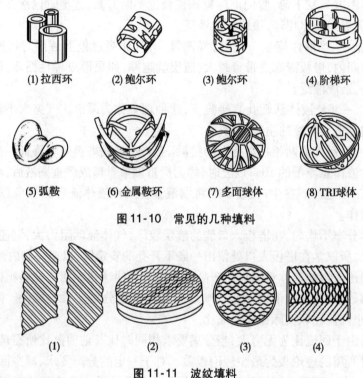

| (1) 拉西环 | (2) 鲍尔环 | (3) 鲍尔环 | (4) 阶梯环 |

| (5) 弧鞍 | (6) 金属鞍环 | (7) 多面球体 | (8) TRI球体 |

图 11-10　常见的几种填料

| (1) | (2) | (3) | (4) |

图 11-11　波纹填料
(1)元件;(2)组合单元;(3)填料层俯视图;(4)填料层剖面图

另外,在填料的上方安装有填料压板,以防填料被上升的气流吹动。

2. **填料塔的工作过程**　液体在塔顶经分布器向下喷淋,并沿填料表面形成液膜向下流动,最后由塔底部流出;气体由塔底承重板下进入塔筒体,靠压力差穿过填料层的空隙,并与填料上的液膜进行动量、质量和热量交换,最后由塔顶部排出。

当液体沿填料向下流动时,有逐渐向塔壁集中的趋势,使得塔壁附近的液流量逐渐增大,这种现象称为壁流。壁流效应造成气液两相在填料中分布不均,使传质效率下降。因此,当填料层较高时,常将填料进行分段,中间设置再分布装置。再分布装置包括液体收集器和液体再分布器两部分,上层填料流下的液体经液体收集器收集后,送到液体再分布器,经重新分布后喷淋到下层填料上。

填料塔属于连续接触式气液传质设备,两相组成沿塔高连续变化,在正常操作状态下,气相为连续相,液相为分散相。

填料塔具有生产能力大、分离效率高、压降小、持液量小、操作弹性大等优点。

当液体负荷较小时不能有效地润湿填料表面,从而使传质效率降低;不能直接用于有悬浮物或容易聚合的物;对侧线进料和出料等复杂精馏不太适合,以及填料造价高等是填料塔的不足之处。

三、乙醇回收塔

（一）乙醇回收塔的结构

如图11-12所示，乙醇回收塔由塔釜、塔身、冷凝器、冷却器、缓冲罐、高位储槽、稳压罐、比重测定器等组成。塔内填装高效不锈钢波纹填料，因此属于填料塔。

（二）乙醇回收塔的工作过程

乙醇回收塔的塔釜内安装有盘管，内通蒸汽可对稀乙醇溶液进行加热。将稀乙醇溶液送入塔釜内进行加热，在标准大气压下，乙醇的沸点是788.4℃，与水混合其沸点降低，所以稀乙醇溶液在较低的温度下即

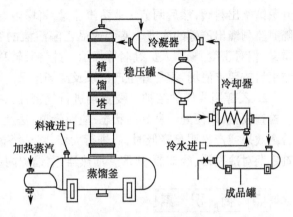

图11-12 乙醇回收塔

达到沸腾，乙醇大量汽化，部分水也随之蒸发，形成以乙醇蒸汽为主要成分的混合蒸汽。产生的混合蒸汽从塔底上升，在上升过程中，因塔体温度逐渐下降，所以大部分水蒸气冷凝成液体回流至塔釜，而乙醇蒸汽和少量的水蒸气继续上升至塔顶，经连通管道进入冷凝器冷凝成乙醇液体，其一部分作为塔顶回流液回流至精馏塔，另一部分作为精馏产品经冷却器冷却后出料。塔顶回流液在塔体内与上升的混合蒸汽充分接触传热，使混合蒸汽中高露点的水蒸气优先放热而冷凝、回流，与塔顶回流液中的水一起回流至塔釜；而塔顶回流液中的低沸点乙醇优先吸热而汽化、回升，与混合蒸汽中的乙醇蒸汽一起上升至塔顶冷凝器被冷凝，从而提高精馏产品的浓度。

乙醇回收塔回收效率高，可将浓度为30%～50%的稀乙醇浓缩成95%左右的浓溶液。

乙醇回收塔具有结构紧凑、运行成本低、清洗和维修方便等优点，广泛用于制药、食品、轻工、化工等行业的稀乙醇回收，也适用于甲醇等其他溶剂的蒸馏。

 案例分析

案例

某厂回收生产过程中产生的废乙醇用于生产，在交接班时，上一班工人已将釜内料渣清出，并已将釜冷却；当班人员接班后开始抽料、升温，出料阀处于关闭状态。15分钟后乙醇回收塔突然爆炸，造成伤亡事故。

分析

乙醇回收塔出料阀没有开启是造成这起事故的直接原因。由于出料阀未打开，当开通蒸汽升温后乙醇蒸发，使蒸馏塔从常压状态变为受压状态；当塔内乙醇蒸汽压力超过塔盖螺栓的密封力时，将釜盖冲开，大量乙醇蒸汽冲出后与空气迅速混合，形成爆炸混合物，遇火源瞬间燃烧爆炸。

（三）乙醇回收塔的操作与维护

1. 乙醇回收塔的操作规程　乙醇回收操作必须遵守相应的规程。首先检查乙醇回收塔、乙醇贮罐及冷却循环水装置是否正常，并通入冷却水，将稀乙醇输入蒸馏釜中，打开蒸馏釜出料阀，然后调节工业蒸汽流量，将塔内温度控制在80℃左右。在精馏过程中随时监测馏出乙醇的浓度。盛装成品乙醇溶液的容器要密闭，并做好产品名称、日期、重量、相对密度、操作人员姓名等标示。并将其转移至乙醇库相应的存放区存放。生产结束后按要求清场，填写好生产记录及清场记录。

2. 乙醇回收塔的维护　要定期进行气密性试验，以防止泄漏；定期对仪表、仪器进行检查校正，以便处于良好的状态；应对管道、法兰、阀门、管件定期检查并及时更换；当分离效果或产量明显降低时，需进行大修，将全塔拆卸，取出更换损坏填料；用适宜清洗剂定期对冷凝器、冷却器、U形管加热器、蒸馏釜内壁进行清洗，以强化传热过程。

点 滴 积 累

1. 精馏设备有板式塔、填料塔。
2. 板式塔的塔板上气液交流以泡沫式为主，塔板数越多分离纯化效果越好。
3. 填料塔气液交流发生在填料的表面，填料塔气液交流面积大，连续进行，分离效果好。
4. 乙醇回收塔是填料塔，常用波纹瓦作填料。

目 标 检 测

一、选择题

（一）单项选择题

1. 蒸馏过程是（　　）
   - A. 液体表面汽化的过程
   - B. 是发生在液体内部的汽化过程
   - C. 分离难挥发组分的过程
   - D. 任何时候都可进行的过程

2. 双组分蒸馏时，难挥发组分和易挥发组分（　　）
   - A. 同等汽化
   - B. 在气相中摩尔分数相同
   - C. 在气相中组成相同
   - D. 分蒸汽压符合道尔顿定律

3. 下列物质中，相对挥发度大的溶剂是（　　）
   - A. 乙醇
   - B. 水
   - C. 四氯化碳
   - D. 丙酮

4. 沸腾过程中，溶液上方的蒸汽压（　　）
   - A. 等于或大于大气压
   - B. 小于大气压
   - C. 等于标准大气压
   - D. 是临界蒸汽压

5. 蒸汽等温冷凝过程所放出的热称为（　　）
   - A. 显热
   - B. 汽化热
   - C. 潜热
   - D. 焓

6. 泡点是（　　）
   - A. 溶液最初沸腾时的温度
   - B. 溶液沸点的平均值

C. 溶液沸腾程   D. 产生第一个气泡时的温度

7. 冷凝是( )

  A. 气体分子之间距离缩小的过程   B. 蒸汽温度降低的过程

  C. 放出潜热的过程   D. 放出显热的过程

8. 形成闪蒸的原因是( )

  A. 蒸汽所受压力突然减小   B. 饱和蒸汽压突然减小

  C. 形成过热蒸汽   D. 连续气液传质

9. 精馏过程是一个( )

  A. 提高塔顶产品纯度的过程   B. 连续冷凝的过程

  C. 蒸发的过程   D. 连续汽化的过程

10. 板式精馏塔的塔板是( )

  A. 气液传质区域   B. 承重板

  C. 重要的反应场所   D. 主要用于分布气体

11. 塔板上最佳的气液接触状态是( )

  A. 鼓泡式   B. 泡沫式   C. 喷射式   D. 淹没式

12. 常用乙醇回收塔的填料是( )

  A. 拉西环   B. 鞍马环   C. 金属丝网   D. 波纹板

（二）多项选择题

1. 下列正确的说法是( )

  A. 蒸馏是沸腾时的蒸发

  B. 精馏可提高塔顶产品浓度

  C. 精馏可以分离相对挥发度小于 1 的双组分

  D. 蒸馏是为了浓缩料液

  E. 相对挥发度的组分可通过蒸馏分离

2. 板式塔的构造部件有( )

  A. 丝网除沫器   B. 降液管   C. 再沸器

  D. 塔板   E. 刮板

3. 产生淹塔的原因有( )

  A. 液体流速过大   B. 气体流速过大   C. 气体流速过小

  D. 气液流速比例不合适   E. 降液管直径太小

4. 填料塔的理论塔板数大于板式塔的塔板数,正确的说法是( )

  A. 起阻碍作用的塔板数多   B. 塔板安装密度增大   C. 在填料表面上传质

  D. 填料颗粒小,总表面积增大   E. 填料塔内装填料的空间大

5. 关于乙醇回收塔的说法正确的是( )

  A. 进料口设计在提馏段上方塔板处

  B. 没有塔顶回流液

  C. 属于填料塔

  D. 可降低气速控制气泛

  E. 回收的乙醇浓度始终是 95%

二、简答题

1. 简要说明精馏操作时气相中各组分的分离过程。
2. 简要说明塔板上气液接触状态和传质过程。
3. 简要说明乙醇回收塔的操作规程。

（贺　峰）

第十二章 通用干燥设备

除去固体、半固体及糊状物料中湿分的过程叫干燥。干燥的方法有机械干燥和热能干燥。机械干燥只能分离多数湿分,干燥不彻底。热能干燥是使物料中湿分汽化移除的过程,又可分为加热干燥和冷冻干燥。根据干燥过程压力大小可分为常压干燥和真空干燥。干燥过程所使用的干燥介质一般为湿空气。

第一节 固体物料干燥过程

因固体物料与水分的结合力有强弱之分,被移出时难易程度有差异,所以各种物料干燥速度、干燥时间有差别。

一、物料中的水分

(一) 结合水分与非结合水分

按结合力大小,物料中的水分可分为结合水分和非结合水分。以化学或物理方法结合的水分称为结合水分。结合水分包括物料中的结晶水、吸附结合水分、毛细管结构水分、溶胀水分等。

1. 结晶水分 与固体物料通过化学键结合的水分称为结晶水。结合力强,有定量组成关系,不能用普通干燥法去除等是其特点。

2. 吸附结合水分 水分与物料分子之间以范德华力结合,结合力中等,无定量组成关系,采用一般的干燥方法就能去除。

3. 毛细管结构水分 在多孔固体物料中,由于毛细管的作用,水分被吸附在管道中。毛细管结构水分受吸附力小,可用普通干燥法除去。

4. 溶胀水分 以溶液形式存在于固体物料中的水分,如细胞水分。

机械地附着于物料固体表面、存积于大空隙内和颗粒堆积层中的水分称为非结合水分。它们与物料分子之间的结合力很弱小,其蒸汽压力与同温度下纯水的蒸汽压力相同,用普通干燥法即可除去。

(二) 自由水分与平衡水分

用一定湿度的空气作干燥介质,在恒定的干燥条件下,蒸发与冷凝平衡后物料中保留存在的水分称为平衡水分。平衡水分是干燥过程中物料所剩余的最低极限水分,往往是物料中的结合水分,一般不能被普通的干燥方法去除。已经蒸发的水分称为自由水分。自由水分包括物料中全部非结合水分和部分结合水分。

物料中的自由水分与平衡水分之和即为物料中的总水分。

固体表面对水的吸附作用

设液体分子的分子力作用半径为 r，固体分子的分子力作用半径为1，当液体与固体接触时，在界面处液体一侧厚度等于 r（当 $r>1$ 时）或等于1（当 $r<1$ 时）的一层液体层，叫做液体的附着层。

附着层中任一分子，在附着力大于内聚力的情况下，分子所受的合力与附着层相垂直，指向固体，此时，分子在附着层内比在液体内部具有较小的势能，液体分子挤入附着层，使附着层扩展。附着层中的液体分子越多，系统的能量就越低，状态也就越稳定，因此引起了附着层沿固体表面延展而将固体润湿。

二、固体湿物料的干燥过程

（一）固体湿物料的干燥过程

湿物料的干燥可分为两个阶段，第一个阶段是热量由气体传递给湿物料，使其温度升高；第二个阶段是物料内部的水分向表面扩散，在表面汽化并被气流带走，如图12-1所示。

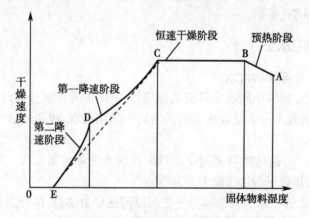

图 12-1　固体物料的干燥过程

在恒定干燥条件下，固体湿物料经过预热段、恒速段、第一降速段、第二降速段而得到干燥。各阶段湿物料中水分含量随时间变化的趋势以及各段干燥速度都互不相同。

1. 预热阶段　水分从湿物料到空气中实际经历两个步骤，首先从物料内部迁移至表面，然后再从表面汽化到空气中。当物料受热后，其内部空隙中的水分开始由内向外移动，积累在固体物料的表面上，形成物料表面的非结合水分，其性质与纯水相同。升高物料的温度，加快了内部水分的移出速度。由于水分布满了表面，所以受热后有更多的水分蒸发到空气中。

在图中的 A 点表示湿物料进入干燥器受热的起点。随着固体物料表面温度的升高，物料中的水分蒸发速度加快，总含水量降低，表现为物料加速失水。

2. 恒速干燥阶段　随着加热的进行，蒸发与冷凝同时进行。物料表面非结合水分蒸发到空气中，空气中的蒸汽返回到固体物料表面上冷凝成液体。当将物料加热到某一温度时，固体表面上的水分受热后蒸发到空气中的速度，以及空气中的蒸汽冷凝到固体物料表面的速度都保持恒定不变,表现为物料恒速失水,此阶段称为恒速干燥阶段。在恒速干燥阶段,空气不再将热量用于提升固体湿物料的温度,而是给物料内部水分提供能量,使内部水分的移动速度能够维持固体物料表面布满水分的状态。图 12-1 中的 B 点是恒速干燥的起始点。

3. 第一降速干燥阶段　当物料表面水分持续蒸发到一定程度,非结合水分数量减少,物料表面出现了局部非结合水分被去除、内部水分不能及时扩散传递到表面的现象,导致物料表面不能继续维持全部润湿的状态。此时物料处于恒速干燥过程结束的转折点,将要进入第一降速干燥阶。图 12-1 中的 C 点即是第一降速干燥起始点,所对应的物料含水量称为临界含水量。

在第一降速干燥阶段,物料内部的含水量已经降低,水分汽化量逐渐减少,干燥速度逐渐减小,物料表面温度略有上升,当此过程进行到一定程度,固体物料表面再也没有非结合水分的存在,干燥过程将进入下一个阶段。图 12-1 中的 D 点表示第一降速干燥阶段结束,第二降速干燥阶段开始。

4. 第二降速干燥阶段　进入此阶段物料的表面温度开始升高,内部水分向外表面移动速度越来越小,汽化过程从物料表面逐渐转移到物料内部,空气提供的热量要深入到物料内部才能使水分汽化。干燥过程的热量传递方式增多,水分汽化的方式也在增加,汽化阻力逐渐增强,干燥速度迅速下降,直至停止。此时物料含水量降至为该空气状态下的平衡含水量,湿物料的干燥过程完结。

由于第二降速干燥所需时间较长,所以在实际生产中,只要物料中总含水量降低到一定的范围就可以终止干燥过程,此时物料总含水量高于平衡含水量。

（二）恒速阶段的干燥速度和干燥时间

1. 固体物料的干燥时间　在干燥过程中,单位时间内单位面积上所蒸发的水分量叫干燥速度。

一般情况下,干燥速度随湿物料与水分结合情况不同而不同,由于在恒速干燥阶段蒸发的是非结合水分,故干燥速度的大小取决于物料表面水分的汽化速度。恒速干燥速度与湿物料温度成正比。

2. 干燥时间　固体物料从进入干燥器开始到干燥完毕所需的停留时间称为干燥时间。固体物料的干燥时间是四个阶段所耗时间之和。由于预热阶段时间较短,所以可并入恒速干燥阶段计算,第一降速干燥阶段和第二降速干燥阶段合并为降速干燥阶段计算。

在恒速干燥阶段,外扩散阻力成为左右整个干燥速率的主要因素,因此降低外扩散阻力,提高外扩散速率,能提高干燥速率。外扩散阻力主要发生在边界层,可采取增大空气流速、减薄边界层厚度、提高对流传热系数和对流传质系数、降低空气的水蒸气浓度、增加传质面积等措施提高干燥速度。

　点　滴　积　累

1. 干燥是固体物料表面水分蒸发的过程,由预热段、恒速干燥段、第一降速段和第二降速段构成。

2. 干燥过程固体物料所受热量用于加快内部水分向外表面移动的速度,单位时间单位面积的蒸发量称为干燥速度,完成四个干燥阶段所需的时间为干燥时间。

第二节　干燥过程物料衡算

在干燥车间常进行物料衡算和能量衡算,以确定蒸汽、空气的消耗量,以及干燥所需要的时间。正确掌握干燥条件有利于提高干燥岗位工作效率。

一、湿物料含水量表示法

(一)湿基含水量 W

水分在湿物料中的质量分数或质量百分数称为湿基含水量。

$$W = \frac{湿物料中水分的质量}{湿物料的总质量} \times 100\%$$

(二)干基含水量 X

不含水分的物料叫绝干物料。湿物料中的水分与湿物料中绝干物料的质量比称为干基含水量。

$$X = \frac{湿物料中水分的质量}{湿物料中绝干物料的质量}$$

(三)湿基含水量与干基含水量的关系

在干燥过程中,湿物料的质量是变化的,而绝干物料的质量是不变的。因此,用干基含水量进行计算较为方便。

$$W = \frac{X}{1+X} \qquad X = \frac{W}{1-X}$$

二、干燥过程物料衡算

在制药厂,物料的干燥过程是间歇进行的,进料速度可按每小时进料总量计算。干燥介质为热空气,出干燥器的湿度高于进入干燥器时的湿度。

在干燥器中,物料与干燥介质的流动状态可看成是逆流,如图 12-2 所示。

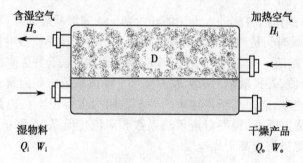

图 12-2　干燥过程物料衡算示意图

采用此图可推导出物料衡算方程式。

(一)水分蒸发量 D

以湿基含水量表示,湿物料的水分蒸发量为:

$$D = Q_i \frac{W_i - W_o}{1 - W_o} = Q_o \frac{W_i - W_o}{1 - W_i}$$

上式中,D 为湿物料的水分蒸发量(kg/s);Q_i、Q_o 分别为进料速度和出料速度(kg/s);W_i 为进料湿基含水量(kg/kg);W_o 为出料湿基含水量(kg/kg)。

（二）绝干空气用量 D_J

热空气在进出干燥器的过程中,绝干物料的质量保持不变。但湿物料蒸发出的水分进入了热空气,所以热空气总质量增大。增加的质量就是湿物料的水分蒸发量,由此可得绝对干燥空气的需要量。

$$D_J = \frac{1}{H_o - H_i}$$

式中,D_J 为蒸发 1kg 水分所消耗的绝干空气的质量(kg/kg);H_i 为热空气进口湿度(kg/kg);H_o 为热空气出口湿度(kg/kg)。

（三）干燥产品流量

$$Q_o = Q_i \frac{1 - W_i}{1 - W_o} \qquad Q_i = Q_o + D$$

例:常压下用连续干燥器干燥某物料,物料含水量为 15%,进料速度为每小时1200kg,物料出口含水量 2.5%。热空气的进口湿度为 0.0085kg/kg,经预热后进入干燥器,出干燥器的湿度为 0.058kg/kg,试求:

(1)水分蒸发量。

(2)空气消耗量。

(3)干燥产品流量。

解:已知 $W_i = 15\%$　　　　　　$W_o = 2.5\%$

$H_i = 0.0085$kg/kg　　　　　　$H_o = 0.058$kg/kg　　　　则

(1)水分蒸发量

$$D = Q_i \frac{W_i - W_o}{1 - W_o} = 1200 \times \frac{0.15 - 0.025}{1 - 0.025} = 153.85\text{kg/h}$$

(2)空气消耗量

$$D_J = \frac{1}{H_o - H_i} = \frac{1}{0.058 - 0.0085} = 20.20\text{kg/kg}$$

(3)干燥产品流量

$$Q_o = Q_i \frac{1 - W_i}{1 - W_o} = 1200 \times \frac{1 - 0.15}{1 - 0.025} = 1046.2\text{kg/h}$$

点 滴 积 累

1. 固体物料含水量可用湿基含水量和干基含水量表示。

2. 水分蒸发量和绝干空气用量可通过物料衡算确定。

第三节　通用干燥设备

通用的干燥设备有厢式干燥器、洞道式干燥器、流化床干燥器、喷雾干燥器等。干燥器工作原理不同,其结构和操作方式也不相同。

一、厢式干燥器

厢式干燥器又称为盘式干燥器或室式干燥器,是典型的间歇式干燥设备。

(一)厢式干燥器的一般结构

如图 12-3 所示,厢式干燥器由箱体、加热器和温度控制系统三部分组成。

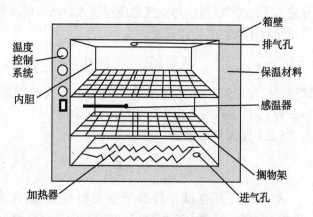

图 12-3　干燥箱的一般结构

1. 箱体

(1)箱壁:箱壁由外壳、填料和内壳组成。外壳和内壳都采用钢板制造,在两壳体形成的夹层中充装填有绝热材料,如玻璃纤维或石棉板,内壳围绕的空间作为热空气对流层。

(2)干燥室:最内壳所围绕的空间叫做干燥室。室内有若干层网状搁物架,用于放置干燥盘等容器。温度控制器的感温探头从左侧壁伸入干燥室内。

(3)箱门:通常采用双重式。内门是玻璃门,用于在减少热量散失的情况下观察所烘烤的物品;外门用于隔热材料保温。

(4)进、排气孔:底部或侧面有一进气孔,干燥空气由此进入。箱顶设计有抽风机,是用来将湿热空气抽出干燥室,起着促使空气流动的作用。

(5)侧室:为控制室。一般设在箱体左边,与干燥室绝热隔开。其内安装有开关、指示灯、温度控制器、鼓风机等电器元件。打开侧室门,可以很方便地检修电热丝之外的电路。

2. 加热器　加热器是一组电炉箱或管式蒸汽加热器,起着提高冷空气温度的作用。

3. 温度控制器　温度控制器是用来自动控制加热电路通断的温控元件。加热方式不同则温度控制器的结构和工作原理不同。早期的温度控制器有差动棒式温度控制器、螺旋管式温度控制器。现在普遍采用电子线路自动控温装置,如图 12-4 所示为温度控制电路工作过程。

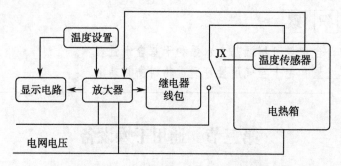

图 12-4　温度控制电路工作过程示意图

温度控制电路通常由温度设定装置、温度传感器、放大器、继电器及显示器等组成。温度设定装置用来设置需要加热的温度。温度传感器用来感测电热箱中的温度。继电器是一个利用电磁原理工作的电子元件,它主要由缠绕在电磁铁上的线圈及能耐大电流的接点组成。接点可以是一组,也可以是多组。当线包通电时,电磁铁产生磁性,继电器的接点被电磁铁吸合;不通电时,两个接点开路。显示器可以是一个,也可以是两个。用两个显示器时,一个用来显示所设置的温度,另一个用来显示干燥室内的温度。早期电热箱所用的放大器多为电子管或晶体管,现在多采用集成电路。

当温度传感器感测到的温度低于设定温度时,放大器饱和导通,继电器线圈带电,其接点 JX 吸合,给电热箱加热。反之,当传感器感测的温度和设置的温度相同时,放大器截止,继电器线圈中无电流通过,其接点断开,停止加热。

放大器的另一个作用是与显示器配合,将设置的温度及加热箱内的温度实时地显示出来。

总体来看,厢式干燥器结构简单、操作方便,在药物生产行业应用广泛。

(二)典型的厢式干燥器

在厢式干燥器干燥过程中,所采用的干燥介质主要有热空气。根据干燥气流在干燥器中的流动状态,可分为穿流气流厢式干燥器、水平气流厢式干燥器和厢式真空干燥器三种。

1. 穿流气流厢式干燥器 图 12-5 所示,用热空气穿过待干燥物料层进行干燥的设备叫穿流气流厢式干燥器。在穿流气流厢式干燥器中,盛装物料的浅盘具有微小的气孔,也可采用丝网作浅盘。

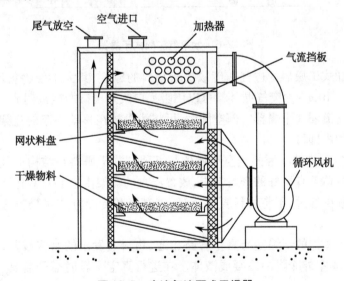

图 12-5 穿流气流厢式干燥器

在两层物料之间设计有倾斜的挡板,以阻挡从下层物料中吹出的湿空气进入上一层物料。

干燥时,热空气从下往上穿过浅盘,与物料直接接触传热,并快速带走物料中的水分。穿流气流厢式干燥器具有干燥速度快、热利用效率高等优点。

2. 水平气流厢式干燥器 水平气流厢式干燥器的结构如图12-6所示。在本干燥器的干燥室内,设计有若干层搁物架以搁置浅盘,浅盘无气孔,空气不能穿过浅盘与物料直接接触。干燥时,将物料按 10~100mm 的厚度铺置在浅盘中,风机吸入的新鲜空气被加热器预热,由空气整流板均匀进入干燥室各层之间,从物料的上方流过。物料中的水分蒸发成蒸汽进入流动的空气,随空气从排出管排出。加热空气部分回流循环使用,以提高热利用率。

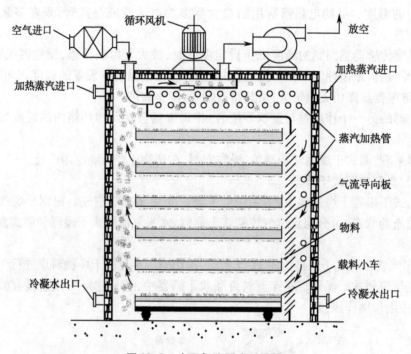

图 12-6 水平气流厢式干燥器

水平气流厢式干燥器的进气速度取决于物料的粒度,其大小使物料不被气流带走为宜,一般为 1~10m/s。废气循环量可以用吸入口或排出口的挡板调节。

如果水平气流厢式干燥器内部空间大,可将浅盘放在移动小车的盘架上,干燥时将小车推入干燥厢内即可。

3. 厢式真空干燥器 厢式真空干燥器与其他厢式干燥器在结构上基本相似,但也有其特殊性。箱体具有良好的密封效果,放置浅盘的盘架由空心管制作而成,加热气体从空心管的管程中通过,不与物料直接接触,借对流和传导方式对物料进行加热,如图12-7所示。

厢式真空干燥器的干燥室与真空管路相通,物料蒸发出的水汽或其他蒸汽沿真空管路流动,在干燥室外冷阱中冷凝成液体。在进行真空干燥时需开启真空泵以维持一定的真空度。

厢式真空干燥器适用于热敏性、易氧化及易燃烧物料的干燥。

厢式干燥器构造简单,设备投资少,适应性较强。但劳动强度大,设备利用率低,热利用率也低,产品质量不均匀。

厢式干燥器适用于小规模多品种、要求干燥条件变动大及干燥时间长等干燥操作。

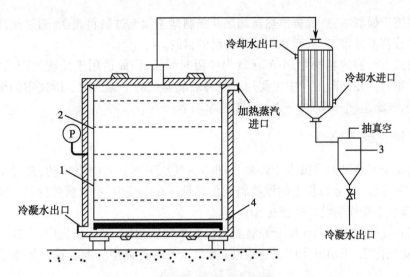

图 12-7 厢式真空干燥器

1. 空心隔板；2. 冷凝液多支管；3. 气水分离器；4. 进气多支管

二、洞道式干燥器

如图 12-8 所示,洞道式干燥器由箱体、温度控制器、加热器、载料小车等设备组成。

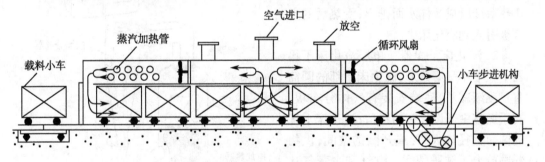

图 12-8　洞道式干燥器

1. **箱体**　洞道式干燥器的干燥室是一个深远狭长的隧道,在隧道内铺设了两根铁轨,载物小车在铁轨上运行。干燥室有进料端和卸料端,进料端安装在非洁净区,卸料端被设计安装在洁净区域。在进料端,将干燥物料铺放在小车的浅盘上,小车被推入洞道后受热干燥,并缓缓移至干燥室的另一端,经冷却后卸料。

2. **加热器**　洞道式干燥器的加热器有电热式和蒸汽式两种,一般设计安装在洞道的顶层,与进风口紧密相连。洞道式干燥器的加热器结构和工作原理与厢式干燥器相近。

3. **温度控制器**　目前,洞道式干燥器的温度控制器已经采用微电脑控制技术,自动转化灵敏,控制精度高,自动化程度高。

4. **洞道式干燥器的空气流**　热空气在洞道式干燥器中的流动形式有并流、逆流或两端进中间出等方式。对于小型的干燥器,常将进风口和排风口都设计在进料端,与物料形成逆流流程。在出风口设计有热风回流通道,通过阀门操作可调节排风量和回风量之间的比例。

在洞道干燥器中,空气被预热器加热并强制地连续流过物料表面,通过热交换将物料中的水分蒸发并带走,从而达到干燥物料的目的。

洞道式干燥器的容积大,小车在器内停留时间长,因此适用于处理生产量大、干燥时间长的物料。在制药生产中主要用于各种玻璃器皿的干燥灭菌。所使用的干燥介质为热空气,气流速度一般为 $2 \sim 3 m/s$ 或更高。

三、流化床干燥器

流化床干燥器又称沸腾床干燥器。加热空气从下部通入向上流动,穿过干燥室底部的气体分布板,将分布板上的湿物料吹松并悬浮在空气中,物料所处的状态称为流化态,进行流化态操作的设备叫流化床。

制药行业所使用的流化床干燥装置可分为单层流化床、多层流化床、卧式多室流化床、塞流式流化床、振动流化床、机械搅拌流化床等多种类型。现着重介绍单层流化床设备。

(一)流化床干燥器的结构

如图 12-9 所示,单层流化床干燥器由鼓风机、加热器、螺旋加料器、流化干燥室、旋风分离器、袋滤器、气体分布板组成。

1. 加热器　采用列管换热装置,热载体为过热蒸汽。蒸汽在换热器中释放潜热后冷凝成液体水而排出,受热后的空气被引入到流化床中。

2. 流化床干燥器　单层流化床干燥器上大下小呈蘑菇形,流化床下部的圆筒直径逐渐减小,底端安装有气体分布板,在干燥室中部设计有加料口;流化床上部的圆筒直径较大,形成开阔的空间,供物料颗粒上下沸腾使用。空气和水蒸气从上部的尾气管排出,被引风机输送到旋风分离器中分离收集颗粒,从旋风分离器中出来的气体含有细粉,经袋式过滤机过滤后,空气和水蒸气排空,细粉被收集在细粉贮存器中。

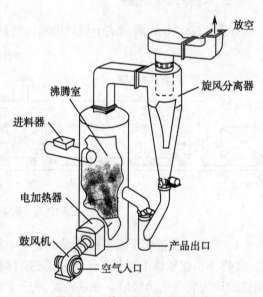

图 12-9　单层流化床干燥系统

放空

沸腾室

进料器

旋风分离器

电加热器

鼓风机

空气入口

产品出口

3. 螺旋加料器　螺旋加料器设计安装在进料口。金属圆筒形外壳内安装了螺旋槽式转动轴,电动机带动转动轴旋转。随着旋转,螺旋槽源不断地将物料输送到干燥室中。

(二)流化床干燥器的操作注意事项

1. 沟流和死床　在单层流化床干燥器中,如果加热空气流速大于流化所需要的临界流速而床层不流化,湿物料层被空气吹成了若干条沟槽,这种现象叫沟流。产生沟流后沸腾式干燥不能进行叫死床。消除沟流和死床的办法有加大气流流速;对物料进行预干燥;通过实验选择空气分布板等方法。

2. 腾涌　腾涌又称活塞流。在单层流化床干燥器底部,上升的气流穿过气流分布板后,形成气泡,在物料性质和干燥器因素等多方面条件作用下,气泡越来越多,且相互汇集成更大的气泡,直径接近床层直径,并将湿物料如活塞般抛起,到达一定的高度后崩裂,物料碎裂成颗粒并被向上抛送一段距离后再纷纷落下,这种现象叫腾涌。

在干燥过程中出现了腾涌将产生干燥不均匀的现象,有时会使干燥无法正常进行。消除腾涌现象的方法有调节进料量、选用床高与床径之比相对较小的床层、对物料进行预处理等。

3. 操作参数　单层流化床干燥器适合于不易结块的物料,特别适合于物料表面水分的干燥。干燥物料的粒度应控制在 $30\mu m \sim 6mm$ 范围内,太小容易产生沟流,太大则需要较高的气流量,增加动力消耗。

若干燥的是粉料,则要求湿物料含水量不超过5%;若干燥的是颗粒状物料,则要求含水量不超过15%。否则,物料流动性不好,易于结块,干燥度不均匀,还会产生不正常工作情况。

由于增大了空气与湿物料的接触面积,传热速率加快,所以流化床干燥器生产效率高,热利用效果好。

四、喷雾干燥器

喷雾干燥是将原料液分散成雾滴,以热空气与雾滴接触使物料干燥的过程。其中,原料液可以是溶液、乳浊液或悬浮液,也可以是熔融液或膏糊状稠浆。干燥产品根据生产需要可制成粉状、颗粒状、空心球或圆粒状。

1. 喷雾干燥器的组成　图 12-10 是喷雾干燥器装置图。喷雾干燥装置由空气预热器、气体分布板、雾化器、喷雾干燥室、高压液泵、无菌过滤器、贮液罐、抽风机、旋风分离器等部件组成。

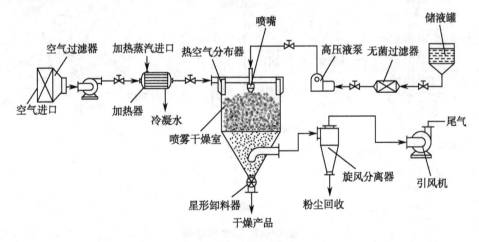

图 12-10 喷雾干燥器

原料由料液贮槽经无菌过滤器过滤后用高压泵送至雾化器喷成雾滴。空气经过滤器过滤后用风机送至加热器加热,通过气体分布板进入喷雾干燥室。在干燥室中,热空气与雾滴接触而被干燥。干燥后的空气经旋风分离器除去其中夹带的干燥物料后,用抽风机排空。干燥产品收集在干燥器和旋风分离器底部的接料筒中。

在喷雾干燥器过程中,雾滴的大小与均匀程度对产品质量影响很大。若雾滴不均匀,就会出现大颗粒还未干燥到规定指标、小颗粒已干燥过度而变质的现象。所以雾化器是喷雾干燥器的关键部件。

2. 雾化器

(1)离心雾化器:如图 12-11(1)所示。离心雾化器是一个圆盘,盘上有放射形叶片,由电动机传动,圆盘转速为 4000 ~ 20 000r/min,圆周线速度为 100 ~ 160m/s。

使用时将料液送入高速旋转的圆盘中部,液体受离心力的作用而被径向甩出,到达周边时呈雾状喷洒到干燥室中。

离心雾化器具有操作简便、适用范围广、料液通道大、不堵塞、动力消耗少等优点。但需要有传动装置、液体分布装置和雾化轮,对加工制造精度要求高,检修不便。

(2)压力式雾化器:压力式雾化器由高压泵、喷嘴、旋转室组成。喷嘴安装在雾化室上部,与旋转室内壁成切线关系。液体压力升高到 2 ~ 20MPa 后,经喷嘴从切线进入旋转室中,并沿旋转室内壁作高速旋转运动,然后从出口小孔处呈雾状喷出,如图 12-11(2)所示。

压力式雾化器结构简单、操作及检修方便,但需要有一台高压泵配合使用,喷嘴孔径较小,易堵塞且磨损大,要采用耐磨材料制造。压力式雾化器适用于低黏度的液体雾化,不适用于高黏度液体及悬浮液。

(3)气流式雾化器:气流式雾化器如图 12-11(3)所示。用表压强为 150 ~ 700kPa 的压缩空气从环形喷嘴高速喷出,由于高速气流产生了负压,从而将中心喷嘴处的料液以膜状吸出,液膜与高速气体在环形喷嘴内侧混合,并分散成雾滴。

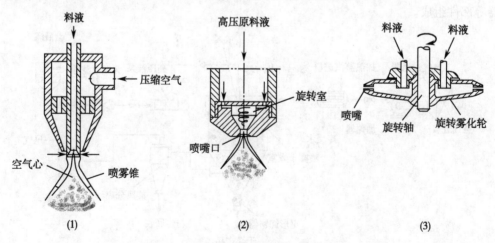

图 12-11　常见雾化器
(1)离心雾化器;(2)压力式雾化器;(3)气流式雾化器

气流式雾化器构造简单、磨损小,适用于各种黏度的料液。操作弹性大,可利用气、液比控制雾滴尺寸,但压缩空气用量大,消耗的动力多。气流式雾化器是目前国内应用最广泛的雾化器。

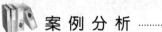 案 例 分 析

案例

某校生物制药技术专业学生采用高速离心喷雾干燥器干燥萝卜酱汁。干燥之前采用了胶体磨粉碎并用三足离心机过滤。喷雾一段时间后发现离心雾化器严重堵塞。喷雾干燥剂经专业公司清洗后才能使用。

分析

高速离心雾化器喷雾缝隙仅 2 ~ 3mm,萝卜经胶体磨粉碎后直径应小于缝隙不会导致堵塞,应该是料液中混入了其他杂质颗粒,极有可能是来自于三足离心机的铁锈腐屑、滤布纤维。在经清洗过程中,确实从离心雾化器中找到了大量的滤布纤维。

3. 物料与干燥介质的接触方式 在干燥室内雾滴与干燥介质接触方式有并流、逆流和混流三种,每种流动又有直线流动和旋转流动之分。在图 12-10 中所表示的为并流接触,空气从干燥器顶部进入,雾化器也装在顶部,两者向下作并流流动。若空气改从干燥器的底部送入,雾化器仍装在顶部则为逆流接触。若雾化器装在干燥室底部,空气由顶部向下吹,则两者先作逆流流动,后转为并流,属于混流接触。在并流接触方式中,温度最高的干燥介质与湿度最大的雾滴接触,蒸发速度快,液滴表面温度接近空气的湿球温度,同时干燥介质的温度也显著降低,因此整个干燥过程物料的温度不高,对热敏性物料特别有利。但因蒸发速度快,液滴易破裂,获得的干燥产品常为非球形多孔颗粒。逆流接触方式与上述情况相反,塔底温度最高的干燥介质与湿度小的颗粒相接触,因此若干燥产品能经受高温且需要较高的疏松密度时,用逆流接触方式较好。此外,在逆流系统中,平均温度差和平均分压差较大,有利于传热和传质,热利用率也高。

喷雾干燥器的特点是物料的干燥时间短,通常为 15 ~ 30 秒,甚至更少;产品可制成粉末状、空心球状或疏松圆粒状,工艺流程简单,原料进入干燥室后即可获得产品。

点 滴 积 累

1. 热风循环干燥器干燥时间长,用于耐热物料的干燥。
2. 真空干燥器用于低温度干燥。
3. 洞道式干燥器用于工具、玻璃器皿的灭菌干燥。
4. 流化床干燥器和喷雾干燥器受热时间短,用于热敏性物料的干燥。

目 标 检 测

一、选择题

(一) 单项选择题

1. 提取罐内壁上的水分属于( )

A. 化学结合水分　　　B. 表面吸附水分　　C. 毛细管水分　　　D. 溶胀水分

2. 细胞液中的水分属于（　　）

A. 化学结合水分　　　B. 表面吸附水分　　C. 毛细管水分　　　D. 溶胀水分

3. 晾干药材中的水分属于（　　）

A. 非结合水分　　　　B. 表面吸附水分　　C. 平衡水分　　　　D. 溶胀水分

4. 晶体硫酸铜中的水分属于（　　）

A. 化学结合水分　　　B. 表面吸附水分　　C. 毛细管水分　　　D. 溶胀水分

5. 药材在干燥后放置在空气中达到恒重时的水分称为（　　）

A. 自由水分　　　　　B. 平衡水分　　　　C. 润湿水分　　　　D. 溶胀水分

6. 在干燥过程的预热阶段,提高物料温度的作用是（　　）

A. 使物料中的水分达到沸点　　　　　B. 使物料内部的水分向外移动

C. 加速蒸发,促进水分外移　　　　　D. 主要是加速表面水分蒸发

7. 在恒速干燥阶段,加热物料的主要作用是（　　）

A. 使物料表面的水分达到沸点　　　　B. 加速使物料内部的水分向外移动

C. 加速表面水分蒸发　　　　　　　　D. 扩大毛细管孔径

8. 湿基含水量是指（　　）

A. 湿空气的含水量　　　　　　　　　B. 湿物料中的含水量

C. 湿物料含水量与绝干物料质量之比　D. 物料的相对湿度

9. 换热速率高的厢式干燥器是（　　）

A. 平流厢式干燥器　　　　　　　　　B. 穿流气流厢式干燥器

C. 厢式真空干燥器　　　　　　　　　D. 逆流厢式干燥器

10. 在制剂车间,通用洞道式干燥器（　　）

A. 用于玻璃瓶的干燥和灭菌　　　　　B. 用于口服液的灭菌

C 顶部设计有高效过滤器　　　　　　D. 不能利用回风

11. 流化床干燥器中有大量气泡产生并将物料托起,这是产生了（　　）

A. 沟流　　　　　　　B. 死床　　　　　　C. 腾涌　　　　　　D. 气泛

12. 为防止喷雾干燥器内壁黏附结构,在喷雾室下部的外壁安装了（　　）

A. 振动锤　　　　　　B. 高压气体进口　　C. 高压水进口　　　D. 旋转球

（二）多项选择题

1. 固体物料干燥过程中,首先蒸发的是（　　）

A. 非结合水分　　　　B. 毛细管结构水分　　　　C. 自由水分

D. 平衡水分　　　　　E. 结晶水分

2. 在厢式干燥器中,不常用的干燥介质有（　　）

A. 过热蒸汽　　　　　B. 干热空气　　　　　　　C. 绝干空气

D. 矿物油　　　　　　E. 烟道气

3. 常用中药提取物的干燥方法有（　　）

A. 喷雾干燥法　　　　B. 热风回流干燥法　　　　C. 真空干燥法

D. 气流干燥法　　　　E. 冷冻干燥法

4. 在喷雾干燥中药提取液时所采用的雾化器可以是（　　）

A. 压力式雾化器　　　B. 离心雾化器　　　　　　C. 气流式雾化器

　　D. 气体分布器　　　　　E. 螺旋形液体分布器
5. 洞道式干燥器具备的功能有(　　　　　)
　　A. 包装容器的干燥　　　B. 包装容器的干热灭菌　　　C. 包装容器的自动清洗
　　D. 传递窗　　　　　　　E. 药品的干热灭菌

二、简答题

1. 简述物料干燥的四个阶段。
2. 简述流化床干燥器的不正常操作及采取的相应措施。
3. 绘图说明喷雾干燥法的工艺流程。

三、实例分析

　　有同学将南瓜粉碎打浆后用滤布过滤,再用离心喷雾干燥器干燥,喷雾干燥器工作一段时间后输送料液管道压力表读数上升,请分析原因,并指出解决方案。

(罗合春)

第十三章 制水设备

制药生产过程使用了多种品质的水。有包装容器的粗洗和精洗用水,有溶解药物的溶剂用水,有换热过程的冷却用水等,这些水统称为工艺用水。制药工艺用水分为饮用水、纯化水、注射用水。根据 2010 年版《中国药典》规定,注射用水是无杂质、无微生物、不含热原的高品质水。

第一节　饮用水生产设备

江河湖泊以及生活自来水称为原水。原水中一般含有悬浮物、微生物、胶体、溶解气体、有机化合物、无机化合物、金属离子及其他杂质,将原水初级纯化可制得到饮用水。

一、絮凝沉降法

原水经絮凝沉降后再机械过滤,既可去除微小颗粒杂质,又可去除部分无机化合物、有机化合物和重金属离子,由此制得的水叫饮用水。

(一) 絮凝原理

絮凝沉降是水处理工程中广泛应用的方法之一,可分为化学絮凝法和物理絮凝法两种。化学絮凝法是通过化学反应,使原水中重金属离子生成重金属化合物沉淀的过程。物理絮凝法是在原水中加入大量阳离子或高分子聚合物,在中和悬浮物或胶体物质表面所带负电荷后,使得颗粒或胶体相互聚集连接形成粗大的絮状团粒或团块并沉降的过程。

化学絮凝法的本质是化学反应生成沉淀,物理絮凝法的工作原理是凝聚或合并形成大颗粒。

(二) 常用的絮凝剂

絮凝净水法中,常用的凝聚剂有无机絮凝剂和高分子絮凝剂两大类。

1. 无机絮凝剂　无机絮凝剂是由无机化合物组成的。该絮凝剂与水体中带电颗粒产生静电引力,经相互架桥、凝聚结成大颗粒而沉降。常见的无机絮凝剂有铝盐、铁盐、氯化钙、聚合氯化铝、聚合硫酸铁、活性硅藻土等。在制药工艺用水的前处理中用得较多的是聚合硫酸铁。

2. 高分子絮凝剂　高分子絮凝剂是含有大量活性基团的高分子有机化合物,有有机合成高分子和天然高分子两大类。有机合成高分子聚合物以 ST 高效絮凝剂为代表,它们与无机絮凝剂相比具有产生的淤泥量少、沉降速度快、水质好、成本低等优点。天然高分子絮凝剂有多糖类、甲壳素类及微生物絮凝剂等。采用天然高分子絮凝剂进行水处理具有无污染的优点,因而在生活用水和制药工艺用水的制备中使用较广。

 知 识 链 接

聚合硫酸铁

　　聚合硫酸铁是新型、优质、高效铁盐类无机高分子絮凝剂;具有除浊、脱色、脱油、脱水、除菌、除臭、除藻、去除水中 COD、BOD 及重金属离子等功能;适应水体 pH 范围宽,为 4～11,最佳 pH 范围为 6～9;絮凝操作沉降速度快、矾花密实;絮凝后水体不含铝、氯及重金属离子等有害物质,pH 与总碱度变化幅度小;无毒,无害,安全可靠,投药量少,成本低廉。

二、机械过滤器

　　预处理后的原水首先进行机械过滤。机械过滤系统由多介质过滤器、活性炭过滤器、除铁过滤器等设备组成。

　　1. 机械过滤器结构　机械过滤器也称为压力式过滤器,由壳体、分布器、承重板、出水管、反冲洗进水管、反冲洗出水管、过滤介质等部件构成,如图 13-1 所示。

　　机械过滤器的壳体由不锈钢或玻璃钢材料制成,壳体内用承重板分隔为上下两层,上层填料为无烟煤或锰砂,下层填料为精制石英砂。在底部承重板上设计有小孔,小孔上安装有水帽排水装置。机械过滤器过滤效率高、出水量大,根据实际情况可联合成机组使用。

　　机械过滤器的核心部件是过滤介质。常用的过滤介质有石英砂、活性炭、无烟煤、锰砂等。

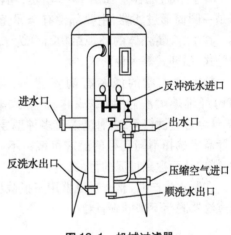

图 13-1　机械过滤器

　　2. 机械过滤器填料

　　(1)石英砂:过滤介质是石英砂。石英砂具有拦截、沉淀及吸附等作用,可以截留去除水中悬浮微粒、胶体、泥沙和铁锈等杂质。石英砂过滤器阻力小,通量大。主要用于反渗透、电渗析、离子交换、软化除盐系统的预处理过程,也可用作水质要求不高的工业给水粗过滤,以及循环冷却水、污水及中水的预处理。

　　(2)锰砂:过滤介质是天然锰砂,其主要成分是二氧化锰(MnO_2),它是二价铁氧化成三价铁的良好催化剂。当原水 pH > 5.5 时,天然锰砂可将 Fe^{2+} 氧化成 Fe^{3+} 并生成 $Fe(OH)_3$ 沉淀,经锰砂滤层后除去沉淀物。

　　除铁锰过滤器可去除铁、锰及多种有害金属,去除率高达 90%,可直接将高含铁地下水处理成可饮用水,也可用于水的脱色、除臭、除味等。

（3）活性炭：水处理所用活性炭是由椰子壳、核桃壳、花生壳等制成，其颗粒直径大致为 $\Phi2\sim5mm$，颗粒内部有大量的毛细孔，比表面积大，吸附能力强。活性炭是一种非极性吸附剂，在水中能将绝大多数有机化合物和重金属离子吸附，对水中氯离子的吸附率可达99%以上。

新购回的活性炭需要用清水、盐酸和氢氧化钠交替浸泡、冲洗至中性等预处理。

当活性炭工作一段时间后，由于截留了大量的悬浮物，压差增大。当压差达到0.08MPa时，需用清水反冲洗。严重时用压缩空气反吹后再用水清洗，以提高反冲洗效果。

经过反洗后的活性炭柱即可投入生产运行，操作方法是先关闭清洗阀，再打开进水阀、下排阀，然后关闭上排阀，待出水水质合格后，打开出水阀、关闭下排阀，即进入正式运行产水。

当活性炭过滤器运行一段时间后（一般设计为6个月），活性炭吸附容量已达饱和，应立即更换活性炭。操作方法是打开上部人孔和下部手孔，放出原来的活性炭，装入新的活性炭。

3. 精密过滤器 如图13-2所示，精密过滤器是一圆筒形过滤器，主要部件有金属壳体、滤芯。其中，金属壳体的外观结构可分为卡箍式、法兰式、吊环式等多种形式。

精密过滤器的滤芯有陶瓷滤芯、聚丙烯（PP）纤维熔喷滤芯、线绕滤芯、折叠式微孔滤芯、钛合金过滤棒等，各种滤芯有多种型号，根据实际需要选择不同孔径的滤芯可截留不同粒径的微粒，从而达到过滤的目的。

在制水生产时，精密过滤器用于拦截从活性炭过滤器脱落下来的碳颗粒。

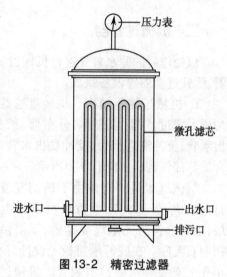

图 13-2 精密过滤器

点 滴 积 累

1. 原水中的微粒、有机物和无机物以游离或胶体颗粒存在，加入无机盐絮凝剂可促进其凝聚而沉降，采用合成高分子絮凝剂或者天然高分子絮凝剂可促其形成团块而沉降。

2. 原水絮凝后连续通过石英砂过滤器、铁锰过滤器、活性炭过滤器可滤除绝大部分颗粒、有机物和重金属离子，由此制得的水为饮用水。

第二节 纯化水生产设备

制备纯化水的设备有蒸馏器、电渗析仪、二级反渗透和离子交换制水设备等，实验室常用蒸馏器制备纯化水，工业上已广泛采用二级反渗透法生产纯化水。

一、电渗析仪

电渗析仪由整流器、直流电极、离子膜、隔板、贮槽等部件组成。整流器是提供稳定的直流电压,隔板用来将贮槽分隔成若干个仓室,以分别盛装浓盐水、淡水和极水。隔板上有小孔并覆盖有离子交换膜,离子交换膜具有选择性透过的功能。阳离子膜只能透过阳离子,阴离子膜只能透过阴离子,如图13-3所示。

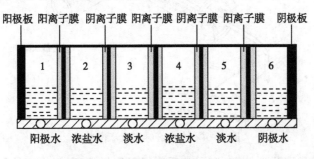

图13-3 电渗析仪工作原理示意图

在直流电场中,3号室原水中的阴、阳离子分别穿过阴、阳离子交换膜向2号和4号仓室运动,从而降低了3号仓室的盐浓度成为淡水,2号和4号仓室的盐浓度增加而成浓盐水。在正、负两个电极端的仓室里阴离子和阳离子的浓度增加且不为电中性,故称为极水。

在安装电渗析仪时,要注意膜的安装顺序,一般第一张和最后一张均为阳离子交换膜,其余按照阴膜-隔板-阳膜-隔板的顺序安装即可。

在启动电渗析仪时要先通水后通电,关闭时要先停电后停水。在开车或停车时,要缓慢开启或关闭浓盐水、淡水和极水的阀门,以保证膜两侧均匀受压。突然开启或关闭阀门会使膜堆变形。在工作中要定期清洗仓室、隔板和电极,并做好电渗析仪的工作状况记录。

二、二级反渗透设备

反渗透制纯水是从海水淡化发展起来的新技术。在高于溶液渗透压的作用下,反渗透膜只能通过水分子而不能透过金属离子,从而达到脱盐的目的。

1. 反渗透膜组件　反渗透制备纯化水的关键设备是膜组件。反渗透膜组件有板框式、管式、螺旋卷式等类型,其中用得最多的是中空纤维管式反渗透装置,其结构如图13-4所示。

(1)反渗透膜:如果按膜材料化学组成划分,有纤维素膜和非纤维素膜两大类。如按膜材料的物理结构分类,可分为非对称膜和复合膜等。

纤维素类膜的典型代表是醋酸纤维素膜。该膜总厚度约为$100\mu m$,分为表皮层和支撑层。表皮层的厚度约为$0.25\mu m$,表皮层中布满微孔,微孔直径为$5\sim10nm$,故可以滤除极细的粒子。支撑层也有很多的小孔,其孔径很大,约有几千纳米。因此,醋酸纤维素膜属于不对称结构的膜。在反渗透制水操作中,醋酸纤维素膜只有用表皮层与高压原水接触时才能达到预期的脱盐效果。

非纤维素类膜以芳香聚酰胺为主,近年来发展起来的聚酰胺复合膜就属于此类。这种复合膜由屏障层、支持层和底层构成。屏障层是高交联度的芳香聚酰胺,厚度大约

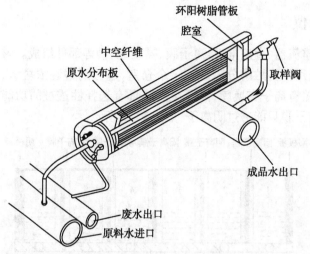

图 13-4 中空纤维素反渗透装置

在 200nm，支持层是聚酯无纺布，底层常采用聚砜塑料，聚砜层表面的孔径大约为 15nm。由于这种膜是由三层不同材料复合而成的，故称为复合膜。

（2）中空纤维膜组件：中空纤维膜组件由醋酸纤维素膜或尼龙膜构成。首先将这两种膜作成 U 形空心纤维管，其外径是 $50 \sim 100 \mu m$、内径为 $25 \sim 42 \mu m$，然后将若干根 U 形空心纤维管集中装在圆形耐压容器中，再用环氧树脂管板将两管口固定，即构成一支中空纤维反渗透膜组件。在中空纤维反渗透膜组件中，含盐水在壳程中流动，纯水透过膜进入管程从管板出口流出。

由于反渗透膜的孔径非常小，约 1nm，因此能够有效地去除水中的溶解盐类、胶体、微生物、有机物等，去除率高达 97% ～ 98%。目前反渗透膜广泛应用于水的净化过程中。

2. 二级反渗透装置　二级反渗透制水工艺流程是原水通过增压泵输送到双层石英砂过滤器、天然锰砂过滤器、活性炭过滤器、钠离子型软化器预处理后，再送入一级反渗透主机、二级反渗透主机进行反渗透处理，所得反渗透水经紫外线杀菌，精密过滤器过滤后送入贮存罐贮存待用。

一级反渗透所制得的水电导率在 $5 \sim 10 \mu s \cdot cm$ 之间，经二级反渗透处理后水质得到提高，电导率 $\leq 5 \mu s \cdot cm$，一般为 $0.2 \mu s \cdot cm$。图 13-5 是常见二级反渗透工艺流程。

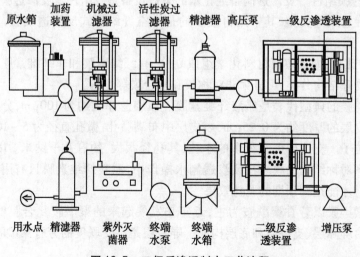

图 13-5 二级反渗透制水工艺流程

由于反渗透过程需要较高的压力才能进行,所以反渗透系统使用了能提高压力的增压泵。从二级反渗透装置出来的水经紫外线杀菌器杀菌,是防止纯水中有活的微生物存在;有的工艺流程还在紫外线杀菌器后设计了臭氧灭菌器,旨在对纯化水进行二次灭菌,以保证纯化水的洁净度。

三、离子交换制水设备

机械过滤可以降低水中的阴、阳离子浓度,但金属阳离子和非金属阴离子含量仍超标,工业上常采用离子交换法进一步脱盐,将这部分离子去除,其工艺流程如图 13-6 所示,所得纯水离子浓度很低,电导率可达 $15M\Omega \cdot cm$ 以上,称为去离子水。

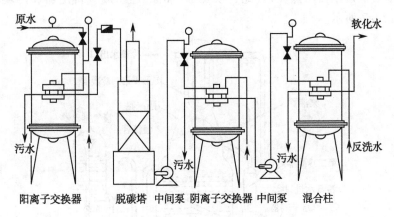

图 13-6 离子交换法制纯化水工艺流程

点 滴 积 累

1. 采用电渗析仪、二级反渗透膜或离子交换树脂均可制得纯化水。

2. 反渗透膜是卷式膜或中空纤维膜,截留分子量大于水的所有离子、原子或分子。二级反渗透水品质一般为 $0.2\mu s \cdot cm$。

3. 二级反渗透后再用离子交换法制得的水称为高纯水。

第三节 蒸馏水器

注射用水的一项非常重要的指标是每毫升中含内毒素量不得超过 0.5EU(endotoxin unit,EU,内毒素单位)。内毒素是热原性物质,能引起恒温动物体温升高,让人发冷、发热、颤抖、出汗、昏晕、呕吐甚至危及生命,所以制备注射用水时要严格控制内毒素的含量。由于内毒素固有的特征,增加了水处理工艺的难度和复杂性。

热原是细菌内毒素,是由蛋白质与磷脂多糖组成的高分子复合物。热原存在于细菌的细胞外膜,当细菌死亡后,细胞膜破裂就释放出来。热原体积微小,其粒径为

1~5nm,一般认为其分子量在1000以上。热原具有水溶性、不挥发性、不显电性等特征。其耐热性为一般在60℃加热1小时无影响,100℃不裂解,120℃加热4小时能破坏98%,180~200℃干热2小时或250℃加热半小时才能完全破坏。

注射用水不仅要达到规定的理化指标,而且还要达到无菌指标,符合细菌内毒素和热原试验要求。研究发现,纯化水经过蒸馏后可完全除去微生物和热原,这种蒸馏水作注射用水安全可靠。因此,注射用水的生产工艺流程最后的工序是蒸馏,所使用的设备是特殊设计的蒸馏器。

一、单级塔式蒸馏水器

单级塔式蒸馏水器由蒸发锅、蛇管换热器、隔沫装置、废气排出器和冷凝器等部件组成,如图13-7所示。

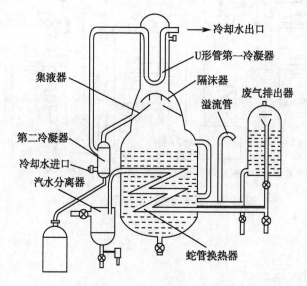

图13-7 单级塔式蒸馏水器

加热介质为锅炉产生的生蒸汽。生蒸汽进入蒸发锅内部的蛇管,在将热量传递给纯化水后冷凝成液体,不凝性气体由废气排出器排空。纯化水从进水管进入蒸发锅被加热至沸腾大量汽化,产生的二次蒸汽经隔沫装置除掉泡沫后再由冷凝器冷凝成液体水,经过冷却器降至规定的温度后进入贮存罐贮存。

在安装单级塔式蒸馏水器时所使用的各种管道、管件、阀门等要符合GMP的规定,安装完成后要进行8小时的连续试烧和冲洗,直到制备的蒸馏水质量符合规定的指标为止。

使用单级塔式蒸馏水器时应先开启汽水分离器,再开启蒸汽阀门,待放出纯蒸汽后关闭水汽分离器的下部阀门。注意控制蒸发锅中的压力,以免有液滴进入冷凝器污染蒸馏水。

在蒸馏水的生产过程中,要做到定时取样检查水质,确保水质量,要定期将水汽分离器、补水器、废气排出器的管路和蒸发锅里的残留污水及杂质清洗排出干净,否则会增加能耗,且有发生事故的危险。

知 识 链 接

纯 水 保 存

由于注射用水纯度极高,性质不稳定,很容易染菌,为了避免水质下降,生产出的蒸馏水必须保温和流动,且避免容器污染。因此,注射用水贮存罐中的蒸馏水不能长期保留,一般规定24小时为1个周期,否则需要回流到蒸馏器中重新蒸馏,同时,贮存罐应有加热装置,以维持罐内水温在80℃以上。另外,贮存罐一般采用316L型不锈钢材料制成,可避免阴、阳离子溶出产生污染。

二、多效蒸馏水器

多效蒸馏水器的主要部件有蒸馏塔、冷凝器、高压水泵、控制中心等。蒸馏塔由三分离蒸发器和冷凝器构成,多个蒸馏塔按不同方式可组装成垂直串接式和水平串接式多效蒸馏水器。

(一)三分离蒸发器

三分离蒸发器由蒸发管、加热器、水分布器、蒸发室和气液分离器等部件组成,如图13-8所示。

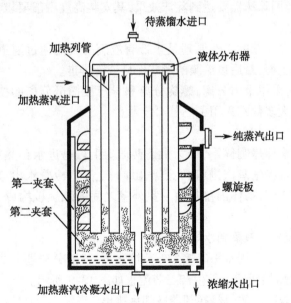

图13-8 三分离蒸发器的结构

1. **加热器** 有发夹式和蛇管式两种结构,与生蒸汽管道相连,安装在进水预热室中,起预热进料水的作用。

2. **蒸发室** 蒸发室由加热器、密封壳体组成。蒸发器的蒸发方式有降膜蒸发与沸腾蒸发两种,其蒸发器可分为列管式、蛇管式和板式三种。其中,列管式蒸发器属于降膜式蒸发器,其列管总长可达数百米,纯化水走管程;蛇管式蒸发器为沸腾式蒸发器,板式尚未广泛使用。将蒸发器用金属壳体密封后即构成蒸发室。

3. 气液分离器 气液分离器是用来分离蒸汽中的液滴,以除去液滴中内毒素和热原等杂质。根据分离原理可分为旋风离心分离器、丝网除沫器、导流板撞击式分离器等。

用液滴本身重力进行分离称为重力分离。从蒸发器列管中高速流出的气流经闪蒸室后,其速度将降低到一定的值,气流经 180°转向上流动,部分液滴受重力作用从气流中沉降下来达到分离目的。重力分离可使气流中液滴残留量 <3% ,但重力沉降只适用于分离直径 >50μm 的液滴。

旋风离心分离器是一种重要的气液分离器装置,当气流经过分离器时将完成一系列的旋转运动,由于旋转产生的离心力是重力的 2500 倍左右,所以足够将气流中的液滴分离出去,达到理想的分离效果。

在旋风离心分离器中,螺旋板式旋风分离器应用得较广泛,其结构类似于普通旋风分离器,螺旋板起导流作用,如图 13-8 所示。根据分离器所安装的部位可分为内螺旋和外螺旋。

丝网除沫器利用惯性碰撞、气体吸附、截留作用以及静电吸附来实现气液分离。对于 5μm 以上的液滴,丝网除沫器的分离效率在 98% 以上。但当气流中夹带的雾沫量很高时,金属丝网会产生液层不凝降现象,从而使分离效果下降或恶化。蒸汽运行阻力大,增加热能损失;丝网除沫器处于温暖潮湿状态,这种环境最容易使微生物细菌滋生,再次污染。另外,丝网除沫器要达到除沫效果,其安装高度一般要求为 100~150mm,有时要达到 300mm 之多。

导流板撞击式分离器的工作原理是当带有液滴的气流通过通道时,液滴会和挡板发生碰撞并残留在上面,最后以液膜的形式经排液管排走。

在我国,将同时采用重力分离、螺旋分离和导流板撞击分离的技术叫三分离技术。国产多效蒸馏水机大多数都采用了三分离技术。

(二) 塔体

安装蒸发器的塔体呈圆筒形,分为上下两段。上段是进水预热室,下段是蒸发室。蒸发室处的塔体设计有生蒸汽进口、纯蒸汽出口、生蒸汽冷凝水出口、浓缩液出口。对于列管式多效蒸馏水器,塔体内壁与蒸发室外壁之间的螺旋板构成了由下向上的螺旋通道。

(三) 水平串接式多效蒸馏水器

我国制药行业广泛采用水平串接多效蒸馏水器,气液分离器方式为螺旋分离,常用 4~5 个蒸发单元水串接而成。其生产工艺流程如图 13-9 所示。

生蒸汽在第一效冷凝放热经冷却器冷却后排出。

纯化水从蒸馏塔顶入口进入加热室,升温至 150℃后沿蒸发器列管内壁成膜状向下流动,受热大量汽化。二次蒸汽自列管下部排出进入狭窄的螺旋通道,从下向上高速旋转流动,上升至螺旋通道顶端从纯蒸汽出口排出,并作为加热蒸汽进入下效蒸发单元。从第三效开始,由于二次蒸汽各项指标已达要求,上效所得纯蒸汽在下效蒸发单元中放热后冷凝成液体,经冷却后输入贮水罐贮存备用。

在强大离心力作用下,蒸汽中夹带的液滴、液沫甩向塔体内壁,形成的液膜沿内壁环流通道向下流动,汇集于器底,与未蒸发的纯化水合并后进入下一效蒸发单元继续蒸馏。

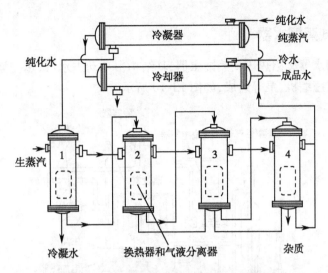

图13-9 水平串接三效蒸馏水器工艺流程

除第一、二效外,从第三效起,每效的二次蒸汽都作为加热蒸汽进入下一效,释放热量后引出到蒸馏水冷凝器中进一步冷却,所得冷凝液即为成品水。

上一效蒸馏器的浓缩液被引出后与新纯化水合并,进入下一效继续蒸馏。在最后一效蒸馏器底部设计有浓缩液排放口,蒸馏过程产生的浓缩液从这里排放。

在列管式多效蒸馏水器中,效与效之间的温度差约为10℃。

在多效蒸馏流程中,由于蒸馏塔、冷凝器各部件是用胀管工艺组装,所以杜绝了纯化水、冷却水、浓缩液、成品水、生蒸汽、二次蒸汽之间的交叉污染,且通过螺旋离心将微生物和热原物质彻底分离,保证了成品水的质量,具有良好的可靠性。另外,多效蒸馏流程将水蒸气的冷凝和纯化水的预热有机结合起来,达到了热量综合利用的目的,降低了能源成本,经济指标较好。

案例分析

案例

在2001年,我国在换发《医疗机构制剂许可证》时都要进行检查验收,其验收标准中明文规定,配制大容量注射剂所使用的注射用水必须采用多效蒸馏水器制备,并符合《中国药典》标准。

分析

注射用水用于大输液将直接进入人的血液中,如注射用水含有微生物和热原物质,将引起患者发热升温,有严重的危害。

在2000年以前大多数制剂单位都采用塔式蒸馏水器生产注射用水。塔式蒸馏水器的结构有可能产生进水、蒸汽和浓缩液的交叉污染,所以制得的注射用水质量不稳定。改用多效蒸馏水器后,由于其结构的特殊性,杜绝了交叉污染,具有良好的可靠性。因此制剂单位必须采用多效蒸馏水器制注射用水。

三、气压式蒸馏水器

气压式蒸馏水器又称热压式蒸馏水器,其结构由自动进水器、热交换器、加热室、列管冷凝器及蒸汽压缩机、泵等组成,如图13-10所示。

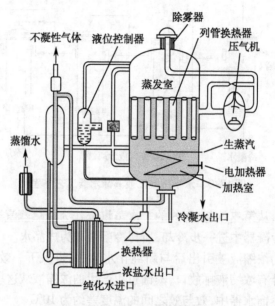

图13-10　气压式蒸馏水器

气压式蒸馏水器工作原理是将纯化水加热至沸腾汽化,产生的二次蒸汽被蒸汽压缩机压缩而温度和压力都同时升高,被压缩的蒸汽经冷凝即得到成品蒸馏水。在蒸汽冷凝过程中所释放出的潜热可用作纯化水的预热。

在进行气压式蒸馏水器的操作时,先将纯化水从进水口通入,通过换热器预热后再送入加热室的列管换热器内,用液位调节器调节水位。开启加热盘管或电加热器将纯化水加热至沸腾汽化,产生的二次蒸汽进入蒸发室,蒸发室温度约为105℃,经除沫器除去其中夹带的液滴、雾沫等杂质后进入压缩机,待升温到120℃后即可进行压缩,将压缩后的高温高压蒸汽送入加热室中对列管换热器加热,当其放出潜热后即冷凝成蒸馏水。列管换热器中的水被释放出的潜热加热至沸腾,产生的二次蒸汽再次进入蒸发室,如此循环重复,蒸馏过程就连续不断地进行。产生的蒸馏水经泵送至热交换器预热纯化水,待降温到规定的指标后送入贮存罐中贮存。

用气压式蒸馏水器生产蒸馏水的优点是不需要冷凝水,通过列管换热器可回收余热对纯化水进行预热,从而降低了能耗,节约了能源开支;二次蒸汽经过压缩、净化、冷凝等过程后,在高温下已停留了约45分钟,可以保证生产出的蒸馏水无菌、无热原,符合药品生产质量管理规范的要求;气压式蒸馏水器运转正常后即可实现自动控制,产水量大,能满足各种类型制药生产需要。

点 滴 积 累

1. 采用蒸馏法可去除纯化水中的热原制成注射用水。

2. 蒸馏设备有塔式蒸馏器、水平串接管式蒸馏器和气压式蒸馏器。

3. 水平串接管式蒸馏器是主流设备,由蒸发单元、分离单元和冷凝单元构成,采用三分离技术分离热原,保证注射用水的安全。

目 标 检 测

一、选择题

(一)单项选择题

1. 在原水预处理中广泛采用的絮凝剂是( )
   A. 壳聚糖　　　　B. 明矾　　　　C. 氯化铝　　　　D. 聚合硫酸铁
2. 高分子絮凝剂的沉降原理是( )
   A. 发生化学反应　B. 包覆颗粒　　C. 架桥吸附　　　D. 离子交换
3. ST 高效絮凝剂是( )
   A. 无机絮凝剂　　　　　　　　　B. 有机高分子絮凝剂
   C. 微生物絮凝剂　　　　　　　　D. 天然高分子絮凝剂
4. 除去原水中铁的方法有( )
   A. 用石英砂过滤　　　　　　　　B. 用活性炭吸附
   C. 用锰砂过滤器　　　　　　　　D. 用陶瓷膜过滤器
5. 活性炭是一种非极性过滤器,水处理用活性炭一般由( )制得
   A. 木材　　　　　　B. 玉米芯　　　C. 椰子壳　　　　D. 楠竹
6. 当活性炭过滤器的工作时间累积达到设计时间后应( )
   A. 进行清洗　　　　B. 再生　　　　C. 更换　　　　　D. 继续使用
7. 锰砂除铁的根本原理是( )
   A. 氧化还原反应　B. 滤饼过滤　　C. 静电吸附　　　D. 絮凝作用
8. 精密过滤器的过滤介质可采用( )
   A. 微孔滤膜　　　　B. 滤饼过滤　　C. 超滤膜　　　　D. 普通滤料
9. 电渗析仪的膜属于( )
   A. 微孔膜　　　　　B. 离子膜　　　C. 非极性膜　　　D. 极性膜
10. 电渗析两极室的水( )
    A. 带正电性　　　B. 带负电性　　C. 电中性　　　　D. 称为极水
11. 醋酸纤维素微孔膜表皮孔径为( )
    A. $0.25 \sim 5\mu m$　　　　　　　B. $0.025 \sim 0.25\mu m$
    C. $0.0005 \sim 0.001\mu m$　　　　D. $0.005 \sim 0.01\mu m$
12. 二级反渗透生产制药工艺用水不采用的设备是( )
    A. 微孔膜过滤器　B. 叶滤机　　　C. 抛光树脂柱　　D. 紫外线杀菌器
13. 热原不具有的特征是( )
    A. 耐热性　　　　　B. 水溶性　　　C. 不挥发性　　　D. 电负性
14. 新安装的多效蒸馏水器在( )后正式投入生产

　　A. 检查密封性　　B. 试烧和冲洗　　C. 通入原水　　　　D. 通入纯化水
15. 多效蒸馏水器最常用的蒸发方式有(　　　)

　　A. 板式换热蒸发　B. 真空　　　　　　C. 列管式换热蒸发D. 电加热蒸发

（二）多项选择题

1. 膜孔道具有各向同性的是(　　　　　　)

　　A. 微孔膜　　　　　　　　B. 超滤膜　　　　　C. 反渗透膜

　　D. 阳离子膜　　　　　　　E. 纳滤膜

2. 耗水量小的蒸馏水器有(　　　　　　)

　　A. 单级塔式蒸馏水器　　　B. 电热蒸馏水器　C. 垂直串接多效蒸馏水器

　　D. 水平串接多效蒸馏水器　E. 双重玻璃蒸馏器

3. 多效蒸馏水器的气液分离器有(　　　　　　)

　　A. 螺旋板旋风分离器　　　B. 丝网除沫器　　C. 微孔膜过滤器

　　D. 导流板撞击式分离器　　E. 纸板过滤器

4. 气压式蒸馏水器的除热原的过程采用了(　　　　　)

　　A. 高温加热法　　　　　　B. 加压冷凝法　　C. 蒸馏分离法

　　D. 离心分离法　　　　　　E. 升华法

5. 下列说法正确的有(　　　　　)

　　A. 单元蒸发器的组装采用胀管工艺

　　B. 水平串接式蒸馏水器各效相同

　　C. 多效蒸馏水器除热原的效果可靠

　　D. 气压式蒸馏水器不用冷凝水

　　E. 单级塔式蒸馏水器除热原的效果可靠

二、简答题

1. 简述电渗析仪脱盐的工艺流程。
2. 简述二级反渗透制纯化水的工艺流程。
3. 简述水平串接式蒸馏水器的工艺流程。

三、实例分析

试分析注射用水贮存过程中要不断地循环流动的原因。

（罗合春）

第十四章　无菌灌装设备

制成的高纯度生物药物可加工成各种剂型。常见的生物药物主流剂型有小容量水针剂和冻干粉针剂,也有少量的品种是片剂和胶囊剂。本章主要介绍水针剂、大输液和冻干制剂的生产设备。

第一节　水针剂灌装设备

水针剂工艺流程中包含洗涤、配料、灌装、封口、灭菌、贴标等工序,对应的设备有洗涤机组、灌封机组、灭菌机组、贴标机组等。

一、安瓿洗涤设备

(一) 喷淋式安瓿洗瓶机组

喷淋式安瓿洗瓶机组由喷淋机、甩水机、蒸煮箱、水过滤器及水泵等机件组成。喷淋机主要由传送带、淋水板及水循环系统三部分组成,如图 14-1 所示。

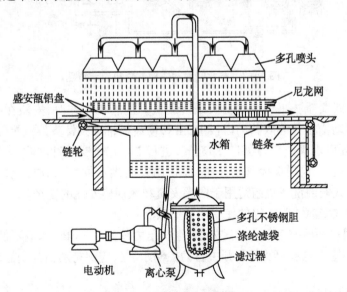

图 14-1　安瓿喷淋洗瓶机组

洗瓶时,将安瓿放置在铝盘上并由传送带送入喷淋箱,箱顶淋水板多孔喷头喷射的纯化水灌满安瓿,灌满水的安瓿送入蒸煮箱蒸汽加热 30 分钟后,趁热送入甩水机甩干,如此反复洗涤 2～3 次,最后一次采用注射用水精洗,即可达到清洗要求。该机组体生产效率高,洗涤效果尤以 5ml 以下小规格安瓿为好,但体积庞大、占用场地大、耗水量多,不适用于曲颈安瓿。

喷淋式安瓿洗瓶机组的操作注意事项有:

1. 应定期检查循环水质量,及时更换清洗用水,定期清洗或更换滤芯。

2. 控制淋水板喷水均匀,及时排除堵塞,避免安瓿注不满水,影响洗涤质量。

3. 甩水机的转速不宜过快,否则因超载影响电机起停,延长甩水时间。

4. 严禁在未装满安瓿盘的情况下甩水操作。

（二）气水喷射式安瓿洗瓶机组

气水喷射式安瓿洗瓶机组由供水系统、压缩空气及其过滤系统、洗瓶机等三大部件组成。其工作原理是利用水汽转换开关,通过针头向安瓿内壁交替喷射高压水和空气,达到冲刷洗涤效果,见图 14-2。

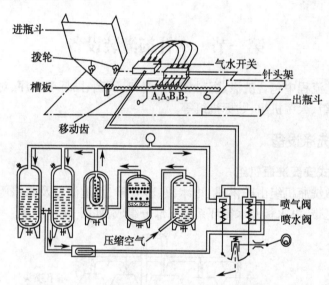

图 14-2　气水喷射式安瓿洗瓶机组示意图

气水喷射式安瓿洗瓶机组的主机是洗瓶机。洗瓶机工作时,安瓿在拨轮作用下顺序进入往复摆动槽板并落入移动齿板上,由移动齿板带动到针头架位置并下移,针头随即插入安瓿,开启水阀充水,开启气阀充气,进行二水二气交替冲洗吹净,冲洗吹净完毕针头上升离开安瓿,同时关闭气水开关,停止向安瓿供水供气,完成二水二气的洗瓶工序。气水喷射式安瓿洗瓶机组适用于曲颈安瓿和大规格安瓿的洗涤。

气水喷射式安瓿洗瓶机组的使用注意事项有:

1. 洗涤用水和压缩空气需滤过处理;空气压力约为 0.3MPa,水温不低于 50℃。

2. 由偏心轮与电磁阀及行程开关自动控制水、气,应保持喷头与安瓿动作协调进出流畅。

3. 定期维护传动部件,加注润滑油,及时调整失灵机件。

（三）超声波安瓿洗瓶机组

生产中常采用连续回转超声波洗瓶机组洗涤安瓿瓶,超声波洗涤工作原理主要是空化作用。在超声波作用下水溶液中的水分子重新排列,使得原本具有的空隙增大形成无数的空穴,空穴的外观即为几近真空的微气泡。逐渐增大的微气泡在超声波的压缩下因承受不了压力崩裂而湮灭,周围的水以数百米的速度冲向微气泡中心,产生强大的冲击力。如果微气泡在污垢附近崩裂,污垢即被冲击震碎而脱落,经水冲刷达到清洗目的。见图14-3。

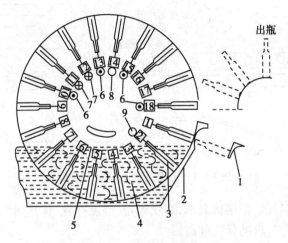

图14-3　超声波安瓿洗瓶机组
1. 推瓶器;2. 水箱;3. 针管;4. 超声波;5. 液位;
6. 吹气;7. 冲纯化水;8. 冲注射用水;9. 注水

超声波安瓿洗瓶机组旋转盘共有18个工位,安瓿进入旋转盘后随盘运动,在不同工位完成不同的清洗操作。洗瓶时由推瓶器将安瓿推入针盘的第1个工位。当针盘转到第2工位时由针管向安瓿注水。从第2~7个工位,安瓿浸没在水箱内,在超声波作用下安瓿内外表面的污垢受冲击,溶解、剥落,完成粗洗。当安瓿转到第10工位时,针管喷出净化空气吹净污水,在第11、12工位注入纯化水冲洗,第13工位是再吹气,第14工位是再冲水,第15工位是再吹气,至此完成精洗。当安瓿转到第18工位时,针管再次对安瓿吹气并利用气压将安瓿从针管架上推离出来,安瓿由出瓶器送入输送带。

二、安瓿干燥灭菌设备

安瓿经淋洗只能去除稍大的菌体、尘埃及杂质粒子,还需通过干燥去除生物粒子的活性,达到既杀灭细菌除去热原又得到干燥的目的。常用设备有远红外隧道式烘箱和电热隧道灭菌烘箱。按生产连贯性可分为间歇式和连续式,采用的能源有蒸汽、煤气或电热。在350~450℃温度下保温6~10分钟或用120~140℃干燥0.5~1小时即可。

(一)间歇式干燥灭菌箱

当产量较小时,采用间歇式干燥灭菌。采用的设备一般为小型灭菌干燥箱,多采用电热丝或电热管加热,并有热风循环装置和湿空气外抽功能。

(二)连续隧道式远红外煤气烘箱

1. 结构　隧道式远红外煤气烘箱是由远红外发生器、传送带和保温排气罩组成的,具体结构如图14-4。瓶口朝上的盘装安瓿由隧道的一端用链条传送带送进烘箱。隧道烘箱分为预热段、中间段及降温段三段。预热段内,安瓿由室温升到100℃左右,大部分水分在这里蒸发;中间段为高温干燥灭菌,温度可达300~450℃,残余水分进一步蒸干,细菌及热原被除去;降温段是由高温降至100℃左右,而后安瓿离开隧道。为了排出隧道内产生的湿热空气,在隧道顶部设有强制抽风系统,罩壳上部应保持 5～10Pa 的负压,以保证远红外发生器的燃烧稳定。

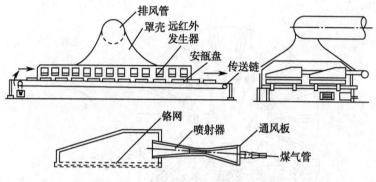

图 14-4　隧道式远红外煤气烘箱

隧道式远红外煤气烘箱结构简单,系统稳定,层流净化,输送带可无级调速,石英管加热,可连续进行生产,自动化程度高。

 知 识 链 接

红外加热技术

远红外线是波长大于 $5.6\mu m$ 的红外线,它是以电磁波的形式辐射到被加热物体上的,不需要其他介质的传递,所以加热快、热损小,能迅速实现干燥灭菌。任何物体的温度大于绝对温度($-273℃$)时,都会辐射红外线。物体的材料、表面状态、温度不同时,其产生的红外线波长及辐射率均不同。水、玻璃及绝大多数有机体均能吸收红外线,而且特别地吸收远红外线。对这些物质使用远红外线加热效果会更好。

2. 注意事项

(1)调风板开启度的调节。开机前需逐一调节每只辐射器的调风板,当燃烧器赤红无焰时固紧调风板。

(2)防止远红外发生器回火。压紧远红外发生器内网的周边,防止有缝漏煤气而窜入发生器,引起发生器内或喷射器内燃烧。

(3)安瓿规格与隧道尺寸匹配。不管何种规格的安瓿,其顶部要距远红外发生器平面 15～20cm。

(4)定期清扫隧道灭菌各运动部位并加油,保持润滑。

(三)连续电热隧道灭菌烘箱

连续电热隧道灭菌烘箱由传送带、加热器、层流箱、隔热机架等组成,如图 14-5 所示。

传送带由三条不锈钢丝纺织网带构成,起着将安瓿水平运送进、出烘箱的作用。加热器由多根电加热管沿隧道轴向安装,横截面呈包围安瓿盘的布局形式。烘箱进出口有净化气闸隔离外部空气,同时具有冷却降温作用。中段干燥区产生的湿热空气经另一可调风机排出箱外,干燥区要保持正压。多数采用 PID 控制系统自动控温。灭菌干

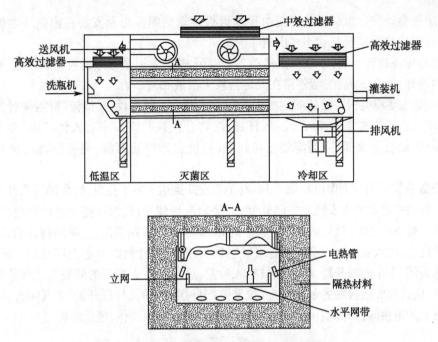

图 14-5　连续电热隧道灭菌烘箱结构示意图

燥结束后,高温区缓缓降温,当降温至设定温度值时,风机会自动停机。

三、安瓿灌封机

向安瓿灌装液体的设备是拉丝灌封机,有 1 ~ 2ml、5 ~ 10ml、20ml 三种机型。其中应用最多的是 1 ~ 2ml 安瓿灌封机。安瓿灌封机由送瓶机构、灌装机构及封口机构组成。

(一)安瓿灌封机的结构

1. 安瓿送瓶机构　安瓿送瓶机构见图 14-6。其主要部件是平行安装的固定齿板和移瓶齿板,固定齿板分上和下两条,两条移瓶齿板等距安装在固定齿板中间。固定齿板为三角形齿槽,使安瓿上下两端卡在槽中而固定。移瓶齿板的齿形为椭圆形,具有托瓶、移瓶及放瓶的作用。

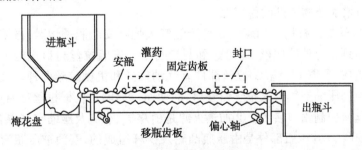

图 14-6　安瓿灌封机送瓶机构

将安瓿以 45°倾角装进瓶斗内,由链轮带动的梅花盘每转 1/3 周即可将 2 支安瓿推入固定齿板上固定,偏心轮带动移瓶齿板运动到固定齿板下方,并向上托起安瓿越过齿顶,往回摆动时带动安瓿移动两个齿距。如此反复,安瓿不断迁移,送入灌注和封口工位,完成送瓶动作。封口后的安瓿由移动齿板推动的惯性力及安装在出瓶斗前的舌板作用,使安瓿转动呈竖立状态移出瓶斗。

偏心轮每旋转1周,安瓿向前移动2个齿距,前1/3周是移瓶齿板完成托瓶、移瓶及放瓶的动作;后2/3周,安瓿停留在固定齿板上灌液和封口。

2. 安瓿灌装机构　安瓿灌装机构按功能可分为三组部件:①灌液部件:使针头进出安瓿,注入药液完成灌装;②凸轮-压杆部件:将药液从贮液灌中吸入针筒内,并定量输向针头;③缺瓶止灌部件:当灌装工位缺瓶时,能自动停止灌液,避免浪费药液和污染设备。

安瓿灌装机构的工作过程见图14-7:①当安瓿到达灌装工位时,针头随针头托架座上的圆柱导轨作滑动插入安瓿中。凸轮转动,经扇形板使顶杆、顶杆座上升触及电磁阀,且压杆另一端下压,推动针筒的筒芯下移。此时,下单向玻璃阀关闭,上单向阀开启,药液经导管进针头,注入安瓿内直至规定容量。当针头拔出时,针筒的筒芯上移复位。此时,上单向阀关闭,下单向阀开启,药液又被吸入针筒,进行下一支安瓿的灌装。②当灌装工位缺瓶时,摆杆与安瓿接触的触头脱空,拉簧使摆杆摆动,触及行程开关,使其闭合,导致开关回路上的电磁阀拉开,使顶杆、顶杆座失去对压杆的上顶动作,停止灌装。

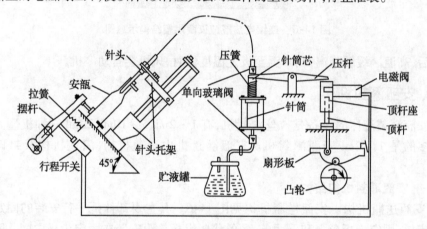

图14-7　安瓿灌封机灌装机构

充气针头和灌液针头位于同一针头托架上,在灌装前后需给安瓿内充入惰性气体(N_2、CO_2),以增加药物制剂的稳定性。

3. 安瓿拉丝封口机构　用煤气或者天然气火焰将安瓿瓶颈熔融,再用机械钳口将安瓿瓶和安瓿颈交界处拉成丝,即可达到封口目的。安瓿拉丝封口机构由拉丝、加热、压瓶三部分组成,见图14-8。①拉丝部件有气动拉丝和机械拉丝两种。气动拉丝是通过气阀凸轮控制压缩空气进入拉丝钳管道,而使钳口启闭。机械拉丝是通过连杆-凸轮机构带动钢丝绳控制钳口启闭。②加热火源是由煤气、氧气及压缩空气混合组成的,火焰温度约1400℃。③压瓶部件是由压瓶凸轮及摆杆组成的,安瓿被压瓶滚轮压住不能移动,防止拉丝时安瓿随拉丝钳移动。

气动拉丝封口机构的工作过程:当安瓿移至封口工位时,压瓶凸轮及摆杆连动压瓶滚轮将安瓿压住,安瓿在滚轮带动下原位自转,瓶颈被高温火焰加热熔融,气动拉丝钳口由气阀凸轮控制压缩空气,使其张开沿钳座导轨下移,钳住安瓿头并上移,将安瓿熔化的瓶口玻璃拉成丝头,使安瓿封口。当拉丝钳上移一定位置时,钳口再次启闭两次,

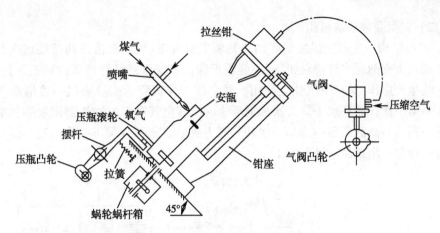

图 14-8　安瓿灌封机拉丝封口机构

将拉出的玻璃丝头拉断并甩掉。封口后的安瓿,由压瓶凸轮及摆杆拉开压瓶滚轮,被移动齿板送出。

(二)安瓿灌封机的维护

1. 定期检查燃气头,避免被积炭堵塞或小孔变形而影响火力。

2. 保持安瓿灌封机的清洁卫生,及时清除药液和玻璃碎屑,严禁设备上有油污。

3. 在设备使用前后,应按说明书等技术资料检验设备性能。

四、安瓿洗烘灌封联动机

(一)安瓿拉丝灌封机组

安瓿灌封机是注射剂生产所用的关键设备,根据每次灌封的安瓿数可分为双针灌封机、四针灌封机、六针灌封机。根据国家规定,现注射剂车间都采用拉丝安瓿灌封机。根据每次灌装液体体积的数量,拉丝安瓿灌封机可分为 1~2ml、5~10ml、20ml 等几种机型,如图 14-9 所示。

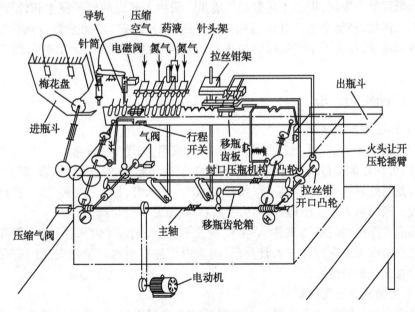

图 14-9　安瓿拉丝灌封机组

（二）安瓿灌装联动机组

1. **机组结构** 安瓿洗烘灌封联动线是将安瓿洗涤、烘干灭菌及药液灌封联合起来的生产线。由安瓿超声波清洗机、安瓿隧道灭菌机和安瓿多针拉丝灌封机三部分组成，既可连续生产操作，又可单机独立使用。联动线工作流程为安瓿装机→喷淋水→超声波洗涤→第一次冲循环水→第二次冲循环水→压缩空气吹干→冲注射用水→三次吹压缩空气→预热→高温灭菌→冷却→螺杆分离进瓶→前充气→灌药→后充气→预热→拉丝封口→计数→出成品，见图 14-10。

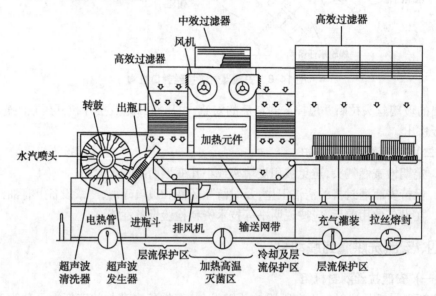

图 14-10 安瓿洗烘灌封联动机组

2. **联动线的特点** 实现了水针剂生产过程的密闭、连续以及灌封关键工位的 100 级单向流保护，符合 GMP 要求。设备紧凑，节省场地，生产能力高；减少中间环节，将药物污染降低到最小限度，提高了注射剂的质量。采用了先进的电子技术和计算机控制，实现机电一体化，使整个生产过程达到自动平衡、监控保护、自动控温、自动记录、自动报警和故障显示，保证了生产线运转过程的稳定可靠性，减轻了劳动强度，减少了工作人员。

五、灭菌检漏设备

（一）热压灭菌检漏箱

热压灭菌检漏箱多数厂家采用卧式热压灭菌箱，如图 14-11 所示。其箱体分内外两层：外层由复合保温材料的保温层及外壳构成；内层箱体内装有淋水管、蒸汽排管、消毒箱轨道及与外界接通的蒸汽进管、排冷凝水管、进水管、排水管、真空管、有色水管等配件构成。箱门由人工启闭；因箱内为受压容器，故装有安全阀。

将装满安瓿针剂的消毒车推入箱体，关上箱门，打开蒸汽管阀门送入蒸汽热压灭菌。在完成蒸汽灭菌后打开进水管阀门，向箱内灌注有色水。根据安瓿内有无颜色变化即可检查安瓿封口情况。

（二）回转式水浴灭菌锅

回转式水浴灭菌锅是在水浴式灭菌器基础上发展起来的，采用计算机对灭菌过程

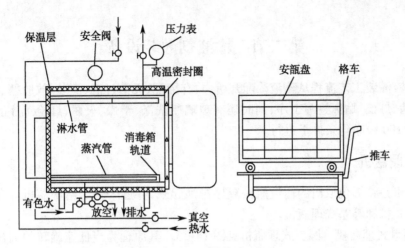

图 14-11　热压灭菌检漏箱

进行自动监控。回转式水浴灭菌器由筒体、密封门、旋转内筒、消毒车、减速转动机构、热水循环泵、热交换器及工业计算机控制柜等组成。如图 14-12。

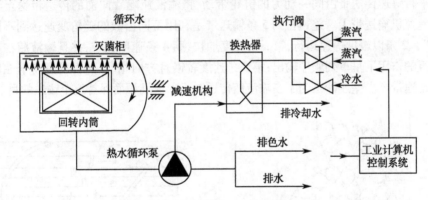

图 14-12　回转式水浴灭菌锅

　　回转式水浴灭菌锅采用过热水喷淋进行加热和灭菌，装有药液的瓶子全程处于旋转状态，通过喷淋水强制对流传热使灭菌温度均匀，提高了灭菌质量，缩短了灭菌时间。采用循环水间壁传热冷却降温，确保无爆瓶、爆袋现象，避免二次污染。该机适用于安瓿剂、输液剂尤其是脂肪乳输液剂和混悬输液剂的灭菌，并可通过真空泵抽真空加入有色水检漏。

点 滴 积 累

　　1. 水针剂内包装容器为安瓿瓶。

　　2. 洗涤安瓿瓶的设备有喷水机、蒸煮箱、甩水机、气水喷射机组、超声波洗涤机。超声波洗涤机的工作原理是空化作用。

　　3. 安瓿干燥灭菌设备是隧道式灭菌干燥机，拉丝灌封机起着灌装和封口的作用，热压灭菌锅是灭菌和检漏的设备。

第二节　输液剂灌装设备

大输液灌装工艺流程从药液浓配开始,共有稀配、无菌过滤、灌装、放胶塞、翻胶塞、轧盖、灭菌、灯检、贴标签等工序,同时还有玻璃瓶洗涤、干燥、灭菌、灯检工序。灌装工序要求在100级净化条件下进行。

一、理瓶机

理瓶机是将拆包取出的输液瓶按顺序排列起来,并逐个输送给洗瓶机。常用的是圆盘式理瓶机和等差式理瓶机。

1. 圆盘式理瓶机　圆盘式理瓶机见图14-13。其原理为当低速旋转的圆盘上装置待洗的输液瓶时,圆盘中的固定拨杆将运动着的瓶子拨向转盘周边,并沿圆盘壁进入输送带至洗瓶机上,即靠离心力进行理瓶、送瓶。

2. 等差式理瓶机　等差式理瓶机由等速和差速两台单机组成,见图14-14。其原理为7条平行等速传送带由同一动力的链轮带动,将输液瓶随着向前的传送带送至与其相垂直的差速机输送带上。差速机的5条输送带是利用不同齿数的链轮变速达到不同速度要求;第1、2条以较低等速运行,第3条速度加快,第4条速度更快,并且输液瓶在各输送带和挡板的作用下呈单列顺序输出;第5条速度较慢且方向相反,其目的是将卡在出瓶口的瓶子迅速带走。差速即是为了在输液瓶传送时不形成堆积而保持逐个输送的目的。

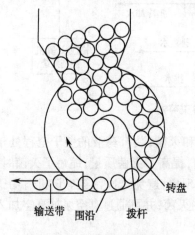

图14-13　圆盘式理瓶机结构

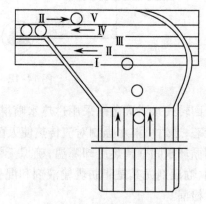

图14-14　等差式理瓶机构

二、洗瓶机

(一)滚筒式洗瓶机

滚筒式洗瓶机见图14-15。其主要特点是结构简单、易于操作、维修方便、占地面积小,粗洗、精洗在不同洁净区,无交叉污染,并带有毛刷清洗输液瓶内腔,达到洗瓶要求。该机有一组粗洗滚筒和一组精洗滚筒,每组均由前滚筒与后滚筒组成;两组间用2m的输送带连接。

滚筒式洗瓶机的工作过程:当设置在滚筒前端的拨瓶轮使输液瓶进入粗洗滚筒中

的前滚筒,并转动到设定的工位 1 时,碱液注入瓶中;带有碱液的输液瓶转到水平位置时,毛刷进入瓶内,带液刷洗瓶内壁约 3 秒之后毛刷推出;继续转到下两个工位逐一由喷射管对刷洗后的输液瓶内腔冲碱液。当滚筒载着输液瓶处于进瓶通道停歇位置时,同时拨瓶轮送入的空瓶将冲洗后的瓶子推入后滚筒,继续进行加热的常水外淋、内刷、冲洗。粗洗后的输液瓶由输送带送入精洗滚筒。精洗滚筒取消了毛刷,在滚筒下部设置了回收注射用水装置和注射用水的喷嘴;前滚筒利用回收的注射用水作外淋内冲洗,后滚筒利用新鲜注射用水作内冲并沥水,从而保证了洗瓶质量。精洗滚筒设置在洁净区,洗净的输液瓶经检查合格后直接进入灌装工序。

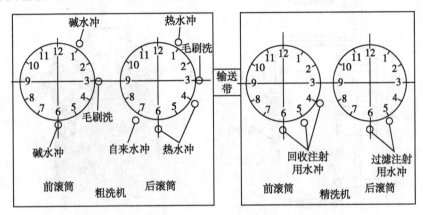

图 14-15　滚筒式洗瓶机

(二) 箱式洗瓶机

箱式洗瓶机即是履带行列式洗瓶机,其工作过程见图 14-16。经外洗的输液瓶单列输入洗瓶装置,分瓶螺杆将输液瓶等距分成 10 个一排,由进瓶凸轮准确地送入瓶套;瓶套随履带间歇运动到各冲刷工位,即输送瓶→进瓶套→碱液冲洗 2 次→热水冲洗内、外各 3 次→毛刷带水内刷 2 次→回收注射用水冲洗内、外各 2 次→注射用水内冲 3 次外淋1 次→连续 5 个工位倒立滴水 38～60 秒→翻瓶送往水平输送带→送入灌装工序。

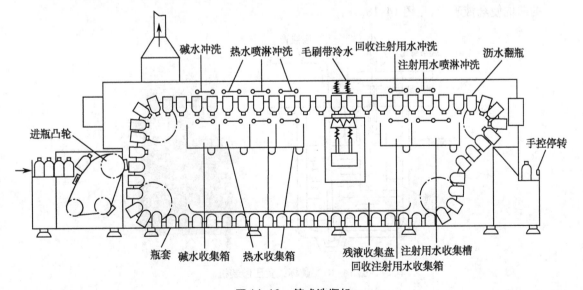

图 14-16　箱式洗瓶机

三、液体灌装机

液体灌装机是将药液灌入输液瓶的设备。目前,药厂使用的有计量泵注射式灌装机、量杯式负压灌装机和恒压式灌装机等三种。

(一)计量泵注射式灌装机

本机的计量部件是柱塞式计量泵、电动机。在电动机传动下柱塞往复运动,定量地将药液抽进和排出,通过调节柱塞行程和微调螺母控制装量精度,见图 14-17。

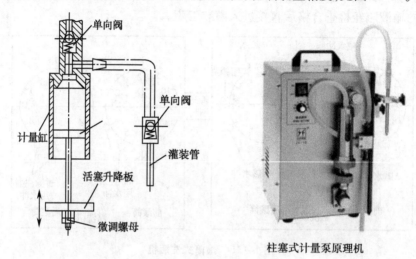

柱塞式计量泵原理机

图 14-17　计量泵注射式灌装机

(二)量杯式负压灌装机

量杯式负压灌装机的主要部件是由药液计量杯、真空泵、托瓶装置等组成。量杯容积可调,向量杯中加入药液直至杯满,超过量杯的药液则从缺口溢出,此为计量粗定位;通过升降调节块控制其浸入计量杯液体中的体积,可精确调节杯内的液体体积而达到精确装量。吸液管与真空管路接通,使计量杯的药液负压流入输液瓶中。计量杯下部的凹坑使药液吸净,见图 14-18。

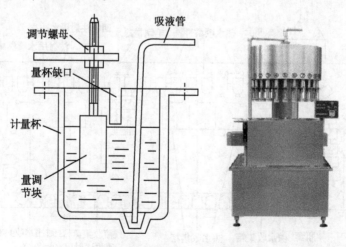

图 14-18　量杯式负压灌装机

四、封口机

封口机是与灌装机配套使用,药液灌装后必须在洁净区内立即封口,避免药品的污染和变质。封口机有三种:放胶塞机、翻胶塞机及轧盖机。

(一)放胶塞机

放胶塞机主要用于丁基胶塞(T型胶塞)对A型玻璃输液瓶封口。该机能自动进行输瓶、螺杆同步送瓶、理塞、送塞、放塞等工序。

T型放胶塞机结构如图14-19所示。抓塞手(机械手)抓住T形橡胶塞,玻璃瓶瓶托在凸轮作用下上升,密封圈套住瓶肩形成密封区间,真空吸孔充满负压,玻璃瓶继续上升,抓塞手对准瓶口中心,在外力和瓶内真空的作用下,将胶塞插入瓶口,弹簧始终压住密封圈接触瓶肩。

放胶塞机有缺瓶不供塞、出瓶输送带上堆瓶时自动报警停机装置,避免工作故障。

(二)翻胶塞机

翻胶塞机主要用于翻边形胶塞对B型玻璃输液瓶封口。该机主要由翻塞杆、翻塞爪构成。翻塞杆的五爪平时靠弹簧收拢,当翻塞爪插入胶塞后,由于下降距离的限制,翻塞杆抵住胶塞大头内平面,而翻塞爪张开并继续向下运动,将胶塞翻边头翻下,使其平整地将瓶口外表面包住。

(三)轧盖机

轧盖机主要由振动落盖装置、揿盖头、轧盖头及无级变速器等组成。其工作过程为当输液瓶被送至拨盘内,拨盘间歇地运动,每运动一个工位依次完成上盖、揿盖、轧盖。轧盖时瓶固定不动,而轧刀绕瓶旋转,使铝盖收紧密封。轧盖头上有三把轧刀,呈正三角形分布,轧刀收紧是由凸轮控制,轧刀旋转是由专门的一组皮带变速机构控制,并且调节轧刀转速和位置。

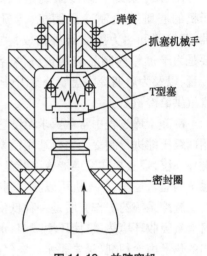

弹簧
抓塞机械手
T型塞
密封圈

图14-19　放胶塞机

点滴积累

1. 大输液采用大容量玻璃瓶作内包装。
2. 输液瓶的洗涤设备有滚筒式洗瓶机、箱式洗瓶机;洗涤剂采用注射用水和热氢氧化钠溶液。
3. 输液瓶的干燥灭菌设备是隧道式干燥灭菌机。
4. 输液瓶的灌装设备有柱塞式计量泵、量杯式负压灌装机。
5. 输液瓶的封口设备有加塞机、翻塞机和轧盖机。

第三节　冷冻干燥设备

由于冷冻干燥处理温度低,不引起热敏性物质的变质,其原有的物理、化学、生理性能和表面色泽基本不变,脱水后物质体形基本不变,内部呈多孔性结构,具有极佳的速溶性和快速复水性,因而广泛用于制备和保存各种生物药品。

一、冻干机的结构

产品的冷冻干燥需要在一定装置中进行,这个装置叫做真空冷冻干燥机,简称冻干机。冻干机主要由制冷系统、真空系统、循环系统、液压系统、控制系统、CIP/SIP 系统及箱体等组成,见图 14-20。

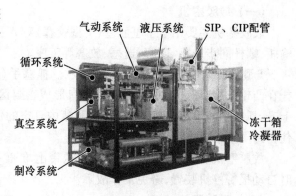

图 14-20 冷冻干燥机

1. 制冷系统　制冷系统是"冻干机的心脏",由制冷压缩机、冷凝器、蒸发器和热力膨胀阀等构成,主要是为干燥箱内制品前期预冻供给冷量,以及为后期冷阱盘管捕集升华水汽供给冷量。

冷冻干燥过程中常常要求温度达到 −50℃ 以下,因此在中、大型冷冻干燥机中常采用两级压缩进行制冷。主机选用活塞式单机双级压缩机,每套压缩机都有独立的制冷循环系统,通过板式交换器或冷凝盘管,分别服务于干燥箱内板层和冷凝器。根据控制系统的运行逻辑,压缩机可以独立制冷板层或制冷冷凝器。

制冷系统的工作介质是一种低沸点易蒸发的特殊液体,称为制冷剂。制冷剂蒸发时大量吸收环境热量,使环境降温;形成的蒸汽在被压缩成液体时向环境放出热量,放出的热量由冷却剂(通常是水或空气)带走排出,如此循环不断,便可对指定部位进行降温冷冻。常用的制冷剂有氨(R717)、氟利昂 12(R12)、氟利昂 13(R13)、氟利昂 22(R22)、共沸混合制冷剂 R500、共沸制冷剂 R502、共沸制冷剂 R503 等。

载冷剂亦称第二制冷剂,储存于箱体内搁板的夹套中,起着冷却和加热以及平衡搁板温度的作用。需要降温时,载冷剂吸收制冷剂热量传给搁板使之降温;需要加热时,载冷剂吸收热流体热量传给搁板使之升温。

常用的载冷剂有低黏度硅油、三氯乙烯、三元混合溶液、8 号仪表油、丁基二乙二醇等。

2. 箱体　如图 14-21 所示。冻干箱是冻干机中的重要部件之一,其性能好坏直接影响冻干效果。冻干箱呈矩形或圆筒形,内设置有搁板。搁板采用不锈钢制成中空夹套结构,载冷剂导管分布其中,起着冷却或加热的作用。搁板之间通过支架安装在冻干箱内,由液压活塞杆带动可上下运动,便于进出料和清洗。最上层的一块板层为温度补偿加强板,起着保证箱内所有制品的热环境相同的作用。

冻干箱是高真空密封箱体,通过载冷剂在 −50 ~ +50℃ 的范围内温度可调,以便于制品的冷冻干燥操作。

3. 冷阱　又称冷凝器,是一个真空密闭容器。其内设置了高效盘管换热器,制冷剂在管程流动,升华水蒸气在盘管表面凝固结晶,从而保证冻干过程的顺利进行。冷阱的安装位置可分为内置式和外置式两大类,内置式的冷阱安装在冻干箱内,外置式冷阱安装在冻干箱外,两种安装各有利弊。

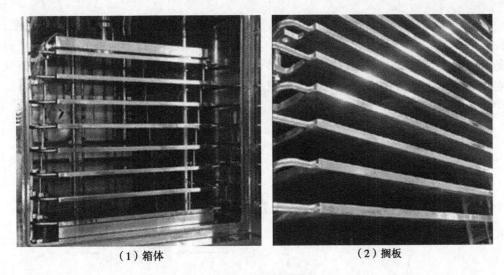

（1）箱体　　　　　　　　　　（2）搁板

图 14-21　冻干箱的结构

4. **真空系统**　制品中的水分只有在真空状态下才能很快升华,达到干燥的目的。冻干机的真空系统由冻干箱、冷凝器、真空阀门、真空泵、真空管路、真空测量元件等部分组成。

5. **循环系统**　为获得稳定的升华和凝结,需要通过板层向制品提供热量,搁板的加热通过导热油进行,为了使导热油不断地循环,在管路中设置了屏蔽式双体泵,使得导热流体强制循环。

6. **液压系统**　液压系统是在冷冻干燥结束时将瓶塞压入瓶口的专用设备。液压系统位于干燥箱顶部,主要由电动机、油泵、单向阀、溢流阀、电磁阀、油箱、油缸及管道等组成。冻干结束,液压加塞系统开始工作,在真空条件下,使上层搁板缓缓向下移动完成制品瓶加塞任务。

7. **控制系统**　冻干机的控制系统是整机的指挥机构。冷冻干燥的控制包括制冷机、真空泵和循环泵的起、停,加热功率的控制,温度、真空度和时间的测试与控制,自动保护和报警装置等。根据所要求自动化程度不同,对控制要求也不相同,可分为手动控制(即按钮控制)、半自动控制、全自动控制和微机控制四大类,如图 14-22 所示。

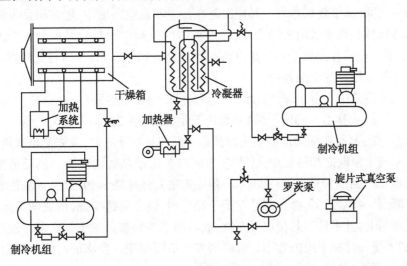

图 14-22　冻干过程及控制节点

8. 在线清洗系统（CIP）　在线清洗又称原位清洗，在线清洗系统由酸罐、碱罐、泵、喷嘴、电磁阀、循环水真空泵等部件组成。喷嘴分为广角式和球形两种，多数制造成可旋转的喷头，在喷射洗液时可以 360° 旋转，以保证各方位各角度均能得到清洗不留死角，如图 14-23 所示。其中，循环水真空泵起着抽吸洗涤废水的作用。

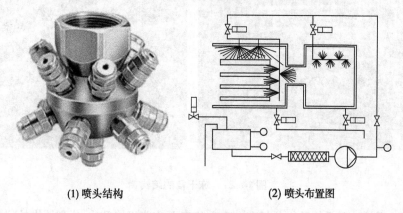

(1) 喷头结构　　　　　　　　　　(2) 喷头布置图

图 14-23　在线清洗器

9. 在线灭菌系统（SIP）　在线灭菌又称原位灭菌。真空冷冻干燥机一般采用蒸汽消毒灭菌。真空冷冻干燥机的冻干箱和冷阱设计有蒸汽管道、放气阀、安全阀和冷却水夹套，箱门采用辐射杆式锁紧装置，并装有压力预警装置。通入蒸汽可高压灭菌，灭菌完毕后通入冷却水可降温。

二、冻干操作基础

1. 冷冻干燥的原理　冷冻干燥是将可冻干的物质在低温下冻结成固态，然后在高真空度下将其中水分直接升华成气态而脱水的干燥过程。这种干燥方法由于处理温度低，不引起热敏性物质的变质，所以是制备和保存各种生物制品类药品的理想方法。

2. 冷冻干燥的工艺操作

（1）溶液浓度：生产实践证明，如果待冻干的药液浓度在 4%～25% 范围，特别是在 10%～15% 之间，冻干效果最好。其原因是在低温和真空环境中，能够被蒸发除去的水是自由水和固体晶格中吸附的结合水，而溶液中的溶剂水大部分是以分子形式存在的自由水，少部分是固体晶格中以吸附或氢键形式结合的结合水，所以在此浓度下采用真空冷冻干燥具有很好的干燥效果。

针对去除溶液中自由水和结合水的难易，冷冻干燥工艺操作一般分三步进行，即预冻结、升华干燥（或称第一阶段干燥）和解析干燥（或称第二阶段干燥）。

（2）预冻结：制品在干燥前必须进行预冻。新产品在预冻前，应先测出其低共熔点。低共熔点系指水溶液冷却过程中，冰和溶质同时析出结晶时的温度。制品的预冻应将温度降到低于产品低共熔点 10～20℃。预冻方法有速冻法和慢冻法，速冻法是先把干燥室温度降到 –45℃ 以下，再将制品置于干燥室内，使之急速冷冻，形成细微冰晶，制得的产品疏松易溶，且不易引起蛋白质变性，故适用于生物制品的干燥。慢冻法形成结晶较粗，有利于提高冷冻干燥的效率。可根据实际情况选用。预冻的时间一般为 2～3 小时，某些品种可适当延长时间。

（3）升华干燥：又称第一阶段干燥。将冻结后的产品置于密封的真空容器中加热，其冰晶就会升华成水蒸气逸出而使产品脱水干燥。干燥是从外表面开始逐步向内推移的，冰晶升华后残留下的空隙变成随后升华水蒸气的逸出通道。以干燥层和冻结部分的分界面称为升华界面。在生物制品干燥中，升华界面以约为 1mm/h 的速度向下推进。当全部冰晶除去时，第一阶段干燥就完成了，此时约除去全部水分的 90%。

（4）解析干燥：又称第二阶段干燥。在第一阶段干燥结束后，产品内还存在 10% 左右的水分吸附在干燥物质的毛细管壁和极性基团上，这一部分的水是未被冻结的。当它们达到一定含量，就为微生物的生长繁殖和某些化学反应提供了条件。此时可以把制品温度加热到其允许的最高温度以下（产品的允许温度视产品的品种而定，一般为 25~40℃。病毒性产品为 25℃，细菌性产品为 30℃，血清、抗生素等可高达 40℃），维持一定的时间（由制品特点而定），使残余水分含量达到预定值，整个冻干过程结束。

由于冻干药品中的残留水分对冻干生化药品的影响很大，残留水分过多，生化活性物质容易失活，大大降低了稳定性。控制冻干药品中的残留水分，关键在于第二阶段再干燥的控制。在这一阶段中，温度要选择能允许的最高温度；真空度的控制尽可能提高，有利于残留水分的逸出；持续的时间越长越好，一般过程需要 4~6 小时；对自动化程度较高的冻干机可采取压力升高试验对残留水分进行控制，保证冻干药品的水分含量少于 3%。

点　滴　积　累

1. 冻干机主要由制冷系统、真空系统、循环系统、液压系统、控制系统、CIP/SIP 系统及箱体等组成。

2. 冷冻干燥是将可冻干的物质在低温下冻结成固态，然后在高真空度下将其中水分直接升华成气态而脱水的干燥过程。冷冻干燥工作过程是配制溶液、预冻结、升华干燥、解析干燥等步骤。

第四节　冻干工艺及设备

药品冻干是指将药液冷冻干燥成型的过程。药品冻干工艺可分为西林瓶冻干工艺、浅盘冻干工艺和塑料瓶冻干工艺三种。本课程只介绍前两种冻干工艺。

一、西林瓶冻干工艺及设备

典型西林瓶冻干工艺流程包含西林瓶洗涤、干燥灭菌、药液配制、胶塞处理、无菌灌装、半上塞、冻干、全上塞、轧盖、灯检、贴签和包装等工序。

（一）包装材料的处理

1. 西林瓶的处理　在冻干药品的生产过程中，应将药品的内包装做严格意义上的无菌、无热原处理。并且通过试验来确定处理的频率、无菌及无热原内包装的保存时限。

（1）西林瓶的洗涤：采用纯化水通过毛刷洗涤机进行初洗，再用水平旋转立式超声波洗瓶机精洗，最终淋洗水应符合《中国药典》对注射用水的要求。

　　常用水平旋转立式超声波洗瓶机主要由理瓶机构、进瓶机构、洗瓶机构、出瓶机构、主传动系统、清洗水循环系统、气控制系统、加热系统等组成,如图14-24所示。

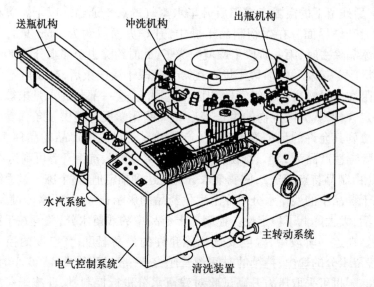

图 14-24　水平旋转立式超声波洗瓶机

　　理瓶机构主要为输送带,具有一定的倾斜度,结构为丝网式。进瓶机构由变距螺杆、提升架组成,提升架是圆柱凸轮机构,在旋转时使玻璃瓶水平上升,便于在水箱上方经过的机械手夹住。洗瓶机构一部分为超声波洗瓶,另一部分采用喷淋洗瓶。出瓶机构采用同步旋转式拨瓶盘结构,水汽控制系统由去离子水、注射用水、循环水和压缩空气等机构组成。

　　超声波洗瓶是在进瓶过程中完成的,输送带在将瓶子送入到水箱水位上方时,注水箱将瓶子注满水,利用超声波的空化作用对瓶子进行初洗。喷淋洗瓶时,瓶子跟随机械手回转,起初为正立状态,翻转之后下方喷针跟踪插入瓶中进行喷淋冲洗,冲洗之后将瓶回归为正立状态。整套机械手动作由一对内啮合齿轮、翻转凸轮及夹开闭凸轮联合完成,喷针跟踪由摆动机构完成,喷针高度的调整采用高度调整机构完成。

　　(2)西林瓶的灭菌:西林瓶经过洗瓶、纯化水和无菌空气吹洗,在100级单向流洁净空气保护下送入层流式隧道干热灭菌机(图14-25)内连续干热灭菌,已经干燥灭菌的西林瓶经冷却后自动送入灌装机待用。

　　2. 胶塞的处理　在物料存放室内拆出外包装,用纯化水清洗内包装外表面后,取出胶塞投入洗涤机进行清洗、漂洗、硅化,然后进行蒸汽湿热灭菌、真空干燥和冷却处理。

　　(1)胶塞的洗涤:采用注射用水洗涤去除胶塞表面的杂质微粒,并稀释胶塞表面带有的热原物质至检测灵敏度以下。

　　(2)胶塞的硅化:凡出厂时未经硅化的胶塞需进行硅化,形成光滑的表面,减少灭菌时的胶塞粘连。

　　(3)胶塞的灭菌:胶塞经过多次冲洗和淋洗后,在洁净空气保护下进行高压蒸汽灭菌和真空干燥。

　　(二) 药液配制及设备

　　配制用的溶剂通常为水或含有部分有机溶剂的混合液,配制过程分三个基本步骤,

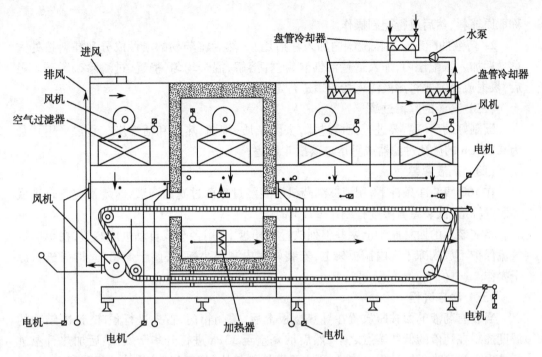

图 14-25 层流式隧道干热灭菌机

即原辅料称量、液体溶解配制、过滤除菌除杂质。

西林瓶冻干制剂配制系统由浓配罐、稀配罐、卫生级泵、钛滤器、除菌过滤器、暂存罐、反冲压力罐、隔膜阀等部件组成,如图 14-26 所示。

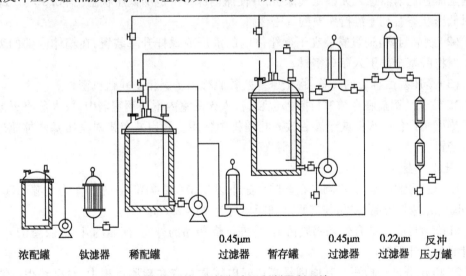

浓配罐　　钛滤器　　稀配罐　　0.45μm　　暂存罐　　0.45μm　　0.22μm　　反冲
　　　　　　　　　　　　　　　过滤器　　　　　　过滤器　　过滤器　　压力罐

图 14-26 西林瓶冻干制剂配制系统

钛过滤器用于脱碳,反冲压力罐起着平衡压力的作用。除菌过滤器采用微孔膜制成,用于制剂液体终端过滤。

1. 原、辅料的称量　在洁净称量室中,按照药品处方和生产批量的大小,分别对不同药物原料和辅料或冻干赋形剂进行称量配伍。

操作人员应先对原辅料名称、批号、化验报告进行核对,检查其外观质量,再按处方称取原辅料,然后进行配制操作。

2. 药液的配制　在浓配罐内加入注射用水,然后将药物的活性成分和辅料按处方称量后加入浓配罐内,加入适量活性炭,搅拌溶解,混合均匀,静置,过滤除杂脱碳。最后,根据成品需要将滤液注入稀配罐进行定量调配。

（三）药液的除菌过滤

配制好的药液需要进行无菌过滤,去除杂质、细菌、热原和活性炭。通常采用孔径为 $0.22\mu m$ 的微孔过滤器或垂熔玻璃漏斗过滤。

（四）药液灌装

在 100 级洁净条件下,用液体灌药机灌装经过除菌过滤的溶液,灌装量应符合半成品装量标准,灌装差异限度控制在 $\pm 1.5\%$。

将灌装后的西林瓶半上塞并整列放置在托盘上,用台车或自动进瓶装置,在单向空气流保护下放入冻干室内搁板架上,安装好库内测温小瓶,关闭干燥箱门,即可进行冻干操作。

（五）冷冻进程

当装有药液的西林瓶放置在导热搁板上后,关闭箱门,首先进行预冻,让冻结物的温度控制在药液的低共熔点之下,然后抽真空至 13Pa 进行升华干燥,最后加热升温进行二次干燥。当干燥过程结束后,通入无菌惰性气体(如氮气等)保护并解除真空。

（六）干燥制品的封口和轧盖

1. 制品的封口

(1)除氧保护:为了确保瓶内的无菌条件,并使胶塞容易完全压入瓶内,一般在干燥箱内全压塞之前需通入无菌氮气保护,并使瓶内保持一定的低压状态(约 $6.6 \times 10^3 Pa$),同时低压状态有利于维持瓶塞的气密性。

(2)制品封塞:通过安装在干燥箱体内的液压或螺杆升降装置,在箱体内部的无菌状态下将胶塞全部下入瓶口密封。

(3)全压塞西林瓶的转移:将全压塞西林瓶移出干燥箱至轧盖机密封。

2. 轧盖　铝盖在存放室拆除外包装,移入灭菌室内不锈钢容器中,放入蒸汽灭菌机或干热灭菌设备中灭菌或干燥后放入扎盖机中备用。开启轧盖机对全压塞西林瓶进行轧盖密封。

（七）灯检

1. 人工检测　人工检测是在黑暗背景下以 20W(或 40W)日光灯作为光源(1000 ~ 1500lx),光源与检品、检品与肉眼之间距离应为 20 ~ 25cm。

灯检项目应包括有外来物质污染、冷冻干燥药品的外观、药瓶的外观、瓶塞的外观、密封情况及外观等。

2. 机械全自动检测　其原理是高速光电视觉系统在检测过程中,对已获得的图像数据进行加工处理,经过图像器处理得出检测结果。

通常将全自动灯检机安装在轧盖机至贴标签机和包装机之间的流水线上,轧盖后的西林瓶经分瓶器送入全自动灯检机上的星轮中,星轮带动半成品药瓶逐个送到检测工位,对药瓶进行不同目的的检测,并由特殊的装置将药品西林瓶悬空运行,连续转动。光电视觉系统在检测的过程中,对已获得的图像数据进行处理得出检测结果,并将不合格的药品西林瓶自动剔除。

无论是人工检测还是全自动机械检测,均需要专职质检员随机取样抽检鉴定合格后登记质量、数量情况。若半成品不能及时包装,将药品在低于30℃的房间避光妥善保存直到包装。

(八)贴签与外包装

贴签操作前应核对半成品的名称、规格、批号、数量。经过灯检合格的西林瓶可采用机械贴签或手工贴签两种方式。

包装时,每大箱内装入放有药瓶的小盒,小盒内应放入装盒单,并用专用不干胶封口签封口。每箱放入装箱单,采用胶带封箱,打捆,等待进行成品入库和堆码。

二、浅盘冻干工艺及设备

原料药的冻干实际生产中常选择托盘冻干,又称浅盘冻干。托盘冻干是冻干制药的一种重要的干燥方法,主要使用在原料药品的干燥工艺中。托盘冻干工艺过程的前半部分与制剂过程相类似,其适用的生产技术也基本与西林瓶冻干工艺相同。包括内包装器清洗、药液配制、封口胶塞处理、铝盖处理、无菌装盘、冻干、粉碎过筛、装桶(瓶)、轧盖、贴签、包装等工序。

点 滴 积 累

典型西林瓶冻干工艺流程包含西林瓶洗涤、干燥灭菌、药液配制、胶塞处理、无菌灌装、半上塞、冻干、全上塞、轧盖、灯检、贴签和包装等工序组成。所采用的设备有水平旋转立式超声波洗瓶机、层流式隧道干热灭菌机、浓配罐、稀配罐、卫生级泵、钛过滤器、除菌过滤器、暂存罐、反冲压力罐、隔膜阀等。

第五节 粉针剂灌装设备

粉针剂分装机是将无菌的粉针剂药品定量分装在经过灭菌干燥的玻璃瓶内,并盖紧胶塞密封。粉针剂分装机按其结构形式可分为螺杆分装机和气流分装机。

一、螺杆分装机

螺杆分装机是通过控制螺杆的转数,量取定量粉针剂分装到西林瓶中。螺杆分装计量除有螺杆的结构形式外,关键是控制每次分装螺杆的转数就可实现精确的装量。螺杆分装机具有装量调整方便、结构简单、便于维修、使用中不会产生漏粉、喷粉等优点。

螺杆分装机一般由带搅拌的粉箱、螺杆计量分装头、胶塞振动料斗、输塞轨道、真空吸塞与盖塞机构、玻璃瓶输送装置、拨瓶盘及其传动系统、控制系统、床身等组成。

粉针螺杆式计量装置的工作原理见图14-27,经精密加工的矩形截面螺杆每个螺距具有相同的容积,计量螺杆与导料管的内壁间有均匀适量的间隙(约0.22mm)。螺杆转动时,料斗内的药粉被其沿轴向旋移送到送药嘴,并落入位于送药嘴下的西林瓶中,精确地控制螺杆的转角就能获得药粉的准确计量。为使粉针剂加料均匀,料斗内有一个与螺杆反向连续旋转的搅拌叶以疏松药粉。

二、粉针气流分装机

气流分装原理就是利用真空吸取定量容积粉针剂,再通过净化干燥压缩空气将粉针剂吹入玻璃瓶中。气流分装的特点是在粉腔中形成的粉末块直径幅度较大,装填速度亦快,一般可达 300～400 瓶/分,装量精度高,自动化程度高,因此,这种分装原理得到广泛使用。

主要由粉针剂分装系统、盖胶塞机构、床身及主传动系统、玻璃瓶输送系统、拨瓶转盘机构、真空系统、压缩空气系统、电气控制系统、空气净化控制系统等组成。其工作程序为进空瓶、装粉、放胶塞、出瓶四个步骤,如图 14-28 所示。经洗净灭菌、检查合格的西林瓶送到送瓶转盘,送瓶转盘选择正立的西林瓶由进瓶输送带送到拨瓶转盘的凹槽中。转盘间歇回转,在停顿的时间内完成装粉与盖胶塞动作后,西林瓶再由转盘送到出瓶输送带而出瓶。

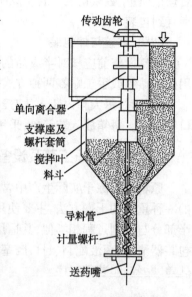

图 14-27　粉针螺杆式分装机

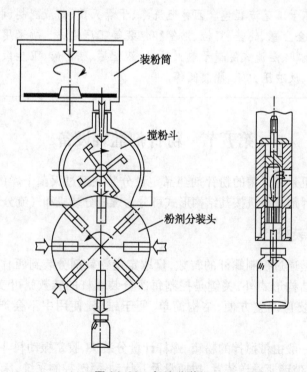

图 14-28　气流分装机

三、粉针轧盖设备

粉针剂一般均易吸湿,在有水分的情况下药物稳定性下降,因此粉针剂分装后在胶塞处应轧上铝盖,以保证瓶内药粉密封不透气,确保药物在贮存期内的质量。粉针轧盖机按工作部件可分为单刀式和多头式。按轧盖方式可分为挤压式和滚压式,国内常用的是单刀式轧盖机。

(一) 单刀式轧盖机

单刀式轧盖机主要由进瓶转盘、进瓶星轮、轧盖头、轧盖刀、定位器、铝盖供料振荡器等组成。工作时,盖好胶塞的西林瓶由进瓶转盘送入轨道,经过铝盖轨道时铝盖供料振荡器将铝盖放置于瓶口上,由撑牙齿轮控制的一个星轮将西林瓶送入轧盖部分,底座将西林瓶顶起,由轧盖头带动作高速旋转,由于轧盖刀压紧铝盖的下边缘,同时西林瓶旋转,将铝盖下缘轧紧于瓶颈上。

(二) 多头式轧盖机

多头式轧盖机的工作原理与单刀式轧盖机相似,只是轧盖头由一个增加为多个,同时机器由间隙运动变为连续运动,其工作特点是速度快、产量高。有些进口设备安装有微机控制系统,可预先输入部分参数,如压力范围、合格率、百分比等。但其对西林瓶的各种尺寸规格要求特别严。

点 滴 积 累

1. 生物药液大部分溶剂水是自由水,在低温下结晶,在高真空下直接升华成蒸汽而被移除。
2. 真空冷冻干燥机由冻干箱、搁板、真空泵、制冷机、加热器、可编程控制器构成。
3. 药液通过预冻结、升华干燥、解析干燥即可达到干燥目标。
4. 采用螺杆式或气流分装机可进行冻干粉针剂的灌装。

目 标 检 测

一、选择题

(一) 单项选择题

1. 下列有关喷淋式安瓿洗瓶机组在操作时注意事项的说法错误的是(　　)
   A. 安瓿喷淋灌水机在生产中应定期检查循环水的质量,发现水质下降时要及时更换水箱的水,并清洗或更换滤芯
   B. 注意控制淋水板喷水均匀,如有堵塞、死角要及时排除,避免安瓿注不满水,影响洗涤质量
   C. 甩水机的转速不宜过快。否则因离心力过大使电动机起停时间长,增加甩水时间
   D. 洗瓶过程中水和气的交替分别由偏心轮与电磁喷水阀或电磁喷气阀及行程开关自动控制;应保持喷头与安瓿动作协调,使安瓿进出流畅

2. 下列对安瓿干燥灭菌设备的说法错误的是(　　)
   A. 安瓿经淋洗只能去除稍大的菌体、尘埃及杂质粒子
   B. 常规工艺是将洗净的安瓿置于 350～450℃ 温度下保温 6～10 分钟或用 120～140℃ 干燥 0.5～1 小时

C. 实验采用小型灭菌干燥箱,多采用电热丝或电热管加热

D. 隧道式远红外煤气烘箱是由远红外发生器、传送带和保温排气罩组成

3. 下列有关输液剂生产设备的说法错误的是(　　　)

　　A. 理瓶机是将拆包取出的输液瓶按顺序排列起来,并逐个输送给洗瓶机

　　B. 灌装机是将药液灌入洁净的输液瓶中至规定容量的设备

　　C. 计量泵注射式灌装机由药液计量杯、托瓶装置及无级变速装置三部分组成

　　D. 胶塞机主要用于丁腈胶塞(T 型胶塞)对 A 型玻璃输液瓶封口

4. 下列有关安瓿洗、烘、灌、封联动机的说法错误的是(　　　)

　　A. 安瓿洗烘灌封联动线是将安瓿洗涤、烘干灭菌及药液灌封联合起来的生产线

　　B. 实现了水针剂生产过程的密闭、连续,符合 GMP 要求

　　C. 设备紧凑,节省场地,生产能力较低

　　D. 适于 1、2、5、10 和 20ml 等 5 种安瓿规格,通用性强

5. 下列有关粉针剂生产设备的说法错误的是(　　　)

　　A. 毛刷洗瓶机是粉针剂生产应用较早的一种洗瓶设备,通过设备上设置的毛刷,去除瓶壁上的杂物,实现清洗目的

　　B. 柜式电热烘箱一般应用在小量粉针剂生产的玻璃瓶灭菌干燥,也可用于铝盖或胶塞的灭菌干燥

　　C. 粉剂分装机是将无菌的粉剂药品定量分装在经过灭菌干燥的玻璃瓶内,并盖紧胶塞密封

　　D. 气流分装机是通过控制螺杆的转数,量取定量粉剂分装到西林瓶中

6. 冷冻干燥的原理是(　　　)

　　A. 低温干燥　　　　　　　　　　　B. 低压干燥

　　C. 升华干燥　　　　　　　　　　　D. 低温、低压、升华干燥

7. 下列哪项不是冻干机的制冷剂(　　　)

　　A. 氨　　　　　　B. 氟利昂 12　　　　　　C. 氟利昂 13　　　　　　D. 硅油

8. 下列对冻干机的结构和组成说法错误的是(　　　)

　　A. 控制系统在冻干设备中最为重要,被称为"冻干机的心脏"

　　B. 干燥箱是冻干机中的重要部件之一,它的性能好坏直接影响整个冻干机的性能

　　C. 液压系统是在冷冻干燥结束时,将瓶塞压入瓶口的专用设备

　　D. 在线清洗系统是指系统或设备在原安装位置不作任何移动条件下的清洗工作

9. 下列对冻干机的维护与保养说法错误的是(　　　)

　　A. 送电后注意压缩机是否自动收液,油压差是否复位

　　B. 充注制冷剂之前一定要考查制冷剂的质量,在确认质量没有问题后方可进行充注

　　C. 如果是补充性充注,不必将系统中的空气排放干净后再补充适量制冷剂

　　D. 真空泵启动前,首先应检查真空泵的运转方向是否正确、油位是否适中

10. 下列对粉针冻干制剂工艺流程的说法错误的是(　　　)

　　A. 在冻干药品的生产过程中,应将药品的内包装做严格意义上的无菌、无热原

处理

B. 药液的配制过程是将原料和辅料称量后溶解在适当的溶剂中,使其完全溶解

C. 通常药液过滤采用两级以上不同孔径的过滤器对药液分级过滤,最后通过一个孔径为 0.24μm 的微孔过滤器对药液过滤除菌

D. 达到药品最终质量要求的药液通过洁净卫生泵或压缩空气将其过滤至分装设备进行分装

(二) 多项选择题

1. 喷淋式安瓿洗瓶机组由哪些设备组成(　　　　)

　　A. 喷淋机　　　　　　B. 甩水机　　　　　　C. 蒸煮箱

　　D. 水过滤器　　　　　E. 水泵

2. 超声波洗瓶机组的操作要点包括(　　　　)

　　A. 切忌直接启动和关闭直流电机,应使用调压器由最小值调到额定使用值,关闭时由额定使用值调到最小值再切断电源

　　B. 应经常排出水箱的污水,补充洁净的纯化水

　　C. 随时检查进瓶通道内的落瓶情况,及时清除玻璃屑,防止卡阻进瓶通道

　　D. 定时向链条、凸轮摆杆转动处加油,以保持良好的润滑状态

　　E. 洗涤用水和压缩空气必须预先滤过处理

3. 安瓿灌封过程中的常见问题有(　　　　)

　　A. 冲液现象　　　　　B. 束液不好　　　　　C. 封头质量

　　D. 崩解时间超限　　　E. 挥发性物质漂移

4. 冷冻干燥的工艺包括(　　　　)

　　A. 预冻结　　　　　　B. 升华干燥　　　　　C. 解析干燥

　　D. 沸腾干燥　　　　　E. 微波干燥

5. 冻干机的微处理控制系统组成包括(　　　　)

　　A. PLC　　　　　　　B. 控制计算机　　　　C. 触摸屏

　　D. 温度传感器　　　　E. 压力传感器

二、简答题

1. 简述洗瓶机的使用注意事项。

2. 冻干过程中,如何判定第一阶段干燥结束时间?

3. 简述原料药冻干工艺流程。

　　　　　　　　　　　　　　　　　　　　　　　　　　　　　(罗合春)

第十五章　固体制剂设备（选修）

药物生产过程由原料药生产阶段和剂型加工阶段组成。在剂型加工阶段，原料药和辅药混合后在专用设备上成型。专用成型设备可分为固体制剂设备、液体制剂设备和半固体制剂设备三大类，每一大类还可细分为若干小类。

固体制剂是一大类固体药品的总称。常见的固体剂型有散剂、颗粒剂、片剂、胶囊剂和丸剂等。其中，片剂和胶囊剂是最常见的剂型，在药品中占很大的比例。固体制剂车间的卫生要求是 30 万级洁净度。

第一节　片剂生产设备

片剂是指药物与辅料均匀混合后压制而成的片状制剂。其外观有圆形的，也有异形的，如椭圆形、菱形、三角形等。根据原料药的性质、临床用药的要求和所选用设备等条件来选择合适的辅料和片剂制备方法。

物料的混合度、流动性、充填性对于固体制剂非常重要，如粉碎、过筛、混合是保证固体制剂药物的含量均匀度的主要单元操作。而制粒操作是稳定固体物料混合均匀度、改善物料的流动性和充填性，进而保证产品的准确剂量的主要措施之一。因而片剂生产通常包括制粒、压片和包衣等阶段。

一、制粒设备

制药企业常用的制粒设备有摇摆式颗粒机、高速搅拌制粒机及流化沸腾制粒机。

（一）摇摆式颗粒机

摇摆式颗粒机是片剂生产中最常用的制粒设备，具有产量较大，结构简单，操作、装卸及清理方便等特点。既适用于湿法制粒，又适用于干法制粒，亦适用于干颗粒的整粒。

摇摆式颗粒机主要由加料斗、滚轴、筛网等组成。其工作原理是强制挤出制粒。软材置于加料斗中，加料斗下部装有七根钝六角形棱柱状滚轴，紧贴滚轴下装有筛网，当滚轴借机械力作往复转动时，使加料斗内的软材压过筛网而制成颗粒。如图 15-1 所示。

滚轴摆动的速度每分钟约为 45 次，制成的颗粒置于盘内。加料斗内料量和筛网绷紧程度与所制成湿粒的松紧、粗细有直接关系。如加料斗中软材存量多而筛网绷得较松时，制得的颗粒粗且紧密；反之，则细且松软。若调节筛网松紧或增加加料斗内软材的存量仍不能制得适宜湿粒时，应通过进一步调整黏合剂的浓度或用量，或增加通过筛

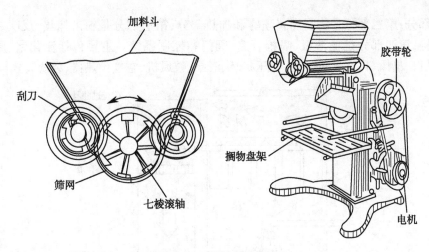

图 15-1 摇摆式颗粒机

网次数来解决。一般过筛次数愈多所制得的湿粒愈紧而坚硬。

（二）高速搅拌制粒机

高速搅拌制粒机是由盛料器、搅拌桨、制粒刀、电器控制器和机架等组成，如图 15-2 所示。具有混合与制粒的功能。制粒机制是在搅拌桨作用下使物料混合并按一定方向翻动、分散甩向器壁后向上运动，形成较大颗粒；在高速旋转的切割刀作用下将大块颗粒切割绞碎成大小均匀的颗粒，并在搅拌作用下使颗粒沿器壁滚圆滚实。

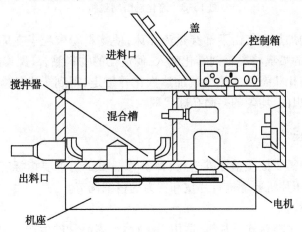

图 15-2 高速搅拌制粒机

高速搅拌制粒机是集混合与制粒于一体的先进设备，亦称高效混合制粒机。该机的特点：①混合制粒时间短（一般为 8～10 分钟），生产效率高；②制得的成品颗粒大小均匀、质地结实、细粉少、流动性好，既适用于胶囊剂颗粒，也适合压片的颗粒；③操作简单，清洗方便；④操作处于全封闭状态，符合 GMP 要求。

（三）流化沸腾制粒机

流化沸腾制粒机又称一步机，它是以沸腾形式将混合、喷雾制粒及气流干燥等工序合并在一台设备完成，实现一步制粒。

如图 15-3 所示，FL120 型沸腾制粒机的结构可分成四大部分。第一部分是空气过滤加热部分;第二部分是物料沸腾喷雾和加热部分;第三部分是粉末捕集、反吹装置及排风结构;第四部分是输液泵、喷枪管路、阀门和控制系统。主要包括流化室、原料容器、进风口、出风口、空气过滤器、空压机、供液泵、鼓风机、空气预热器、袋滤装置等。

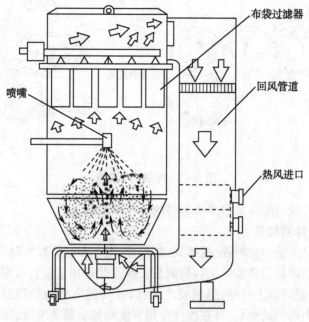

图15-3 流化沸腾制粒机

经过净化后的加热空气由下部穿过流化床,使物料粉末粒子在原料容器中呈悬浮流化状态;喷雾室的喷嘴将黏合剂雾化喷入,使流化的物料黏合、聚集成湿颗粒;同时湿颗粒中的水分在流化状态下被热气流加热汽化并带走,得到干燥的颗粒。此过程不断重复进行,形成理想的、均匀的多微孔球状颗粒。

二、压片设备

在压片成型中需要按质量标准进行,评价片剂质量的重要指标有片重、硬度、崩解度和溶出度,因而压片机要能进行片重和压力的精细调节。

(一)单冲压片机

单冲压片机为小型台式压片机,适用于小批量、多品种的生产。主要构件是由一个冲模、上下两个冲头和一个能左右转移或前后进退的饲料靴以及加料斗、转动轮及传动机构组成。

单冲压片机压片过程分为填料、压片和出片三个步骤,如图15-4所示。压片开始时,先用手转动转动轮,依次产生下列动作:上冲上升离开冲模,随即饲料靴转移至冲模上;下冲在模孔中下降,饲料靴抖动将颗粒填满模孔;饲料靴离开冲模,同时上冲下降,进入模孔加压,把颗粒压成片剂;随后上、下冲相继上升,上冲离开模孔升至冲模上方,下冲把片剂从模孔中顶出,至片剂下边与冲模面齐平;饲料靴转移至冲模上面把片剂推出冲模台而落入接收器中;同时下冲下降,使模内又填满了颗粒,如此反复压片出片。

单冲压片机压片时是靠上冲撞击加压,片剂单侧受压、受压时间短、受力分布不均匀,使药片内部密度和硬度不一致,易出现裂片、松片、片重差异大、振动大、噪声大等问题。一般仅用于新产品的试制、教学实训和医院制剂室小量生产。

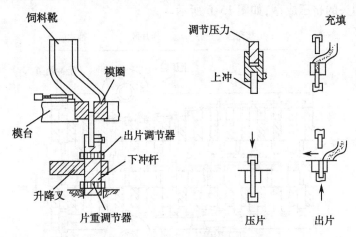

图 15-4　单冲压片机压片过程

(二) 旋转式压片机

多冲旋转式压片机是由均匀分布于转台的多副冲模按一定轨道作圆周升降运动，通过上、下压轮使上、下冲头作挤压动作，将颗粒状物料压制成片剂，是大生产中广泛使用的压片机。

旋转式压片机如图 15-5 所示，是在单冲压片机基础上发展起来的，主要结构由动力部分、转动部分及工作部分三部分组成。动力部分包括电动机和变速装置。转动部分包括皮带轮、离合器、蜗轮蜗杆、上下冲轨等。工作部分包括装冲头和模圈的转台、压轮、片重调节器、压力调节器、推片调节器、加料斗、饲粉器、刮粉器、吸尘器及防护装置等。

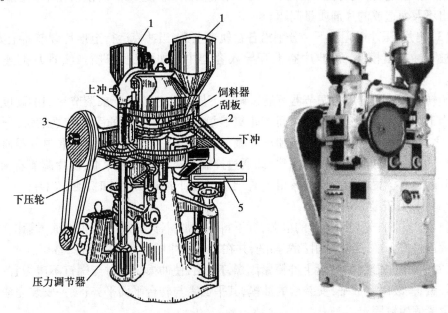

图 15-5　旋转式压片机
1. 加料斗；2. 中横盘；3. 皮带轮；4. 片重调节器；5. 置盘架

旋转式压片机的压片过程与单冲压片机相同,包括填料、压片和出片三个步骤。压片是靠上下冲头的挤压成型,如图15-6所示。

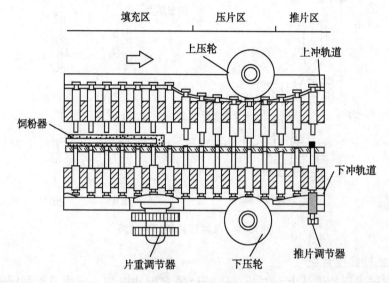

图 15-6　旋转式压片机工作过程

1. 工艺流程

(1)填料:当冲模转到饲粉器之位时,颗粒填入模孔;当冲模继续进行到片重调节器之位时,下冲回升至设定的高度并顶出多余的颗粒,经刮粉器刮去。

(2)压片:当冲模行至上、下压轮之间时,已进入模孔的上冲和下冲分别被上、下压轮挤压,两冲间的距离最小,这时模孔内颗粒受压成型成片。有些多冲压片机带有预压力系统,即先预压排气,再主压成片。其作用是防止因快速压片而使模孔中颗粒间的空气排出不及而造成的片剂质量问题。

(3)出片:压片后,上、下冲分别沿各自轨道上升,当冲模运行至推片调节器上方时,片剂被下冲推出模孔,经推片器推开导入容器中。如此反复进行,实现片剂连续化生产。

旋转式压片机的压力调节器可通过调节下压轮的位置高低来调节片剂的硬度和厚度。当下压轮上升时,上、下压轮间的距离缩短,上、下冲头间的距离随之缩短,压力加大;反之,压力减小。片重调节器和出片调节器均在下冲盘的下面,片重调节器通过调节下冲的位置高低而控制模孔深浅,即通过控制填充量来调整片重;出片调节器调节下冲上升的最高位置应与冲模上缘相齐平,当片剂被下冲顶出模孔时,便于出片。

2. 冲模及安装方法

(1)安装前首先切断机器的电源,拆下料斗及加料器,将转盘的工作面、模孔和安装的冲模逐件擦干净,必要时用乙醇擦洗,并在冲模及冲杆外涂些植物油,备用。

(2)冲模的安装:将转盘上冲模紧固螺钉旋出,使冲模装入时与螺钉不碰为宜;冲模装置较紧,安装时要放平,安装后的冲模,其平面需与转台平面平齐;逐一安装完毕并随即旋紧紧固螺钉固定。

(3)下冲的安装:拉开下冲安装位小门,卸下冲下装卸轨,逐一将下冲自然插入每个清洁的下冲孔内,并伸入冲模,上下左右的转动必须灵活。依次装毕下冲,随即将下冲装卸轨装上,并用螺钉紧固。

(4)上冲的安装:首先将上冲导轨安装位嵌舌搬上,然后将上冲杆逐渐插入孔内,用拇指和食指旋转冲杆,检验冲杆头部进入冲模上下滑动是否灵活,待上冲杆逐一全部装完,将嵌舌搬下。

(5)试车:首先手动试车。全套冲模装完,慢慢转动机器手轮,使转盘旋转两周,观察上、下冲杆进入冲模孔及在导轨上运行情况是否灵活,应无摩擦、碰撞和卡阻现象;下冲杆在出片位置上升到最高点时,高出转台工作面不得超过 0.3mm。然后开动电动机,缓慢地合上离合器,空转 5 分钟,待运转平稳方可投入生产。

多冲旋转式压片机按冲模数目可分为 19、27、33、35 和 75 冲等多种型号。按流程分为单流程和双流程两种。单流程型仅有一套压轮,中盘旋转 1 周每副冲模仅压制出 1 个药片。双流程型有两套压轮、饲粉器、刮粉器、片重调节器和压力调节器等,每副冲模旋转 1 周压制出两个药片。旋转式压片机的饲粉方式合理,因上、下冲同时加压,压力分布均匀,片重差异小;生产效率高,机械振动小,在国内药厂普遍使用。

(三) 高速旋转式压片机

旋转式压片机已逐渐发展成为有自动程序控制的封闭式高速压片的机器,通过增加冲模的套数、改进饲料装置等已能基本达到其目的。该机突出优点是转速快;产量高(最高产量可达 300 万片/小时);压制的片剂质量优;采取封闭式操作,符合 GMP 要求。

旋转式压片机的工作原理:压片机的主电机通过交流变频无级调速器,并经蜗轮减速后带动转台旋转。转台的转动使上、下冲头在导轨的作用下产生上、下相对运动。颗粒经充填、预压、主压、出片等工序被压成片剂。在整个压片过程中,控制系统通过对压力信号的检测、传输、计算、处理等实现对片重的自动控制,废片自动剔除,以及自动采样、计数、计量、故障显示和打印各种统计数据。

三、片剂包衣设备

将素片包制成糖衣片、薄膜衣或肠溶衣片的设备是片剂包衣设备。包衣方法有滚转包衣法(锅包衣法)、流化包衣法、压制包衣法等。常用设备有滚转式包衣机、空气悬浮包衣机、高效包衣机等。

(一) 滚转式包衣机

滚转式包衣机是一种传统的、普遍应用的包衣设备。绝大多数糖衣片采用此法包衣,故亦称糖衣机。

1. 滚转式包衣机　主要结构包括包衣锅、动力系统、加热系统、鼓风机和吸尘装置等四个部分,如图 15-7 所示。

包衣锅有两种形式,即荸荠型和莲蓬型。荸荠型较适宜包衣,口大、底浅,生产上多用荸荠型。包衣锅以一定的角度安装在转轴上,由动力系统带动轴以一定的速度转动。

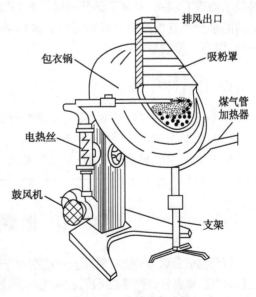

排风出口
包衣锅
吸粉罩
煤气管加热器
电热丝
鼓风机
支架

图 15-7　滚转式包衣机

加热系统对包衣锅表面加热,加速包衣溶液中溶剂的挥发。常用的加热方法有电热丝或煤气加热锅壁以及干热空气加热锅内心片。两者并用效果更好,应用更广泛。

排风系统一般由吸粉罩及排风管道组成,吸粉罩安装在包衣锅上方,排风管道与之连接。排出包衣操作过程中产生的粉尘、水汽及废气,改善操作环境。

2. 工作原理　糖衣锅体由倾斜安装的轴支撑并作回转运动。在锅中,包衣剂与随锅体回转呈规律翻滚素片的表面均匀接触、黏附、分散,形成衣膜并逐渐增厚;衣膜在被加热而逐渐干燥的同时,并因与锅体及相互间的滚动摩擦而被抛光。如此循环操作,形成多层致密而光洁的糖衣。该设备是目前包制普通糖衣片的常用设备,还常兼用于包衣片加蜡后的打光。

3. 包衣操作　利用滚转式包衣机进行包衣操作时,先将片心置于转动的包衣锅内,然后加入包衣材料溶液,使其在各片心的表面均匀分散。必要时加入固体粉末,加快包衣过程;有时则加入包衣材料的混悬液。通过加热、通风使之干燥。如此反复若干次,直到达到规定要求。

滚转式包衣机包衣过程是一个劳动强度大、生产效率低、生产周期长的过程。特别是包糖衣片时,其包衣层数很多,往往需十多个小时,甚至更多。且其生产工艺较复杂,包衣质量的优劣不仅与包衣设备及包衣方法有关,还取决于操作人员的经验。

(二) 流化包衣机

流化包衣法(亦称悬浮包衣法)工作原理与流化喷雾制粒相类似。将片心(或胶囊、颗粒、小丸等)置于机内,通入热空气使其悬浮。此时,将包衣材料溶液喷在片心表面,在热空气的作用下使溶剂迅速挥发而形成薄膜状衣层。

流化包衣法的特点:包衣速度快,包材耗损少,工序简单,自动化程度高,包衣质量稳定等。该包衣方法被越来越多的制药生产企业所采用。

(三) 高效包衣机

高效包衣机的结构、原理与传统的敞口式包衣机完全不同。敞口式包衣机干燥时,热风仅吹在片心层表面,并被返回吸出,热交换仅限于表面层,且部分热量由吸风口直接吸出而没有利用,浪费了部分热源。而高效包衣机干燥时热风是穿过片心间隙,并与表面的水分或有机溶剂进行热交换。这样热源得到充分的利用,片心表面的湿液充分挥发,因而干燥效率很高。

点 滴 积 累

1. 制粒机有摇摆颗粒剂、高速搅拌制粒机、流化喷雾制粒机。
2. 压片机有单冲压片机、旋转压片机。
3. 包装机有滚转式包衣机、流化包衣机、高效包衣机。

第二节　胶囊剂生产设备

将药物成分填装于空心硬质胶囊或密封于弹性软质胶囊而制成的固体制剂称胶囊剂。胶囊剂由药物成分和胶囊壳组成,胶囊壳由明胶、甘油、水以及其他的药用材料制造而成。

根据胶囊壳硬度的差别,通常将胶囊剂分为硬胶囊和软胶囊两大类。硬胶囊剂是将一定量的药物及适当的辅料制成均匀的粉末或颗粒,填装于空心硬胶囊中所得的剂型;软胶囊剂是将一定量的药物溶于适当溶剂中,再用压制法或滴制法使之密封于软质胶囊中所得的剂型。

胶囊剂的生产设备可分为硬胶囊充填设备和软胶囊充填设备。

一、硬胶囊生产设备

(一)全自动胶囊充填机

全自动胶囊充填机一般是指将预套合的硬胶囊及药粉直接放入机器上的胶囊贮筒及药粉贮筒后,不需要人工加以任何辅助动作,充填机即可自动完成充填药粉,制成胶囊制剂。

1. 全自动硬胶囊充填机的结构　现有的各种胶囊充填机,其胶囊处理与充填机构基本是相同的。但是药粉的计量机构有所不同,一种为插管计量,一种为模板计量,又分别称为插管式胶囊充填机和模板式胶囊充填机。从主工作盘的运转形式上分为连续回转和间歇回转两种形式。这里主要介绍间歇回转式胶囊充填机,如图 15-8 所示。

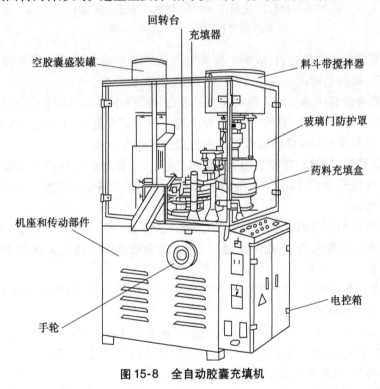

图 15-8　全自动胶囊充填机

胶囊充填机各部件结构有机架、传送系统、回转工作盘、计量装置、空胶囊排列装置、拔囊、剔除废囊、闭合、出料、清洁等。在工作台下边的机壳里装有传动系统,将运动传递给各装置及结构,以完成充填胶囊的工艺。

2. 胶囊充填机工作过程　胶囊充填机各工位如图 15-9 所示。全自动胶囊充填机的工作过程是在充填机上首先要将杂乱堆垛的空心套合胶囊的轴线排列一致,并保证胶囊帽在上、胶囊体在下的体位。即首先要完成空心胶囊的定向排列,并将排列好的胶囊落入囊板。然后将空心胶囊帽、体轴向分离(俗称拔囊),再将空心胶囊帽、体轴线水平错离,以便于充填药粉。充填机上另一重要的功能是药粉的计量及充填。此外还有剔除未拔开的空胶囊;胶囊帽、体对位并轴线闭合;闭合后的胶囊排出机外及清洁胶板等功能。

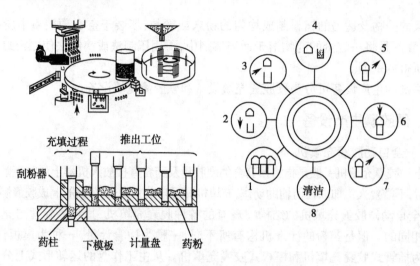

图 15-9　全自动胶囊充填机工作过程
1. 排列；2. 拔囊；3. 帽、体错位；4. 计量充填器；
5. 剔除废囊；6. 闭合；7. 出料；8. 清洁

（1）胶囊调头定向排列：自胶囊贮桶来的杂乱空心胶囊经过定向排列装置，使胶囊都排列成胶囊帽在上的状态，落入到主工作盘上的囊板孔中。

（2）拔囊与胶囊体、帽分离：利用囊板上各孔径的微小差异和真空抽力，使胶囊帽留在上囊板，而胶囊体落入下囊板孔中，从而实现了胶囊帽与囊体的分离。分离后分别留在上模和下模的囊帽和囊体随其载体即模盘进一步错位分离。

（3）充填药粉或颗粒：在胶囊帽、体错位工位上，上囊板将连同胶囊帽移开，使胶囊体上口置于计量充填装置的下方，由粉末充填机构依靠充填定量管插入粉层进行定量，充填药粉或颗粒。

（4）剔除废囊：当遇有未拔开的胶囊时，整个胶囊始终悬吊在上囊板上，为了防止这类空囊与装药的胶囊混合，在剔除废囊工位上，将未拔开的空囊由上囊板中剔除，使其不与成品混淆。

（5）体帽套合及封闭：闭合工位是使上下囊板孔轴线对位，利用外加压力将胶囊帽与装药后的胶囊体闭合。

（6）成品输出：出料工位是将闭合后的胶囊从上下囊板孔中顶出，进入下一步包装。

（7）模块清理：清洁工位是为了确保各工位动作的顺利进行，利用吸尘系统将上下囊板孔中的药粉、碎胶囊皮等清除。

（二）半自动胶囊充填机

半自动胶囊充填机为最早应用的机械化胶囊灌装设备。对于药品生产品种多、批量小的生产则多采用半自动胶囊充填机。在半自动胶囊填充机中，由于加入的人工辅助动作不同，其结构形式也不尽相同。半自动胶囊充填机多是利用机械动作完成排囊、拔囊、闭合、顶出等功能，并且各功能分做成单机，而充填药物以及各单机之间连续过程则由人工完成。各单机动作简单，故结构简单、造价低廉、维修方便。

半自动胶囊充填机组工艺过程：空心胶囊在排囊机上正确落位，要求将杂乱堆垛的套合胶囊按自身轴线排列一致，保证胶囊孔板是矩形的。胶囊孔板上有加工整齐的模孔，可以成排地间歇排入胶囊。在充填机上利用机械力及手动装置使胶囊帽、体分离。

利用振动装置及人工加药方式向胶囊体中充填计量药粉。胶囊帽、体闭合。最后将成品胶囊推出,进入下一步的包装工序。

知 识 链 接

微胶囊技术

微胶囊技术是一种储存固体、液体、气体的微型包装技术。其包覆材料是各种天然的或合成的高分子化合物连续薄膜,这种薄膜具有屏蔽和缓慢释放功能,可用于保护芯材物质免受环境影响,屏蔽味道、颜色、气味,改变芯材物质重量、体积、状态或表面性能,隔离活性成分,降低挥发性,减少毒副作用,降低对健康的危害,也可用于控制芯材物质的释放速度或不相容物质的分离等。微胶囊技术已经在医学、药物、兽药、农药、染料、颜料、涂料、食品、日用化学品、生物制品、胶黏剂、新材料、肥料、化工等诸多领域得到了广泛的应用。

二、软胶囊生产设备

软胶囊系将一定量的液体药物直接包封于球形或椭圆形的软质囊材中制成的胶囊剂。软胶囊的制法可分为压制法及滴制法两种。

(一)压制法

压制法系先将明胶、甘油、水等混合溶解,制成胶皮(胶带),再将药物置于两块胶皮之间,用钢模压制而成。压制法又分为平板模式和滚模式两种。

生产中使用更普遍的是滚模式压囊机,如图 15-10 所示。其成套设备由软胶囊压制主机、输送机、干燥机、电控柜、明胶筒和料筒等部分组成。其中关键设备是主机。主机机头上有两个滚模轴,轴上装有模子,左右两个模子组成一套模具。模子上模孔的形状、大小决定胶囊剂的形状和型号。两个滚模轴相对转动。右滚模轴能够转动,但不能移动;左滚模轴既能转动,又能横向水平移动,以便于校正与右滚模模孔的对合程度,胶带均匀压紧于两个模子之间。

滚模式压囊机工作原理如图 15-11 所示。主机两侧的胶皮轮和明胶盒共同制备的胶皮相对进入滚模夹缝处,药液通过供料泵经导管注入楔形喷体内,借助供料泵的压力将药液及胶皮压入两滚模模孔的凹槽中,由于滚模的连续转动,使两条胶皮带在各凹坑边缘处全部轧压结合,而将药液包封于其中形成胶丸并从胶带上分离。各凹坑之外剩余的胶皮边角部分被切割分离成网状,俗称胶网。制成的软胶囊则被输送到定型干燥转笼被清洁气流所干燥。

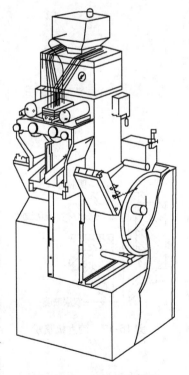

图 15-10 滚模式压囊机

(二)滴制法

滴制式软胶囊机是将明胶液与油状药液通过喷嘴滴出,使明胶液包裹药液后滴入不相混溶的冷却液中,凝成丸状无缝软胶囊的机器。滴制式软胶囊机主要由原料贮槽(药液贮槽和明胶液贮槽)、定量控制器、喷头和冷却器等组成,其关键部位是喷头,喷头为双层。如图15-12所示。

滴制法工作原理如图15-13所示。系将配好的明胶液与油状药液分别盛装于明胶液槽和药液箱中,经柱塞泵吸入并计量,再压入滴丸机的双层喷头,明胶液从中心管外夹层喷出,药液从中心管喷出,两溶液在同心条件下以不同速度先后有序喷出,在喷头的下端出口处,明胶液将一定药液包裹,并滴入到另一种不相混溶的冷却液如石蜡中。由于表面张力作用,明胶液接触冷却液后形成球状体,并逐渐凝固成胶丸。如制备浓缩鱼肝油胶丸、亚油酸胶丸等。利用本法生产的胶丸具有产品率高、装量差异小、产量大、成本较低的优点。

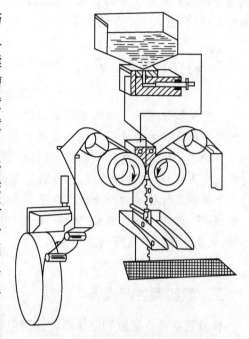

图 15-11 滚模式压囊机压囊过程

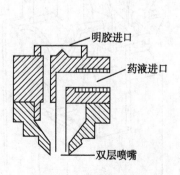

图 15-12 滴丸机喷嘴

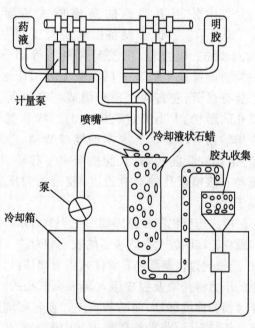

图 15-13 软胶囊滴制法工艺流程

1. 常用胶囊充填机有全自动硬胶囊充填机和半自动硬胶囊充填机,充填之前需将药物制成粉状或颗粒状。

2. 常用软胶囊机有滚模式压囊机和滴制式胶囊机,制软胶囊之前需将药物溶解成液体,滚模式压囊机还需制备明胶溶液。

第三节　包装机械

完成药品包装过程以及包装相关的机械与设备统称为包装机械。包括贴标机、印字机、纸盒包装机、制袋包装机等,本课仅介绍铝塑泡罩包装机、制袋包装机和给带式包装机。

一、铝塑泡罩包装机

铝塑泡罩包装机又称热塑成型泡罩包装机,是将无毒聚氯乙烯(PVC)塑料硬片经红外加热器加热后,在成型滚筒上形成水泡眼,填充药品并与无毒铝箔(背层材料)热压形成泡罩式包装。铝箔背层材料上可印上药品名称、规格、批号等说明。该种机械可用来包装各种形状的口服固体药品,如素片、糖衣片、胶囊、滴丸等。

滚筒式铝塑泡罩包装机示意如图15-14所示。其工作流程为卷筒上的PVC片穿过导向辊,利用滚筒式成型模具的转动将PVC片匀速放卷,半圆弧形加热器对紧贴于成型模具上的PVC片加热到软化程度,成型模具的泡窝孔型转动到适当的位置与机器的真空系统(或压缩空气)相通,将已软化的PVC片瞬时吸塑(或吹塑)成

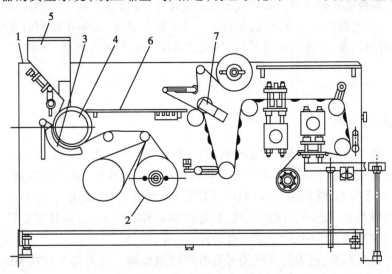

图15-14　滚筒式铝塑泡罩包装机
1. 薄胶卷筒(成型膜);2. 远红外加热器;3. 热封合装置;
4. 薄胶卷筒(复合膜);5. 打字装置;6. 可调式导向辊;7. 输送机

型。已成型的 PVC 片通过料斗或上料机时，药片（或胶囊）填充入泡窝。连续转动的热封合装置中的主动辊表面上制有与成型模具相似的孔型，主动辊拖动充有药片（或胶囊）的 PVC 泡窝片向前移动，外表面带有网纹的热压辊压在主动辊上面，利用温度和压力将盖材（铝箔）与 PVC 片封合，封合后的 PVC 泡窝片利用一系列的导向辊，间歇运动通过打字装置时在设定的位置打出批号，通过冲裁装置时冲裁出成品板块，由输送机传送到下道工序，完成泡罩包装作业。整个流程总结为 PVC 片匀速放卷→PVC 片加热软化→吸塑（或吹塑）成泡→药剂填充→铝箔热封合→打字印号→冲裁成块。

常用的泡罩包装机除滚筒式泡罩包装机，还有平板式泡罩包装机及滚板式泡罩包装机两种类型。

滚筒式泡罩包装机为真空吸塑成型，连续包装，其生产效率较高、耗能较低、结构简单，但所吸泡窝壁厚不均，不适合深泡窝成型。

平板式泡罩包装机以泡罩成型拉伸大及封合的板型平整美观为特点，但封合需较大功率和较长时间，故速度不能过快。

滚板式泡罩包装机是针对以上两种机器的特点，在平板式基础上发展而成的，具有高效、节材和外观质量好等特点。

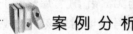 **案 例 分 析**

案例

近年来，药品的铝塑泡罩包装在我国得到了快速发展，正在逐步取代传统的玻璃瓶包装和散包装而成为固体药品包装的主流。

分析

铝箔和塑料硬片是铝塑泡罩包装采用的包覆材料，铝箔具有高度致密的金属晶体结构，有良好的阻隔性和遮光性；塑料硬片具有阻隔氧气、二氧化碳和水蒸气的性能，且具有高透明度、不易开裂等机械特性，还具有良好的相容性能，因而有利于药品的保存。

二、制袋包装机

制袋包装机又称制袋充填封口包装机，是一种将可热封的复合材料制袋后，将药物充填于袋内，封口、切断成型的多功能包装机。该机应用范围广，通过配置适当的计量充填装置，可用于片剂、胶囊剂、颗粒剂以及软膏剂、液体制剂、日用品、食品等的包装。常用的复合材料具有一定的防潮阻气性、良好的热封性和印刷性，还具有质轻、价廉等优点。制成的包装袋有平袋、枕形袋和直立袋。

包装尺寸根据机型、包装计量范围等可有不同的规格。包装袋长度在 40～150mm 不等，宽度在 30～115mm 不等；包装材料膜宽度在 60～1000mm 不等。包装材料要求防潮、耐蚀、强度高，既可包装药物、食品，也可包装小工件。

制袋充填封口包装机工作流程如图 15-15 所示。工作前，操作者将成卷的可热封复合包装材料安装在包材支架上，经成型器初步折成袋型，通过两个带密齿的纵封辊将其纵向压紧,当纵封辊连续转动,并将包装材料热压封成筒状,同时带动包装材料不断拉送;当拉经横封装置时,被横向压紧热封成袋状。物料经计量装置计量后,间接性投入由纵封、横封压制成的袋内,然后再由横封装置封合。最后在机器的下部由裁切刀将其裁切为单独或条装连体的包装。纵封辊继续纵封旋转,将包装袋下拉,连续地进行制袋、充填、封口包装。

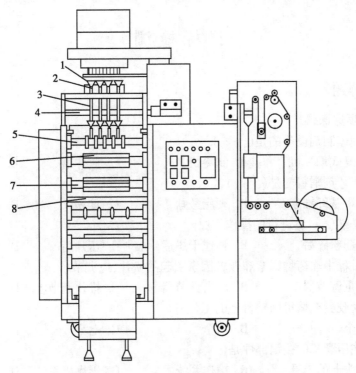

图15-15　制袋充填封口包装机示意图
1. 送膜胶辊;2. 打字轴;3. 冷却风管;4. 脚轮;
5. 纠偏电机;6. 浮动杆;7. 预送电机;8. 预送胶辊

制袋充填封口包装机分类一般可分为立式、卧式、枕型等多种类型。不同机型适用范围略有区别。立式机主要适用于颗粒、粉末、液体、片剂、胶囊以及黏体物料等的自动包装;卧式机主要适用于饼干、巧克力、铝塑药板、日用品、五金零件等的包装;枕型机主要适合包装膨化食品、麦片、瓜子、花生及白砂糖等较大颗粒物品的中剂量包装。

三、给带式包装机

给带式包装机又称条形热封包装机,它是将一个或一组药片或胶囊之类的小型药品包封在两层连续的带状包材之间,每组药品周围热封合成一个单元的包装方法。每个单元可以单独撕开或剪开以便于使用和销售。给带式包装机是以塑料薄膜为包装材料,每个单元多为两片或单片片剂,具有压合密封性好、使用方便等特点,属于一种小剂量片剂包装机。给带式包装机还可以用来包装少量的液体、粉末或颗粒状产品。

点 滴 积 累

铝塑泡罩包装机由远红外加热器、热合装置、打字装置等部件构成;制袋包装机由远红外加热装置、计量装置、热合装置构成,它们均是常用的药品包装设备。

目 标 检 测

一、选择题

(一)单项选择题

1. 属于固体制剂设备的是( )
   A. 往复式切片机　　B. 制冷机　　　　C. 胶体磨　　　　D. 槽形混合机
2. 不属于片剂辅料的是( )
   A. 羧甲基纤维素　　B. 硬脂酸盐　　　C. 淀粉　　　　　D. 阿司匹林
3. 整粒是继( )进行的操作工序。
   A. 原药粉碎后　　　B. 颗粒干燥后　　C. 压片后　　　　D. 包衣后
4. 压片过程中非药物因素和颗粒因素引起的松片,应调节( )
   A. 片重调节器　　　B. 压力调节器　　C. 推片调节器　　D. 冲模的规格
5. 全自动胶囊充填机回转台上的工位有( )
   A. 五个　　　　　　B. 六个　　　　　C. 七个　　　　　D. 八个
6. 滚模式压囊机的关键部件是( )
   A. 机头上的模具　　B. 输送系统　　　C. 干燥机系统　　D. 电控柜
7. 滴制式软胶囊机的关键部件是( )
   A. 定量控制器　　　B. 喷头　　　　　C. 冷却器　　　　D. 中心管
8. 塑制法制水蜜丸时,具有挥发性药物的干燥温度为( )
   A. <50℃　　　　　B. <60℃　　　　C. <70℃　　　　D. <80℃
9. 下列设备中常用于硬胶囊包装的设备是( )
   A. 带状包装机　　　　　　　　　　　B. 制袋包装机
   C. 铝塑泡罩包装机　　　　　　　　　D. 灌封机

(二)多项选择题

1. 属于固体制剂的剂型是( )
   A. 粉剂　　　　　　B. 颗粒剂　　　　C. 胶囊剂
   D. 药栓　　　　　　E. 油浸剂
2. 制药企业常用的制粒设备有( )
   A. 摇摆式颗粒机　　B. 高速搅拌制粒机　C. 回转式混合机
   D. 流化喷雾制粒机　E. 沸腾床
3. 摇摆式颗粒机不适用于( )
   A. 干法制粒　　　　B. 喷雾制粒　　　C. 湿法制粒
   D. 干颗粒的整粒　　E. 软材制粒

4. 压片机的压片过程有（　　　　　　）
  A. 制软材　　　　　B. 填料　　　　　C. 压片
  D. 出片　　　　　　E. 包衣
5. 软胶囊的制法可分为（　　　　　　）
  A. 压制法　　　　　B. 充填法　　　　　C. 塑制法
  D. 滴制法　　　　　E. 灌注法

二、简答题

1. 简述沸腾制粒机的结构组成和操作步骤。
2. 说出旋转压片机的结构组成和工作过程。
3. 说出硬胶囊充填机的组成及特点。
4. 说出铝塑泡罩包装机的组成。

（贺　峰）

参 考 文 献

1. 罗合春. 生物制药设备. 北京:人民卫生出版社,2009
2. 余龙江. 生物制药工厂工艺设计. 北京:化学工业出版社,2008
3. 梁世中. 生物工程设备. 北京:轻工业出版社,2007
4. 钱应璞. 冷冻干燥制药工程与技术. 北京:化学工业出版社,2007
5. 罗合春. 生物制药工程原理与设备. 北京:化学工业出版社,2007
6. 高平. 生物工程设备. 北京:化学工业出版社,2006
7. 邓才彬. 制药设备与工艺. 北京:高等教育出版社,2006
8. 刘落宪. 中药制药工程原理与设备. 北京:中国中医药出版社,2005
9. 谢淑俊. 药物制剂设备. 北京:化学工业出版社,2005
10. 许敦复,郑效东. 冷冻干燥技术与冻干机. 北京:化学工业出版社,2005

目标检测参考答案

第一章　流体测量技术

一、单项选择题

1. D　2. A　3. B　4. A　5. D　6. B　7. A　8. A

二、计算题

1. 881. 37kg/m^3

2. 73. 67kPa

3. (1)432. 18Pa　　(2)466. 48Pa

4. (1)质量流量 0. 5375kg/s　(2)质量流速 68. 47kg/(s・m^2)
   (3)体积流速 11m/s

5. (1)质量流量 4. 5775kg/s　(2)平均流速 0. 69m/s
   (3)质量流速 1263. 4kg/(s・m^2)

三、简答题(略)

第二章　流体输送机械

一、单项选择题

1. B　2. D　3. B　4. D　5. C　6. D　7. D　8. C　9. D　10. A　11. B　12. A　13. A

14. B　15. C　16. A

二、计算题

1. (1)流量为 21. 52m^3/h　(2)压头为 20. 1mH$_2$O

2. 7. 1m

3. 安装高度 2. 4m,不能正常工作

三、简答题(略)

第三章　换热设备

一、单项选择题

1. C　2. D　3. C　4. A　5. B　6. D　7. C　8. B　9. A　10. B　11. C　12. C　13. C　14. D　15. C

二、计算题

1. 1:2:1
2. (1)0.25m　(2)814.4℃
3. 45℃

三、简答题(略)

第四章　空气净化调节设备

一、单项选择题

1. D　2. B　3. B　4. C　5. B　6. B　7. B　8. D

二、简答题(略)

第五章　物料预处理设备

一、选择题

(一)单项选择题

1. D　2. C　3. B　4. A　5. C　6. A　7. C　8. B　9. C　10. B　11. A　12. D　13. A　14. D

(二)多项选择题

1. ABCD　2. ACD　3. ABCDE　4. ABCE　5. ACD

二、简答题(略)

第六章　生物反应器

一、选择题

(一)单项选择题

1. A　2. B　3. C　4. A　5. A　6. B

（二）多项选择题

1. ABC　2. AC　3. AE　4. AB　5. ACD　6. CD

二、简答题（略）

第七章　非均相分离设备

一、选择题

（一）单项选择题

1. D　2. C　3. B　4. B　5. C　6. C　7. C　8. C

（二）多项选择题

1. AB　2. AD　3. ABC　4. AB　5. ABC

二、简答题（略）

三、实例分析（略）

第八章　萃　取　设　备

一、选择题

（一）单项选择题

1. A　2. A　3. C　4. D　5. C　6. D　7. C　8. C　9. D　10. B　11. C　12. D　13. C　14. C　15. D　16. A　17. C　18. B　19. C

（二）多项选择题

1. ABC　2. ACD　3. CD　4. BCD　5. ABC　6. BC　7. ABCD　8. CD

二、简答题（略）

三、实例分析（略）

第九章　色谱分离设备

一、选择题

（一）单项选择题

1. D　2. C　3. C　4. B　5. D　6. B　7. C　8. C　9. C　10. D

（二）多项选择题

1. ABCDE　2. AB　3. AD　4. ABD　5. ACE

二、简答题（略）

三、实例分析（略）

第十章　蒸发浓缩设备

一、选择题

（一）单项选择题

1. B　2. A　3. D　4. C　5. B　6. A　7. B　8. C　9. A　10. B　11. A　12. A

（二）多项选择题

1. AB　2. ACDE　3. CDE　4. CD　5. BC

二、简答题（略）

三、实例分析（略）

第十一章　蒸馏设备

一、选择题

（一）单项选择题

1. C　2. D　3. D　4. A　5. C　6. D　7. C　8. A　9. A　10. A　11. C　12. D

（二）多项选择题

1. BC　2. BD　3. ACD　4. CD　5. ACD

二、简答题（略）

第十二章　通用干燥设备

一、选择题

（一）单项选择题

1. B　2. D　3. C　4. A　5. B　6. C　7. B　8. B　9. B　10. A　11. C　12. A

（二）多项选择题

1. AC　2. ABD　3. AC　4. ABC　5. ABD

二、简答题（略）

三、实例分析（略）

第十三章　制水设备

一、选择题

(一) 单项选择题

1. D　2. C　3. B　4. C　5. C　6. C　7. A　8. A　9. B　10. D　11. A　12. B　13. D　14. B　15. C

(二) 多项选择题

1. ABD　2. CD　3. ABD　4. ABC　5. ACD

二、简答题(略)

三、实例分析(略)

第十四章　无菌灌装设备

一、选择题

(一) 单项选择题

1. D　2. A　3. C　4. C　5. D　6. D　7. D　8. A　9. C　10. C

(二) 多项选择题

1. ABCDE　2. ABCD　3. ABC　4. ABC　5. ABCDE

二、简答题(略)

第十五章　固体制剂设备(选修)

一、选择题

(一) 单项选择题

1. D　2. D　3. B　4. B　5. D　6. A　7. B　8. B　9. C

(二) 多项选择题

1. ABC　2. ABD　3. ABD　4. BCD　5. AD

二、简答题(略)

附　　录

一、粉针冻干制剂工艺操作过程及质量控制

（一）称量

1. 生产前的确认　是否有前次清场合格证,状态标识是否符合生产要求,称量设备是否已清洁,是否有定期校验证,所用的容器工具是否已清洁、消毒,并在有效期之内。原辅料是否符合质量要求,确认无误后,进行生产操作。

2. 操作　操作人员按生产指令领取所需××生物制品原料、活性炭(针用),在领取称量时,应先核对品种是否与处方相符,并核对原辅料的品名、批号、数量。称量时应一人称量,一人复核,确保无误。称取后的物料置洁净容器内备用。

3. 清场　依据称量设备清洁程序把设备清洁干净,清除本批状态标识、相关物品及文件。门窗、地面、墙面、顶棚、送排风口、灯具等应清洁,容器工具应清洁消毒,并摆放整齐。QA员检查合格后贴上"清场合格证"。

（二）配液

1. 生产前的确认　是否有前次生产清场合格证,状态标识是否符合生产要求,调配罐及其辅助设施是否已清洁,所用的容器工具是否已清洁、消毒、灭菌,并在有效期之内。原辅料、水质、滤膜是否符合生产要求,确认无误后,进行生产操作。

2. 操作　按《配制岗位标准操作程序》将处方量的××生物制品原料加入配制量为70%的注射用水的浓配罐中搅拌使之溶解,加入0.1%的针用活性炭充分搅拌均匀,加热至60℃保温吸附15分钟,趁热用0.8μm钛棒过滤($P\geqslant0.6$MPa),QA员按《中间产品取样标准操作程序》进行取样,进行pH、含量测定,合格后的滤液经管道输入稀配罐中,加注射用水至40 000ml,充分搅拌20分钟(转速80次/分),经0.45μm微孔滤膜过滤($P\geqslant0.23$MPa),滤液再用0.22μm的微孔滤膜进行终端过滤($P\geqslant0.39$MPa),滤液经管道送入50L的贮罐中,标明品名、批号、数量、时间、操作者,备用。

3. 清场　房间内无本批残留物,清除本批状态标识、相关物品及文件。门窗、地面(地漏)、墙面、顶棚、送回风口、灯具等应清洁,地漏液封时加入消毒剂,调配罐及其辅助设施应清洁,容器、工具按规定清洗、消毒,且摆放整齐。QA员检查合格后贴上"清场合格证"。

（三）洗瓶、干燥、灭菌

1. 生产前的确认　是否有前次生产清场合格证,状态标识是否符合生产要求,洗瓶机、灭菌机及其辅助设施是否已清洁,所用的容器工具是否已清洁、消毒,并在有效期之内。西林瓶是否符合要求,洗涤用水是否符合工艺要求,确认无误后,进行生产操作。

2. 操作　将西林瓶放入洗瓶输送盘内,开启电源,使西林瓶传至洗瓶机内,以50~

60℃纯化水、注射用水清洗洁净后输送至烘干隧道,分别经过预热区干燥、高温区350℃灭菌15分钟、低温区冷却,进入灌装室。填写物料交接单,转入灌装室。每批灭菌西林瓶应在12小时内使用。

3. 清场　房间内无本批残留物,清除本批状态标识、相关物品及文件。门窗、地面(地漏)、墙面、顶棚、送回风口、灯具等应清洁,地漏液封时加入消毒剂,洗瓶机、灭菌机及其辅助设施应清洁,容器、工具按规定清洗、消毒,且摆放整齐。QA员检查合格后贴上"清场合格证"。

(四) 洗塞、干燥、灭菌

1. 生产前的确认　是否有前次生产清场合格证,状态标识是否符合生产要求,胶塞清洗机及其辅助设施是否已清洁,所用的容器工具是否已清洁、消毒,并在有效期之内。胶塞、洗涤水、滤膜是否符合,确认无误后,进行生产操作。

2. 操作　将胶塞放入胶塞漂洗机内,按《胶塞漂洗机标准操作程序》用注射用水漂洗至洁净,洗塞水应澄明;移入对开门高效胶塞灭菌烘箱中,按《胶塞干燥灭菌岗位标准操作程序》进行120℃ 2小时的干燥、灭菌。每批灭菌胶塞应在12小时内使用。

3. 清场　房间内无本批残留胶塞,清除本批状态标识、相关物品及文件。门窗、地面应清洁,胶塞清洗干燥机及其辅助设施应清洁,容器、工具按规定清洗、消毒,且摆放整齐。QA员检查合格后贴上"清场合格证"。

(五) 铝盖处理

1. 生产前的确认　是否有前次生产清场合格证,状态标识是否符合生产要求,铝盖清洗机及其辅助设施是否已清洁,所用的容器工具是否已清洁、消毒,并在有效期之内。铝盖、洗涤水、滤膜是否符合,确认无误后,进行生产操作。

2. 操作　按《铝盖清洁岗位标准操作程序》将铝盖洗至洁净,在80℃以下烘干,24小时内使用。

3. 清场　房间内无本批残留铝盖,清除本批状态标识、相关物品及文件。门窗、地面应清洁,铝盖清洗干燥机及其辅助设施应清洁,容器、工具按规定清洗、消毒,且摆放整齐。QA员检查合格后贴上"清场合格证"。

(六) 灌装加塞

1. 生产前的确认　是否有前次生产清场合格证,状态标识是否符合生产要求,灌装机、加塞机及其辅助设施是否已清洁,所用的容器工具是否已清洁、消毒,并在有效期之内。药液、西林瓶是否符合生产要求,确认无误后,进行生产操作。

2. 操作　操作者按《灌装岗位标准操作程序》操作,核对品名、批号、数量、检验报告单,确认无误后按《灌封机标准操作程序》操作,达到要求后,接入药液,调整装量和加塞质量,灌装量为2ml,合格后进行连续生产,并每隔15分钟检查一次装量,并随时观察灌装加塞质量情况,挑出不合格品,有异常情况应及时停机,灌装后的半成品放入不锈钢盘中,及时放入冻干箱内,进行冷冻干燥,每批药液应在配制后2小时内灌装完毕。

3. 清场　房间内无本批残留物,清除本批状态标识、相关物品及文件。门窗、地面(地漏)、墙面、顶棚、送回风口、灯具等应清洁,地漏液封时加入消毒剂,灌装机、加塞机及其辅助设施应清洁,容器、工具按规定清洗、消毒,且摆放整齐。QA员检查合格后贴上"清场合格证"。

（七）冻干干燥

1. 生产前的确认　是否有前次生产清场合格证,状态标识是否符合生产要求,冻干机及其辅助设施是否已清洁,水、电、气是否正常。物料是否符合生产要求,确认无误后,进行生产操作。

2. 操作　操作者按《冻干岗位标准操作程序》操作。预冻:箱内温度降至 -40℃ 左右,保持 4 小时。升华:将冷凝器的温度达到 -40℃ 以下,对整个系统抽真空,升华开始,控制温度和真空度(真空读数 13Pa,升华干燥 35 小时);二次干燥:水分大部分升华后,提高板层温度,提高干燥箱的压力以加快热量传送,产品进入二次干燥阶段(20℃ 干燥 2 小时),二次干燥后,打开箱体的气源开关输入无菌空气,使箱内压力与大气一致。按《冻干机标准操作程序》压塞,出箱。

3. 清场　房间内无本批残留物,清除本批状态标识、相关物品及文件。门窗、地面、墙面、顶棚、送回风口、灯具等应清洁,冻干机及其辅助设施应清洁,容器、工具按规定清洗、消毒,且摆放整齐。QA 员检查合格后贴上"清场合格证"。

（八）轧盖

1. 生产前的确认　是否有前次生产清场合格证,状态标识是否符合生产要求,轧盖机及其辅助设施是否已清洁,所用的容器工具是否已清洁、消毒,并在有效期之内。铝盖中间产品是否符合质量要求,确认无误后,进行生产操作。

2. 操作　按《轧盖岗位标准操作程序》操作,随时观察扎盖情况,挑出不合格品,有异常情况随时停机,扎盖后的中间产品放入不锈钢盘中,并放入物料交接单。

3. 清场　房间内无本批残留物,清除本批状态标识、相关物品及文件。门窗、地面、墙面、顶棚、送回风口、灯具等应清洁,轧盖机及其辅助设施应清洁,容器、工具按规定清洗、消毒,且摆放整齐。QA 员检查合格后贴上"清场合格证"。

（九）目检

1. 生产前的确认　是否有前次生产清场合格证,状态标识是否符合生产要求,目检台及其辅助设施是否已清洁,容器具、工具是否已清洁。核对物料交接单,确认无误后,进行生产操作。

2. 操作　按《目检岗位标准操作程序》进行操作,挑检出轧盖形、喷瓶断层、萎缩等质量不好的产品。检查完后每盘填好物料交接单,不合格品集中放置,并填好不合格证,进行统一处理。

3. 清场　房间内无本批残留物,清除本批状态标识、相关物品及文件。门窗、地面、墙面、顶棚、送回风口、灯具等应清洁,目检台及其辅助设施应清洁,容器、工具按规定清洗、消毒,且摆放整齐。QA 员检查合格后贴上"清场合格证"。

（十）包装

1. 生产前的确认　是否有前次清场合格证,状态标识是否符合生产要求,领取铝塑包装后的中间产品质量是否符合,确认无误后,进行生产操作。

2. 操作　操作者按生产指令领取包装所用的标签、说明书、中盒、大箱等,并由两人以上核对包装物的品名、规格、数量,审核无误后,在标签、说明书、中盒、大箱的规定处印上产品批号、有效期、截止日期、生产日期,贴标签过程中应随时抽检标签内容及标签清晰度,然后按下列程序包装:每瓶 0.3g,每 6 瓶连同一张说明书装一小盒内,贴上封签,每 10 小盒一中盒,每 10 中盒同一张装箱单,装一套大箱,箱口处用封箱胶带封口,再将大箱用捆扎机按"#"字形捆扎,同时化验室按《成品取样标准操作程序》取样,对成品进行检验。

3. 清场　房间内无本批残留物,清除本批状态标识、相关物品及文件。门窗、地面、墙面、顶棚、送回风口、灯具等应清洁,包装工具应清洁消毒,并摆放整齐。QA员检查合格后贴上"清场合格证"。

4. 成品检验　化验室按《成品取样标准操作程序》取样进行成品检验。

5. 入库　包装后的成品转入仓库存放指定地点,待验,并标明状态标志,不同品种药品或同品种不同批号的药品不得混放,合格后转入合格区。

（十一）制水

操作者按《制水岗位标准操作程序》及《纯水机标准操作程序》和《多效蒸馏水机标准操作程序》进行制水,送化验室进行检验,合格后输送至各用水点。

质量控制:参见附表1。

附表1　注射用冻干××生物制品质量控制项目

工序	监控点	监控项目	监控频次	备注
备料	衡器、量具	校验、平衡	每次	
	称量	数量、复核	每次	
制水	纯化水	电导率	1次/2小时	
		全项	1次/周	
	注射用水	pH、电导率	1次/2小时	
		全项	1次/周	
		细菌内毒素	1次/天	
洗瓶	洗瓶	西林瓶质量、化验单	每批	
		洗瓶水可见异物	3次/班	
		超声时间	2次/班	
		西林瓶清洗度	3~4次/班	
	隧道烘箱	灭菌时间、温度	随时	
		西林瓶清洗度	3~4次/班	
		细菌内毒素	1次/天	
洗塞	胶塞清洗	胶塞质量、化验单	每批	
		清洗后可见异物	每锅	
	胶塞灭菌	灭菌时间温度	每锅	
		细菌内毒素	1次/锅	
配制	药液	含量、pH、色泽	每批	
	超滤	可见异物	每批	
		完整性试验	每周	
灌装加塞	药液	装量、可见异物、色泽	随时	

工序	监控点	监控项目	监控频次	备注
灌装加塞	装量	装量差异	15/次	
	半加塞	半加塞质量	随时	
		可见异物、装量差异	每班	
冻干	待冻干品	数量、加塞质量	每锅	
	冻干	冻干温度、真空度	随时	
		冻品进程	2 小时	
	冻干品	轧盖质量	每锅	
		水分	每批	
		冻干质量	每批	
铝盖	铝盖清洗	清洗后水电导率	每锅	
	铝盖干燥	水分	每锅	
轧盖	物料	铝盖清洗质量	每班	
		胶塞压合质量	随时	
	轧盖	轧盖质量	随时	
外包装	待包装品	每盘标志	每盘	
	目检	目检后抽查	30 分钟	
	包装材料	质量、报告单	每批	
	贴签	批号、效期、贴签质量	随时	
	装小盒	数量、说明书、标签、批号、效期	随时	
	装大盒	数量、批号、效期	随时	
	装箱	数量、批号、效期、装箱单	随时	
	打包	打包质量	随时	
入库	成品	整洁、分区、货位卡、数量	每批	

二、常用物理量的 SI 单位和量纲

1. 常用物理量的 SI 单位与量纲

物理量	SI 单位	量纲式
长度	m	L
质量	kg	M
力	N	LMT^{-2}
时间	s	T
速度	m/s	LT^{-1}

物理量	SI 单位	量纲式
加速度	m/s^2	LT^{-2}
压力	Pa	$L^{-1}MT^{-2}$
密度	kg/m^3	$L^{-3}M$
黏度	Pa·s	$L^{-1}MT^{-1}$
运动黏度	m^2/s	L^2T^{-1}
能或功	J	L^2MT^{-2}
功率	W	L^2MT^{-3}
温度	K,℃	Θ
热量	J	L^2MT^{-2}
比热容	$J/(kg·K)$	$L^2T^{-2}\Theta^{-1}$
导热系数	$W/(m·K)$	$LMT^{-3}\Theta^{-1}$
传热系数	$W/(m^2·K)$	$MT^{-3}\Theta^{-1}$
表面张力系数	N/m	MT^{-2}
扩散系数	m^2/s	L^2T^{-1}

注:m(米),kg(公斤),Pa(帕),s(秒),K(开),℃(摄氏度),N(牛),J(焦耳),W(瓦)。

2. 制药工程常用 SI 单位词冠

代号		词冠	因数	代号		词冠	因数
国际	中文			国际	中文		
G	吉	吉咖(giga)	10^9	m	毫	毫(milli)	10^{-3}
M	兆	兆(méga)	10^6	μ	微	微(micro)	10^{-6}
k	千	千(kilo)	10^3	n	纳	纳诺(nano)	10^{-9}

三、干空气的物理性质($P = 101.33kPa$)

温度 ℃	密度 ρ kg/m^3	比热容 c_p $kJ/(kg·℃)$	导热系数 $\lambda \times 10^2$ $W/(m·℃)$	黏度 $\mu \times 10^5$ Pa·s	运动黏度 $\nu \times 10^6$ m^2/s	普兰特 准数 Pr
-50	1.584	1.013	2.035	1.46	9.23	0.728
-40	1.515	1.013	2.117	1.52	10.04	0.728
-30	1.453	1.013	2.198	1.57	10.80	0.723
-20	1.395	1.009	2.279	1.62	11.60	0.716
-10	1.342	1.009	2.360	1.67	12.43	0.712

温度 ℃	密度 ρ kg/m³	比热容 c_p kJ/(kg·℃)	导热系数 $\lambda \times 10^2$ W/(m·℃)	黏度 $\mu \times 10^5$ Pa·s	运动黏度 $\nu \times 10^6$ m²/s	普兰特 准数 Pr
0	1.293	1.005	2.442	1.72	13.28	0.707
10	1.247	1.005	2.512	1.77	14.16	0.705
20	1.205	1.005	2.593	1.81	15.06	0.703
30	1.165	1.005	2.675	1.86	16.00	0.701
40	1.128	1.005	2.756	1.91	16.96	0.699
50	1.093	1.005	2.826	1.96	17.95	0.698
60	1.060	1.005	2.896	2.01	18.97	0.696
70	1.029	1.009	2.966	2.06	20.02	0.694
80	1.000	1.009	3.047	2.11	21.09	0.692
90	0.972	1.009	3.128	2.15	22.10	0.690
100	0.946	1.009	3.210	2.19	23.13	0.688
120	0.898	1.009	3.338	2.29	25.45	0.686
140	0.854	1.013	3.489	2.37	27.80	0.684
160	0.815	1.017	3.640	2.45	30.09	0.682
180	0.779	1.022	3.780	2.53	32.49	0.681
200	0.746	1.026	3.931	2.60	34.85	0.680
250	0.674	1.038	4.288	2.74	40.61	0.677
300	0.615	1.048	4.605	2.97	48.33	0.674
350	0.566	1.059	4.908	3.14	55.46	0.676
400	0.524	1.068	5.210	3.31	63.09	0.678
500	0.456	1.093	5.745	3.62	79.38	0.687
600	0.404	1.114	6.222	3.91	96.89	0.699
700	0.362	1.135	6.711	4.18	115.4	0.706
800	0.329	1.156	7.176	4.43	134.8	0.713
900	0.301	1.172	7.630	4.67	155.1	0.717
1000	0.277	1.185	8.041	4.90	177.1	0.719
1100	0.257	1.197	8.502	5.12	199.3	0.722
1200	0.239	1.206	9.153	5.35	233.7	0.724

四、水的物理性质

1. 水在不同温度下的物理性质

温度 ℃	饱和蒸气压 kPa	密度 ρ kg/m³	焓 h kJ/kg	比热容 kJ/(kg·℃)	导热系数 $\lambda \times 10^2$ W/(m·℃)	黏度 $\mu \times 10^5$ Pa·s	体积膨胀系数 $\beta \times 10^4$ ℃⁻¹	表面张力系数 $\sigma \times 10^5$ N/m	普兰特准数 Pr
0	0.6082	999.9	0	4.212	55.13	179.21	-0.63	75.6	13.66
10	1.2262	999.7	42.04	4.191	57.45	130.77	+0.70	74.1	9.52
20	2.3346	998.2	83.90	4.183	59.89	100.50	1.82	72.6	7.01
30	4.2474	995.7	125.69	4.174	61.76	80.07	3.21	71.2	5.42
40	7.3766	992.2	167.51	4.174	63.38	65.60	3.87	69.6	4.32
50	12.34	988.1	209.30	4.174	64.78	54.94	4.49	67.7	3.54
60	19.923	983.2	251.12	4.178	65.94	46.88	5.11	66.2	2.98
70	31.164	977.8	292.99	4.187	66.76	40.61	5.70	64.3	2.54
80	47.379	971.8	334.94	4.195	67.45	35.65	6.32	62.6	2.22
90	70.136	965.3	376.98	4.208	68.04	31.65	6.95	60.7	1.96
100	101.33	958.4	419.10	4.220	68.27	28.38	7.52	58.8	1.76
110	143.31	951.0	461.34	4.238	68.50	25.89	8.08	56.9	1.61
120	198.64	943.1	503.67	4.260	68.62	23.73	8.64	54.8	1.47
130	270.25	934.8	546.38	4.266	68.62	21.77	9.17	52.8	1.36
140	361.47	926.1	589.08	4.287	68.50	20.10	9.72	50.7	1.26
150	476.24	917.0	632.20	4.312	68.38	18.63	10.3	48.6	1.18
160	618.28	907.4	675.33	4.346	68.27	17.36	10.7	46.6	1.11
170	792.59	897.3	719.29	4.379	67.92	16.28	11.3	45.3	1.05
180	1003.5	886.9	763.25	4.417	67.45	15.30	11.9	42.3	1.00
190	1255.6	876.0	807.63	4.460	66.99	14.42	12.6	40.0	0.96
200	1554.77	863.0	852.43	4.505	66.29	13.63	13.3	37.7	0.93
210	1917.72	852.8	897.65	4.555	65.48	13.04	14.1	35.4	0.91
220	2320.88	840.3	943.70	4.614	64.55	12.46	14.8	33.1	0.89
230	2798.59	827.3	990.18	4.681	63.73	11.97	15.9	31	0.88
240	3347.91	813.6	1037.49	4.756	62.80	11.47	16.8	28.5	0.87
250	3977.67	799.0	1085.64	4.844	61.76	10.98	18.1	26.2	0.86

温度 ℃	饱和 蒸气压 kPa	密度 ρ kg/m³	焓 h kJ/kg	比热容 kJ/ （kg·℃）	导热系数 $\lambda \times 10^2$W/ （m·℃）	黏度 $\mu \times 10^5$ Pa·s	体积膨 胀系数 $\beta \times 10^4$ ℃$^{-1}$	表面张 力系数 $\sigma \times 10^5$ N/m	普兰特 准数 Pr
260	4693.75	784.0	1135.04	4.949	60.48	10.59	19.7	23.8	0.87
270	5503.99	767.9	1185.28	5.070	59.96	10.20	21.6	21.5	0.88
280	6417.24	750.7	1236.28	5.229	57.45	9.81	23.7	19.1	0.89
290	7443.29	732.3	1289.95	5.485	55.82	9.42	26.2	16.9	0.93
300	8592.94	712.5	1344.80	5.736	53.96	9.12	29.2	14.4	0.97
310	9877.6	691.1	1402.16	6.071	52.34	8.83	32.9	12.1	1.02
320	11300.3	667.1	1462.03	6.573	50.59	8.30	38.2	9.81	1.11
330	12879.6	640.2	1526.19	7.243	48.73	8.14	43.3	7.67	1.22
340	14615.8	610.1	1594.75	8.164	45.71	7.75	53.4	5.67	1.38
350	16538.5	574.4	1671.37	9.504	43.03	7.26	66.8	3.81	1.60
360	18667.1	528.0	1761.39	13.984	39.54	6.67	109	2.02	2.36
370	21040.9	450.5	1892.43	40.319	33.73	5.69	264	0.471	6.80

2. 水在不同温度下的黏度

温度 ℃	黏度 mPa·s	温度 ℃	黏度 mPa·s	温度 ℃	黏度 mPa·s
0	1.7921	34	0.7371	69	0.4117
1	1.7313	35	0.7225	70	0.4061
2	1.6728	36	0.7085	71	0.4006
3	1.6191	37	0.6947	72	0.3952
4	1.5674	38	0.6814	73	0.3900
5	1.5188	39	0.6685	74	0.3849
6	1.4728	40	0.6560	75	0.3799
7	1.4284	41	0.6439	76	0.3750
8	1.3860	42	0.6321	77	0.3702
9	1.3462	43	0.6207	78	0.3655
10	1.3077	44	0.6097	79	0.3610
11	1.2713	45	0.5988	80	0.3565
12	1.2363	46	0.5883	81	0.3521

温度 ℃	黏度 mPa·s	温度 ℃	黏度 mPa·s	温度 ℃	黏度 mPa·s
13	1.2028	47	0.5782	82	0.3478
14	1.1709	48	0.5683	83	0.3436
15	1.1404	49	0.5588	84	0.3395
16	1.1111	50	0.5494	85	0.3355
17	1.0828	51	0.5404	86	0.3315
18	1.0559	52	0.5315	87	0.3276
19	1.0299	53	0.5229	88	0.3239
20	1.0050	54	0.5146	89	0.3202
20.2	1.0000	55	0.5064	90	0.3165
21	0.9810	56	0.4985	91	0.3130
22	0.9579	57	0.4907	92	0.3095
23	0.9358	58	0.4832	93	0.3060
24	0.9142	59	0.4759	94	0.3027
25	0.8937	60	0.4688	95	0.2994
26	0.8737	61	0.4618	96	0.2962
27	0.8545	62	0.4550	97	0.2930
28	0.8360	62	0.4483	98	0.2899
29	0.8180	64	0.4418	99	0.2868
30	0.8007	65	0.4355	100	0.2838
31	0.7840	66	0.4293		
32	0.7679	67	0.4233		
33	0.7523	68	0.4174		

五、水蒸气的物理性质

1. 饱和水蒸气表(以温度为准)

温度 ℃	绝对压力		水蒸气 的密度 kg/m³	焓				汽化热	
	kgf/cm²	kPa		水		水蒸气			
				kcal/kg	kJ/kg	kcal/kg	kJ/kg	kcal/kg	kJ/kg
0	0.0062	0.6082	0.00484	0	0	595.0	2491.3	595.0	2491.3
5	0.0089	0.8730	0.00680	5.0	20.94	597.3	2500.9	592.3	2480.0

温度 ℃	绝对压力		水蒸气 的密度 kg/m³	焓				汽化热	
	kgf/cm²	kPa		水		水蒸气			
				kcal/kg	kJ/kg	kcal/kg	kJ/kg	kcal/kg	kJ/kg
10	0.0125	1.2262	0.00940	10.0	41.87	599.6	2510.5	589.6	2468.6
15	0.0174	1.7068	0.01283	15.0	62.81	602.0	2520.6	587.0	2457.8
20	0.0238	2.3346	0.01719	20.0	83.74	604.3	2530.1	584.3	2446.3
25	0.0323	3.1684	0.02304	25.0	104.68	606.6	2538.6	581.6	2433.9
30	0.0433	4.2474	0.03036	30.0	125.60	608.9	2549.5	578.9	2423.7
35	0.0573	5.6207	0.03960	35.0	146.55	611.2	2559.1	576.2	2412.6
40	0.0752	7.3766	0.05114	40.0	167.47	613.5	2568.7	573.5	2401.1
45	0.0977	9.5837	0.06543	45.0	188.42	615.7	2577.9	570.7	2389.5
50	0.1258	12.340	0.0830	50.0	209.34	618.0	2587.6	568.0	2378.1
55	0.1605	15.743	0.1043	55.0	230.29	620.2	2596.8	565.2	2366.5
60	0.2031	19.923	0.1301	60.0	251.21	622.5	2606.3	562.5	2355.1
65	0.2550	25.014	0.1611	65.0	272.16	624.7	2615.6	559.7	2343.4
70	0.3177	31.164	0.1979	70.0	293.08	626.8	2624.4	556.8	2331.2
75	0.393	38.551	0.2416	75.0	314.03	629.0	2629.7	554.0	2315.7
80	0.483	47.379	0.2929	80.0	334.94	631.1	2642.4	551.2	2307.3
85	0.590	57.875	0.3531	85.0	355.90	633.2	2651.2	548.2	2295.3
90	0.715	70.136	0.4229	90.0	376.81	635.3	2660.0	545.3	2283.1
95	0.862	84.556	0.5039	95.0	397.77	637.4	2668.8	542.4	2271.0
100	1.033	101.33	0.5970	100.0	418.68	639.4	2677.2	539.4	2258.4
105	1.232	120.85	0.7036	105.1	439.64	641.3	2685.1	536.3	2245.5
110	1.461	143.31	0.8254	110.1	460.97	643.3	2693.5	533.1	2232.0
115	1.724	169.11	0.9635	115.2	481.51	645.2	2702.5	530.0	2219.0
120	2.025	198.64	1.1199	120.3	503.67	647.0	2708.9	526.7	2205.2
125	2.367	232.19	1.296	125.4	523.38	648.8	2716.5	523.5	2193.1
130	2.755	270.25	1.494	130.5	546.38	650.6	2723.9	520.1	2177.6
135	3.192	313.11	1.715	135.6	565.25	652.3	2731.2	516.7	2166.0
140	3.685	361.47	1.962	140.7	589.08	653.9	2327.8	513.2	2148.7
145	4.238	415.72	2.238	145.9	607.12	655.5	2744.6	509.6	2137.5
150	4.855	476.24	2.543	151.0	632.21	557.0	2750.7	506.0	2118.5

温度 ℃	绝对压力		水蒸气 的密度 kg/m³	焓				汽化热	
	kgf/cm²	kPa		水		水蒸气		kcal/kg	kJ/kg
				kcal/kg	kJ/kg	kcal/kg	kJ/kg		
160	6.303	618.28	3.252	161.4	675.75	659.9	2762.9	498.5	2087.1
170	8.080	792.59	4.113	171.8	719.29	662.4	2773.3	490.6	2054.0
180	10.23	1003.5	5.145	182.3	763.25	664.6	2782.6	482.3	2019.3
190	12.80	1255.6	6.378	192.9	807.63	666.4	2790.1	473.5	1982.5
200	15.85	1554.77	7.840	203.5	852.01	667.7	2795.5	464.2	1943.5
210	19.55	1917.72	9.567	214.3	897.23	668.6	2799.3	454.4	1902.1
220	23.66	2320.88	11.600	225.1	942.45	669.0	2801.0	443.9	1858.5
230	28.53	2798.59	13.98	236.1	988.50	668.8	2800.1	432.7	1811.6
240	34.13	3347.91	16.76	247.1	1034.56	668.0	2796.8	420.8	1762.2
250	40.55	3977.61	20.01	258.3	1081.45	666.4	2790.1	408.1	1708.6
260	47.85	4693.75	23.82	269.6	1128.76	664.2	2780.9	394.5	1652.1
270	56.11	5563.90	28.27	281.1	1176.91	661.2	2760.3	380.1	1591.4
280	63.42	6417.24	33.47	292.7	1225.48	657.3	2752.0	364.6	1526.5
290	75.88	7443.29	39.60	304.4	1274.46	652.6	2732.3	348.1	1457.8
300	87.6	8592.94	46.93	316.6	1325.54	640.8	2708.0	330.2	1382.5
310	100.7	9877.96	55.59	329.3	1378.71	640.1	2680.0	310.8	1301.3
320	115.2	11300.3	65.95	343.0	1436.07	632.5	2648.2	289.5	1212.1
330	131.3	12879.6	78.53	357.5	1446.78	623.5	2610.5	266.6	1113.7
340	149.0	14615.8	93.98	373.3	1562.93	613.5	2568.6	240.2	1005.7
350	168.6	16538.5	113.2	390.8	1632.20	601.1	2516.7	210.3	880.5
360	190.3	18667.1	139.6	413.0	1729.15	583.4	2442.6	170.3	713.4
370	214.5	21040.9	171.0	451.0	1888.25	549.8	2301.9	98.2	411.1
374	225.0	22070.9	322.6	501.1	2098.0	501.1	2098.0	0	0

2. 饱和水蒸气表（以压力为准）

绝对压力		温度℃	水蒸气的密度 kg/m³	焓 kJ/kg		汽化热 kJ/kg
Pa	atm			水	水蒸气	
1000	0.00987	6.3	0.00773	26.48	2503.1	2476.8
1500	0.0148	12.5	0.01133	52.26	2515.3	2463.0

| 绝对压力 | | 温度℃ | 水蒸气的密度 kg/m³ | 焓 kJ/kg | | 汽化热 kJ/kg |
Pa	atm			水	水蒸气	
2000	0.0197	17.0	0.01486	71.21	2524.2	2452.9
2500	0.0247	20.9	0.01836	87.45	2531.8	2444.3
3000	0.0296	23.5	0.02179	98.38	2536.8	2438.4
3500	0.0345	26.1	0.02523	109.30	2541.8	2432.5
4000	0.0395	28.7	0.02867	120.23	2546.8	2426.6
4500	0.0444	30.8	0.03205	129.00	2550.9	2421.9
5000	0.0493	32.4	0.03537	135.69	2554.0	2418.3
6000	0.0592	35.6	0.04200	149.06	2560.1	2411.0
7000	0.0691	38.8	0.04864	162.44	2566.3	2403.8
8000	0.0790	41.3	0.05514	172.73	2571.0	2398.2
9000	0.0888	43.3	0.06156	181.16	2574.8	2393.6
1×10^4	0.0987	45.3	0.06798	189.59	2578.5	2388.9
1.5×10^4	0.148	53.5	0.09956	224.03	2594.0	2370.0
2×10^4	0.197	60.1	0.13068	251.51	2606.4	2354.9
3×10^4	0.296	66.5	0.19093	288.77	2622.4	2333.7
4×10^4	0.395	75.0	0.24975	315.93	2634.1	2312.2
5×10^4	0.493	81.2	0.30799	339.80	2644.3	2304.5
6×10^4	0.592	85.6	0.36514	358.21	2651.2	2293.9
7×10^4	0.691	89.9	0.42229	376.61	2659.8	2283.2
8×10^4	0.799	93.2	0.47807	390.08	2665.3	2275.3
9×10^4	0.888	96.4	0.53384	403.49	2670.8	2267.4
1×10^5	0.987	99.6	0.58961	416.90	2676.3	2259.5
1.2×10^5	1.184	104.5	0.69868	437.51	2684.3	2246.8
1.4×10^5	1.382	109.2	0.80758	457.67	2692.1	2234.4
1.6×10^5	1.579	113.0	0.82981	473.88	2698.1	2224.2
1.8×10^5	1.776	116.6	1.0209	489.32	2703.7	2214.3
2×10^5	1.974	120.2	1.1273	493.71	2709.2	2204.6
2.5×10^5	2.467	127.2	1.3904	534.39	2719.7	2185.4
3×10^5	2.961	133.3	1.6501	560.38	2728.5	2168.1
3.5×10^5	3.454	138.8	1.9074	583.76	2736.1	2152.3

绝对压力		温度℃	水蒸气的密度 kg/m³	焓 kJ/kg		汽化热 kJ/kg
Pa	atm			水	水蒸气	
4×10^5	3.948	143.4	2.1618	603.61	2742.1	2138.5
4.5×10^5	4.44	147.7	2.4152	622.42	2747.8	2125.4
5×10^5	4.93	151.7	2.6673	639.59	2752.8	2113.2
6×10^5	5.92	158.7	3.1686	670.22	2761.4	2091.1
7×10^5	6.91	164.7	3.6657	696.27	2767.8	2071.5
8×10^5	7.90	170.4	4.1614	720.96	2773.7	2052.7
9×10^5	8.88	175.1	4.6525	741.82	2778.1	2036.2
1×10^6	9.87	179.9	5.1432	762.68	2782.5	2019.7
1.1×10^6	10.86	180.2	5.6339	780.34	2785.5	2005.1
1.2×10^6	11.84	187.8	6.1241	797.92	2788.5	1990.6
1.3×10^6	12.83	191.5	6.6141	814.25	2790.9	1976.7
1.4×10^6	13.82	194.8	7.1038	829.06	2792.4	1963.7
1.5×10^6	14.80	198.2	7.5935	843.86	2794.5	1950.7
1.6×10^6	15.79	201.3	8.0814	857.77	2796.0	1938.2
1.7×10^6	16.78	204.1	8.5674	870.58	2797.1	1926.5
1.8×10^6	17.76	206.9	9.0533	883.39	2798.1	1914.8
1.9×10^6	18.75	209.8	9.5392	896.21	2799.2	1903.0
2×10^6	19.74	212.2	10.0338	907.32	2799.7	1892.4
3×10^6	29.61	233.7	15.0075	1005.4	2798.9	1793.5
4×10^6	39.48	250.3	20.0969	1082.9	2789.8	1706.8
5×10^6	49.35	263.8	25.3663	1146.9	2776.2	1629.2
6×10^6	59.21	275.4	30.8494	1203.2	2795.5	1556.3
7×10^6	69.08	258.7	36.5744	1253.2	2740.8	1487.6
8×10^6	79.95	294.8	42.5768	1299.2	2720.5	1403.7
9×10^6	88.82	303.2	48.8945	1343.5	2699.1	1356.6
1×10^7	98.69	310.9	55.5407	1384.0	2677.1	1293.1
1.2×10^7	118.43	324.5	70.3075	1463.4	2631.2	1167.7
1.4×10^7	138.17	336.5	87.3020	1567.9	2583.2	1043.4
1.6×10^7	157.90	347.2	107.8010	1615.8	2531.1	915.4
1.8×10^7	177.64	356.9	134.4813	1699.8	2466.0	766.1
2×10^7	197.38	365.6	176.5961	1817.8	2364.2	544.9

六、部分液体的物理性质

名称	分子式	相对分子质量	密度 (20℃) kg/m³	沸点 (101.3kPa) ℃	汽化热 kJ/kg	比热容 (20℃) kJ/(kg·℃)	黏度 (20℃) $\mu\times10^3$ Pa·s	导热系数 (20℃) W/(m·℃)	体积膨胀系数 (20℃) $\beta\times10^4℃^{-1}$	表面张力系数 (20℃) $\sigma\times10^3$N/m
水	H_2O	18.02	998	100	2258	4.183	1.005	0.599	1.82	72.8
三氯甲烷	$CHCl_3$	119.38	1489	61.2	253.7	0.992	0.58	0.138(30℃)	12.6	28.5(10℃)
甲醇	CH_3OH	32.04	791	64.7	1101	2.48	0.6	0.212	12.2	22.6
乙醇	C_2H_5OH	46.07	789	78.3	846	2.39	1.15	0.172	11.6	22.8
乙醇(95%)			804	78.2			1.4			
乙二醇	$C_2H_4(OH)_2$	62.05	1113	197.6	780	2.35	23			47.7
甘油	$C_3H_5(OH)_3$	92.09	1261	290(分解)			1499	0.59	5.3	63
乙醚	$(C_2H_5)_2O$	74.12	714	34.6	360	2.34	0.24	0.14	16.3	18
乙醛	CH_3CHO	44.05	788(10℃)	20.2	574	1.9	1.3(18℃)			21.2
糠醛	$C_5H_4O_2$	96.08	1168	161.7	452	1.6	1.15(50℃)			43.5
丙酮	CH_3COCH_3	58.08	792	56.2	523	2.35	0.32	0.17		23.7
甲酸	$HCOOH$	46.03	1220	100.7	494	2.17	1.9	0.26		27.8
四氯化碳	CCl_4	153.82	1594	76.8	195	0.850	1.0	0.12		26.8
二氯乙烷-1,2	$C_2H_4Cl_2$	98.96	1253	83.6	324	1.260	0.83	0.14(50)℃		30.8
苯	C_6H_6	78.11	879	80.10	393.9	1.704	0.737	0.148	12.4	28.6
甲苯	C_7H_8	92.13	867	110.63	363	1.70	0.675	0.138	10.9	27.9
醋酸	CH_3COOH	60.03	1049	118.1	406	1.99	1.3	0.17	10.7	23.9

七、部分气体的物理性质

名称	分子式	相对分子质量	密度(0℃)101.3kPa kg/m³	比热容(20℃) kJ/(kg·℃)	黏度(0℃) μ×10⁵Pa·s	沸点(101.3kPa) ℃	汽化热 kJ/kg	临界点 温度℃	临界点 压力 kPa	导热系数 W/(m·℃)
氮	N_2	28.02	1.2507	0.745	1.70	-195.78	199.2	-147.13	3392.5	0.0228
氨	NH_3	17.03	0.771	0.67	0.918	-33.4	1373	+132.4	11295	0.0215
氩	Ar	39.94	1.7820	0.322	2.09	-185.87	163	-122.44	4862.4	0.0173
乙炔	C_2H_2	26.04	1.171	1.352	0.935	-83.66(升华)	829	+35.7	6240.0	0.0184
苯	C_6H_6	78.11	—	1.139	0.72	+80.2	394	+288.5	4832.0	0.0088
丁烷(正)	C_4H_{10}	58.12	2.673	1.73	0.810	-0.5	386	+152	3798.8	0.0135
空气	—	(28.95)	1.293	1.009	1.73	-195	197	-140.7	3768.4	0.0244
氢	H_2	2.016	0.08985	10.13	0.842	-252.754	454.2	-239.9	1296.6	0.163
氦	He	4.00	0.1785	3.18	1.88	-268.85	19.5	-267.96	228.94	0.144
二氧化氮	NO_2	46.01	—	0.615	—	+21.2	712	+158.2	10130	0.0400
二氧化硫	SO_2	64.07	2.927	0.502	1.17	-10.8	394	+157.5	7879.1	0.0077
二氧化碳	CO_2	44.01	0.976	0.653	1.37	-78.2(升华)	574	+31.1	7384.8	0.0137
氧	O_2	32	1.42895	0.653	2.03	-132.98	213	-118.82	5036.6	0.0240
甲烷	CH_4	16.04	0.717	1.70	1.03	-161.58	511	-82.15	4619.3	0.0300
一氧化碳	CO	28.01	1.250	0.754	1.66	-191.48	211	-140.2	3497.9	0.0226
戊烷(正)	C_5H_{12}	72.15	—	1.57	0.874	+36.08	151	+197.1	8842.9	0.0128
丙烷	C_3H_8	44.1	2.020	1.65	0.795(18℃)	-42.1	427	+95.6	4355.9	0.0148

续表

名称	分子式	相对分子质量	密度(0℃)101.3kPa kg/m³	比热容(20℃) kJ/(kg·℃)	黏度(0℃) μ×10⁵Pa·s	沸点(101.3kPa) ℃	汽化热 kJ/kg	临界点 温度℃	临界点 压力 kPa	导热系数 W/(m·℃)
丙烯	C_3H_8	42.08	1.914	1.436	0.835(20℃)	-47.7	440	+91.4	4599.0	—
硫化氢	H_2S	34.08	1.539	0.804	1.166	-60.2	548	+100.4	19136	0.0131
氯	Cl_2	70.91	3.217	0.355	1.29(16℃)	-33.8	305	+144.0	7708.9	0.0072
氯甲烷	CH_3Cl	50.49	2.308	0.582	0.989	-24.1	406	+148	6685.8	0.0085
乙烷	C_2H_6	30.07	1.357	1.44	0.850	-88.50	486	+32.1	4948.5	0.0180
乙烯	C_2H_4	28.05	1.261	1.222	0.985	+103.7	481	+9.7	5135.9	0.0164

八、常用固体材料的物理性质

名称	密度 kg/m³	导热系数 W/(m·℃)	导热系数 kcal/(m·h·℃)	比热容 kJ/(kg·℃)	比热容 kcal/(kg·℃)
(1)金属					
钢	7850	45.3	39.0	0.46	0.11
不锈钢	7900	17	15	0.50	0.12
铸铁	7220	62.8	54.0	0.50	0.12
铜	8800	383.8	330.0	0.41	0.097
青铜	8000	64.0	55.0	0.38	0.091
黄铜	8600	85.5	73.5	0.38	0.09

续表

名称	密度 kg/m³	导热系数		比热容	
		W/(m·℃)	kcal/(m·h·℃)	kJ/(kg·℃)	kcal/(kg·℃)
铝	2670	203.5	175.0	0.92	0.22
镍	9000	58.2	50.0	0.46	0.11
铅	11400	34.9	30.0	0.13	0.031
(2)塑料					
酚醛	1250~1300	0.13~0.26	0.11~0.22	1.3~1.7	0.3~0.4
尿醛	1400~1500	0.30	0.26	1.3~1.7	0.3~0.4
聚氯乙烯	1380~1400	0.16	0.14	1.8	0.44
聚苯乙烯	1050~1070	0.08	0.07	1.3	0.32
低压聚乙烯	940	0.29	0.25	2.6	0.61
高压聚乙烯	920	0.26	0.22	2.2	0.53
有机玻璃	1180~1190	0.14~0.20	0.12~0.17		
(3)建筑材料、绝热材料、耐酸材料及其他:					
干砂	1500~1700	0.45~0.48	0.38~0.50	0.8	0.19
黏土	1600~1800	0.47~0.53	0.4~0.46	0.75(-20~20℃)	0.18(-20~20℃)
锅炉炉渣	700~1100	0.19~0.30	0.16~0.26		
黏土砖	1600~1900	0.47~0.67	0.4~0.58	0.92	0.22
耐火砖	1840	1.05(800~1100℃)	0.9(800~1100℃)	0.88~1.0	0.21~0.24
绝缘砖(多孔)	600~1400	0.16~0.37	0.14~0.32		

续表

名称	密度 kg/m³	导热系数		比热容	
		W/(m·℃)	kcal/(m·h·℃)	kJ/(kg·℃)	kcal/(kg·℃)
混凝土	2000~2400	1.3~1.55	1.1~1.33	0.84	0.20
松木	500~600	0.07~0.10	0.06~0.09	2.7(0~100℃)	0.65(0~100℃)
软木	100~300	0.041~0.064	0.035~0.055	0.96	0.23
石棉板	770	0.11	0.10	0.816	0.195
石棉水泥板	1600~1900	0.35	0.3	0.67	0.16
玻璃	2500	0.74	0.64		
耐酸陶瓷制品	2200~2300	0.93~1.0	0.8~0.9	0.75~0.80	0.18~0.19
耐酸砖和板	2100~2400				
耐酸搪瓷	2300~2700	0.99~1.04	0.85~0.9	0.84~1.26	0.2~0.3
橡胶	1200	0.16	0.14	1.38	0.33
冰	900	2.3	2.0	2.11	0.505

九、IS 型单级单吸离心泵性能表（摘录）

泵型号	转速 n r/min	流量		扬程 H m	效率 η %	功率 kW		必需气蚀余量 (NPSH)，m	质量 (泵/底座) kg
		m³/h	L/s			轴功率	电机功率		
IS50—32—125	2900	7.5	2.08	22	47	0.96	2.2	2.0	32/46
		12.5	3.47	20	60	1.13		2.0	
		15	4.17	18.5	60	1.26		2.5	

续表

泵型号	转速 n r/min	流量 m³/h	流量 L/s	扬程 H m	效率 η %	轴功率	电机功率	必需气蚀余量 (NPSH),m	质量(泵/底座) kg
IS50—32—125	1450	3.75	1.04	5.4	43	0.13		2.0	
		6.3	1.74	5	54	0.16	0.55	2.0	32/38
		7.5	2.08	4.6	55	0.17		2.5	
	2900	7.5	2.08	34.3	44	1.59		2.0	
		12.5	3.47	32	54	2.02	3	2.0	50/46
		15	4.17	29.6	56	2.16		2.5	
IS50—32—160	1450	3.75	1.04	8.5	35	0.25		2.0	
		6.3	1.74	8	48	0.29	0.55	2.0	50/38
		7.5	2.08	7.5	49	0.31		2.5	
	2900	7.5	2.08	52.5	38	2.82		2.0	
		12.5	3.47	50	48	3.54	5.5	2.0	52/66
		15	4.17	48	51	3.95		2.5	
IS50—32—200	1450	3.75	1.04	13.1	33	0.41		2.0	
		6.3	1.74	12.5	42	0.51	0.75	2.0	52/38
		7.5	2.08	12	44	0.56		2.5	
	2900	7.5	2.08	82	23.5	5.87		2.0	
		12.5	3.47	80	38	7.16	11	2.0	88/110
		15	4.17	78.5	41	7.83		2.5	
IS50—32—250	1450	3.75	1.04	20.5	23	0.91		2.0	
		6.3	1.74	20	32	1.07	1.5	2.0	88/64
		7.5	2.08	19.5	35	1.14		3.0	

续表

泵型号	转速 n r/min	流量		扬程 H m	效率η %	功率 kW		必需 气蚀余量 (NPSH)，m	质量 （泵/底座） kg
		m³/h	L/s			轴功率	电机功率		
IS65—50—125	2900	15	4.17	21.8	58	1.54	3	2.0	50/41
		25	6.94	20	69	1.97		2.5	
		30	8.33	18.5	68	2.22		3.0	
	1450	7.5	2.08	5.35	53	0.21	0.55	2.0	50/38
		12.5	3.47	5	64	0.27		2.0	
		15	4.17	4.7	65	0.30		2.5	
IS65—50—160	2900	15	4.17	35	54	2.65	5.5	2.0	51/66
		25	6.94	32	65	3.35		2.0	
		30	8.33	30	66	3.71		2.5	
	1450	7.5	2.08	8.8	50	0.36	0.75	2.0	51/38
		12.5	3.47	8.0	60	0.45		2.0	
		15	4.17	7.2	60	0.49		2.5	

十、4-72-11 型离心通风机规格（摘录）

机号	转数 r/min	全压系数	全压 mmH₂O	全压 Pa*	流量系数	流量 m³/h	效率%	所需功率 kW
6C	2240	0.411	248	2432.1	0.220	15800	91	14.1
	2000	0.411	198	1941.8	0.220	14100	91	10.0
	1800	0.411	160	1569.1	0.220	12700	91	7.3
	1250	0.411	77	755.1	0.220	8800	91	2.53
	1000	0.411	49	480.5	0.220	7030	91	1.39
	800	0.411	30	294.2	0.220	5610	91	0.73
8C	1800	0.411	285	2795	0.220	29900	91	30.8
	1250	0.411	137	1343.6	0.220	20800	91	10.3
	1000	0.411	88	863.0	0.220	16600	91	5.52
	630	0.411	35	343.2	0.220	10480	91	1.51
10C	1250	0.434	227	2226.2	0.2218	41300	94.3	32.7
	1000	0.434	145	1422.0	0.2218	32700	94.3	16.5
	800	0.434	93	912.1	0.2218	26130	94.3	8.5
	500	0.434	36	353.1	0.2218	16390	94.3	2.3
6D	1450	0.411	104	1020	0.220	10200	91	4
	960	0.411	45	441.3	0.220	6720	91	1.32
8D	1450	0.44	200	1961.4	0.184	20130	89.5	14.2
	730	0.44	50	490.4	0.184	10150	89.5	2.06
16B	900	0.434	300	2942.1	0.2218	121000	94.3	127
20B	710	0.434	290	2844.0	0.2218	186300	94.3	190

以 Pa 为单位表示的全风压是由 1mmH₂O＝9.807Pa 换算而得。

生物制药设备教学大纲

（供生物制药技术专业用）

一、课程任务

生物制药设备是高职生物制药技术专业一门重要的专业课程。本课程主要讲授生物制药过程单元操作设备的结构、工作原理和操作规程。具体包括流体输送机械、培养基配制和灭菌设备、生物反应器、生物分离设备、药物制剂设备等内容。本课程的任务是使学生具备生物制药过程设备的基础知识和操作技能，为学生今后学习相关专业知识和职业技能奠定坚实的基础。

二、课程目标

（一）知识目标

1. 掌握流体流动、传热、分离纯化、药物制剂等的基本概念、基本原理和基本计算等理论知识；掌握无菌生产的基本原理和操作方法；掌握物料衡算方法；掌握制药工艺用水生产基本知识。

2. 熟悉天然药物提取基本原理和工艺流程；熟悉药品生产 GMP 管理规范。

3. 了解制剂车间布置设计方法。

（二）技能目标

1. 熟练掌握流体输送、生物反应、固液分离、分离传化、蒸发浓缩、药物干燥、药物制剂、注射用水生产、天然药物提取等生产操作技能。

2. 掌握 SI 单位和与其他单位之间的换算方法，熟悉制药生产过程常用数据的查阅方法。

3. 掌握物料输送设备、空气净化设备、灭菌设备、生物反应器、离心机、层析柱、粉碎机、混合机、固体制剂设备、注射剂设备、大输液设备、粉针剂设备的工作原理、操作规程和维护技术。

4. 了解以上设备的选型设计方法。

（三）职业素质和态度目标

培养学生具有应有的职业道德，良好的职业技术工作态度，严谨细致的治学学风。

三、教学时间分配

教学内容	学时数		
	理论	实践	合计
绪论	2		2
一、流体测量技术	7		7
二、流体输送机械	6		6
三、换热设备	6		6
四、空气净化调节设备	4		4
五、物料预处理设备	4		4
六、生物反应器	6		6
七、非均相分离设备	5		5
八、萃取设备	5		5
九、色谱分离设备	4		4
十、蒸发浓缩设备	4		4
十一、蒸馏设备	4		4
十二、通用干燥设备	4		4
十三、制水设备	5		5
十四、无菌灌装设备	6		6
十五、固体制剂设备	4		4
合计	76	20	96

四、教学内容与要求

单元	教学内容	教学要求	教学活动参考	参考学时	
				理论	实践
绪论	1. 本课程的学习内容	熟悉	理论讲授	2	
	2. 生物制药设备基本知识	了解	仿真、讲授		
	3. 国际单位制	掌握	仿真示教		
一、流体测量技术	（一）流体压强的测量		仿真、讲授	2	
	1. 表压强和真空度的测量	掌握			
	2. 流体压差和液位的测量	熟悉			
	（二）流体的流动状态		仿真、讲授	2	
	1. 管道和管件	了解			

单元	教学内容	教学要求	教学活动参考	参考学时	
				理论	实践
一、流体测量技术	2. 流量和流速	掌握			
	3. 定态流动和黏度	了解			
	4. 流体的流动类型	熟悉			
	（三）流量测量仪表		现场教学	1	
	1. 转子流量计	掌握			
	2. 孔板流量计	了解			
	（四）简单管路计算		仿真演示	2	
	1. 柏努利方程式	熟悉			
	2. 管路中的直管阻力	了解			
	3. 管路中的局部阻力	了解			
	4. 管路中的总阻力	了解			
二、流体输送机械	（一）离心泵		现场、仿真	2	4
	1. 离心泵的结构和工作原理	了解			
	2. 离心泵的性能参数和特性曲线	熟悉			
	3. 离心泵的安装高度	掌握			
	4. 离心泵的类型和选用	了解			
	（二）其他类型的泵		现场、仿真	2	
	1. 往复泵	掌握			
	2. 柱塞式计量泵	了解			
	3. 旋转泵	熟悉			
	4. 旋涡泵	了解			
	5. 蠕动泵	了解			
	6. 隔膜泵	熟悉			
	（三）气体输送机械		现场、仿真	2	
	1. 通风机	了解			
	2. 离心式鼓风机	了解			
	3. 离心式压缩机	熟悉			
	4. 往复式压缩机	掌握			
	5. 真空泵				
三、换热设备	（一）传热基本知识		仿真、讲授	1	
	1. 传热基本概念				
	2. 常见换热方式				

单元	教学内容	教学要求	教学活动参考	参考学时	
				理论	实践
三、换热设备	3. 传热速率和热通量	了解			
	（二）传热基本计算		仿真、讲授	3	
	1. 热传导基本计算	掌握			
	2. 对流传热基本计算	熟悉			
	（三）常见换热器		现场讲授	2	
	1. 管式换热器	了解			
	2. 板式换热器	熟悉			
	3. 换热器的维护	掌握			
四、空气净化调节设备	（一）车间空气卫生		仿真、讲授	1	
	1. 空气的组成	了解			
	2. 空气的性质	了解			
	3. 制药车间空气卫生	了解			
	（二）空气净化和调温调湿设备		现场讲授	2	
	1. 空气过滤基本知识	了解			
	2. 常用空气净化设备	熟悉			
	3. 空气调温调湿设备	掌握			
	（三）净化空调系统	掌握	现场讲授	1	
	1. 空气净化工艺流程	熟悉			
	2. 典型净化空调系统	熟悉			
	3. 净化空调系统的操作与维护	掌握			
五、物料预处理设备	（一）物料粉碎设备		现场讲授	1	
	1. 概述	了解			
	2. 物料粉碎设备	掌握			
	3. 粉碎设备的验证和养护	熟悉			
	（二）细胞破碎设备		现场讲授		1
	1. 高压均质机	掌握			
	2. 珠磨机	熟悉			
	（三）筛分设备		现场讲授	1	
	1. 筛分基本知识	了解			
	2. 筛分设备	掌握			
	3. 筛分设备的验证和养护	熟悉			

单元	教学内容	教学要求	教学活动参考	参考学时	
				理论	实践
五、物料预处理设备	（四）混合设备		现场讲授	1	
	1. 概述	了解			
	2. 混合设备	掌握			
	3. 混合设备的验证和养护	熟悉			
六、生物反应器	（一）生物反应基本知识		仿真、讲授	1	
	1. 生物反应过程	熟悉			
	2. 生物反应模式	了解			
	（二）培养基预处理设备		现场、讲授	1	
	1. 淀粉糖化设备	熟悉			
	2. 培养基灭菌设备	掌握			
	（三）发酵罐		现场、讲授	1	
	1. 机械搅拌通风发酵罐	掌握			
	2. 气升式发酵罐	掌握			
	3. 自吸式发酵罐	了解			
	4. 鼓泡塔式发酵罐	了解			
	（四）发酵罐信号控制系统		仿真、讲授	2	
	1. 发酵罐的信号传递	熟悉			
	2. 发酵罐的检测仪器	掌握			
	（五）动植物细胞培养设备		仿真、讲授	1	
	1. 动物细胞培养设备	熟悉			
	2. 植物细胞培养设备	了解			
七、非均相分离设备	（一）沉降设备		仿真、讲授	2	
	1. 重力沉降设备	了解			
	2. 离心沉降设备	掌握	现场、讲授		
	（二）过滤设备		现场、讲授	2	
	1. 基本知识	了解			
	2. 板框压滤机	掌握			
	3. 三足离心过滤机	熟悉			
	4. 转鼓真空过滤机	了解			
	（三）膜分离设备		现场、讲授	1	
	1. 膜分离概述	了解			

单元	教学内容	教学要求	教学活动参考	参考学时 理论	参考学时 实践
七、非均相分离设备	2. 微孔膜	掌握			
	3. 超滤膜				
	4. 陶瓷膜	熟悉	实物展示		
八、萃取设备	（一）萃取基本知识		仿真、讲授	1	
	1. 萃取过程	了解			
	2. 萃取工艺	掌握			
	（二）萃取设备		仿真、讲授	1	
	1. 混合设备	掌握			
	2. 分离设备	掌握			
	（三）固液萃取设备		现场、讲授	2	
	1. 药用植物化学成分	了解			
	2. 天然产物的萃取剂	熟悉			
	3. 天然产物萃取过程	了解			
	4. 天然产物萃取设备	掌握			
	（四）植物提取浓缩工艺流程		现场、讲授	1	
	1. 典型的纯化工艺	了解			
	2. 植物提取浓缩工艺流程	掌握			
九、色谱分离设备	（一）色谱分离基本知识		仿真、讲授	2	
	1. 色谱分离法	了解			
	2. 色谱分离法分类	熟悉			
	3. 色谱柱的结构	掌握	实物展示		
	（二）吸附色谱柱操作技术	掌握	现场、讲授	1	
	1. 吸附剂				
	2. 吸附色谱柱				
	3. 大孔树脂色谱柱操作技术				
	（三）离子交换色谱	掌握	现场、讲授	1	
	1. 离子交换树脂				
	2. 离子交换树脂柱				
	3. 离子交换树脂柱的操作				
十、蒸发浓缩设备	（一）循环型蒸发器		现场、讲授	1	
	1. 中央循环管式蒸发器	了解			
	2. 悬框式循环蒸发器	了解			

续表

单元	教学内容	教学要求	教学活动参考	参考学时 理论	参考学时 实践
十、蒸发浓缩设备	3. 外加热式循环蒸发器				
	4. 强制循环蒸发器	熟悉			
	（二）单程蒸发器		现场、讲授	1	
	1. 升膜式蒸发器	了解			
	2. 降膜式蒸发器	熟悉			
	3. 刮板式薄膜蒸发器	掌握			
	4. 蒸发器辅助设备				
	（三）蒸发工艺流程		现场、讲授	2	
	1. 单效蒸发工艺流程	熟悉			
	2. 多效蒸发工艺流程	掌握			
十一、蒸馏设备	（一）蒸馏基本知识			2	
	1. 蒸馏的概念	了解	仿真、讲授		
	2. 蒸馏操作方式	了解			
	（二）塔设备			2	
	1. 板式塔	熟悉			
	2. 填料塔	了解			
	3. 乙醇回收塔	掌握	现场、讲授		
十二、通用干燥设备	（一）固体物料干燥过程	了解	理论讲授	1	
	1. 物料中的水分	熟悉	多媒体演示		
	2. 固体湿物料的干燥过程				
	（二）干燥过程物料衡算	了解		1	
	1. 湿物料含水量表示法	了解			
	2. 干燥过程物料衡算	熟悉			
	（三）通用干燥设备		现场、讲授	2	
	1. 厢式干燥器	了解			
	2. 洞道式干燥器	熟悉			
	3. 流化床干燥器	掌握			
	4. 喷雾干燥器	掌握			
十三、制水设备	（一）饮用水生产设备		理论讲授	1	
	1. 絮凝沉降法	了解			
	2. 机械过滤器				

单元	教学内容	教学要求	教学活动参考	参考学时 理论	参考学时 实践
十三、制水设备	（二）纯化水生产设备			2	
	1. 电渗析仪	熟悉			
	2. 二级反渗透设备	掌握			
	3. 离子交换制水设备	熟悉			
	（三）蒸馏水器			2	
	1. 单级塔式蒸馏水器	了解			
	2. 多效蒸馏水器	掌握			
	3. 气压式蒸馏水器	了解			
十四、无菌灌装设备	（一）水针剂灌装设备		现场、讲授	1	
	1. 安瓿洗涤设备	了解			
	2. 安瓿干燥灭菌设备	熟悉	仿真示教		
	3. 安瓿灌封机	掌握			
	4. 安瓿洗烘灌封联动机	掌握			
	5. 灭菌检漏设备	熟悉			
	（二）输液剂生产设备			1	
	1. 理瓶机	了解			
	2. 洗瓶机	熟悉			
	3. 液体灌装机	掌握			
	4. 封口机	熟悉			
	（三）冷冻干燥设备			1	
	1. 冻干机的结构	了解			
	2. 冻干操作基础	熟悉			
	（四）冻干工艺及设备	掌握		2	
	1. 西林瓶冻干工艺及设备				
	2. 浅盘冻干工艺及设备				
	（五）粉针剂灌装设备			1	
	1. 螺杆分装机	熟悉			
	2. 粉针气流分装机	了解			
	3. 粉针轧盖设备	了解			
十五、固体制剂设备	（一）片剂生产设备		现场、讲授	1	
	1. 造粒设备				
	2. 压片设备				

单元	教学内容	教学要求	教学活动参考	参考学时	
				理论	实践
十五、固体制剂设备	3. 片剂包衣设备				
	（二）胶囊剂生产设备			2	
	1. 硬胶囊剂生产设备				
	2. 软胶囊剂生产设备				
	（三）包装机械			1	
	1. 铝塑泡罩包装机				
	2. 制袋包装机	了解			
	3. 给带式包装机				

五、大纲说明

（一）适用对象与参考学时

本教学大纲主要供高职生物制药技术专业教学使用,总教学时数为 96 学时,理论教学 76 学时,实践教学 20 学时,各学校可根据情况适当调整。

（二）教学要求

1. 本课程对理论部分教学要求分为掌握、熟悉、了解三个层次。

掌握:指学生对所学的知识和技能能熟练应用,能综合分析和解决生物制药工作中的实际问题。

熟悉:指学生基本掌握所学的知识和会应用所学的技能。

了解:指对学过的知识点能记忆和理解。

2. 本课程实践教学内容安排了校内车间实训,要求学生熟悉操作规程,并熟练设备完成一定的工作任务。

学会:指学生能根据实训原理,按照各种实训项目能进行正确操作。

熟练掌握:指学生能正确理解实训原理,独立、正确、规范地完成各项实训操作。

（三）教学建议

1. 本课程秉承"以就业为导向、以能力为本位、以发展为核心"的职业教育理念,注重基础知识和实践动手能力的培养,通过学习能熟练应用岗位设备完成工作任务。

2. 本课程要求在"理论与实践一体化教室"进行教学,建议采用任务驱动法实施教学活动。

3. 建议通过实物操作、仿真演示等教学手段提高课堂教学效果。